JN096890

放射線関係法規概説

－医療分野も含めて－

川　井　恵　一　著

通商産業研究社

はじめに

医療関係の放射線利用は，診療の多様化を背景とする現状においても増加の傾向にあり，国民の健康維持や健康増進の観点からもより一層重要度を増してきている。この放射線の医療応用現場を支えているのが，診療放射線技師である。診療放射線技師国家試験の受験には，所定の教育課程を修了することが診療放射線技師学校養成所指定規則で義務付けられているが，この中で専門分野は5つの教育分野と臨床実習で構成されており，放射線安全管理学はその1教育分野として定められている。

ご存知のように，医療分野を始めとして，放射線は人類に多大なる利益をもたらしているが，その扱いを誤れば，人体に不要な影響，いわゆる放射線障害を与えることも事実であり，その意味でも，適切な安全管理が求められる。換言すれば，適切な安全管理が伴わなければ，放射線利用に対する社会的容認は得られない。放射線管理のミスにより発生する放射線被ばくとそれによる障害も重要な問題であるが，放射線がこれまでに人類にもたらした効果を考慮すると，それらによって放射線利用自体が制限されることは，さらに不幸である。このような背景から，放射線管理は，放射線を利用する上で，必須の義務として重要視されるわけである。

その放射線管理に，一定の基準，すなわち遵守事項や数値的限度を与えるものが関連法令であるが，放射線を利用する形態により，関係する法律が一定ではない。その点は，「第1章　法令の構成と放射線関係法規」で取り上げるが，上述の診療放射線技師として，その職制や免許制度を定めた「診療放射線技師法」もさることながら，「医療法」として医療分野での放射線管理を定めた「医療法施行規則」は，必ず習得しなければならない法律である。また，放射線を業務として扱う労働者の安全と健康を確保する目的から，「労働安全衛生法」に基づいて定められた「電離放射線障害防止規則」や，同様に国家公務員を放射線障害から保護するために「国家公務員法」に基づき定められた「人事院規則10-5（職員の放射線障害の防止）」も，労働法の観点から重要である。また，「放射線障害防止法」は，核燃料や核原料物質などを除く，我々の身近に存在する放射線や放射性物質の取扱いを規定したもので，放射線関係法規の根幹をなすものである。医療施設においても，取り扱う機器や線源によっては「放射線障害防止法」で規制されるものもある。一般に，放射線を取り扱う施設では，放射線管理の適正化の目的から，施設ごとに国家資格を有する者の中から放射線取扱主任者を選任すること，放射線障害防止規程を制定することを義務付けているが，これらに関する規定もこの中に含まれる。加えて，診療放射線技師の中には，この放射線取扱主任者試験を受験するものも多いが，その際には，「放射線障害防止法」が法令の出題問題の中心をなす。

当然のことながら，前述した法令のすべてを限られた時間で習得することは難しいが，半期1コマの授業を法規に割り当てられるのであれば，各法令の放射線利用に関連する部分の理解を達成したいところである。加えて，診療放射線技師や放射線取扱主任者の国家試験の受験を前提とするならば，理解のみならず，問題の解答に必要な事項は覚えなければならない。また，法令は，現場においては，必要に応じて関連条項を紐解くものであるが，そのためには本邦の法令の構成と特有の言い回しに慣れておく必要がある。

筆者も，診療放射線技師教育に携わる者として，放射線管理学および放射線関係法規の講義において，以上のことを達成すべく努力してきた。そのためには，2冊の解説書と3冊の法令集の購入が必要であった。さらに，法令は頻回に改正されるが，多くの解説書・法令集の改定は半年以上遅れるため，その都度，法改正の内容はプリントで補うなどして授業に反映すべく工夫してきた。そこで，今回，出版社の協力を得て，本書の出版を企画した。第1の目標は，何とか1冊の教科書で上記の内容を網羅できないかということだった。また，法令集は，学生が就職した後に，自らが関連するものを購入すればよいと考え，授業で必要な条文を参照できるものとするよう工夫した。最後の法律改正に対する迅速な改定に関しては，今後の課題であり，最大限努力するよう心したい。

本書は，法令の構成や主要な関係法規の解説の後，放射線関係法規の根幹をなす「放射線障害防止法」を法令解説の最初に据えた。次に，放射線・放射性同位元素を診療に用いる際に必須である「医療法施行規則」を配し，引き続き，労働法関連法規に特有な部分のみを解説し，章末に各法令の比較を目的として項目ごとのまとめの表と簡単な要点を掲載した。最後に，診療放射線技師の国家試験に必須な「診療放射線技師法」と配置した。従って，診療放射線技師教育として限られた授業時間に利用するのであれば，「第 3 章　医療法」から入り，必要に応じて，「第 2 章　放射線障害防止法」を参照されても十分である。また，放射線取扱主任者試験の勉強であれば，第2章の「放射線障害防止法」まで習得すれば良いが，実際にその免許を活かす立場に立つのであるならば，同時に関係する労働法関係は必須である。

教育現場で自らが不満に感じていた点，労力を要していた点を解消したいという思いから出発したため，あまりにも多くの観点を盛り込みすぎたと後悔している。不十分な点も多々あることと感じている。志を同じくする諸先生方のご教示・ご鞭撻を賜れば，歓喜に耐えない。

平成17年12月

はじめに

これまでの改訂経緯

平成 20 年 3 月に公布された医療法施行規則改正の内容を反映させるべく，改訂して第 3 版とした。

平成 20 年 12 月

ICRP2007 年勧告の日本語訳刊行にともない，ICRP 勧告と関連個所を第 1 章にまとめるなど，構成を一部改めて第 4 版とした。

平成 22 年 10 月

平成 24 年 4 月施行の放射線障害防止法改正及び同年の原子力規制委員会設置に関する記載を追加して第 5 版とするにあたり，私自身が授業で気付いた点を見直すとともに勉学上の工夫を取り入れた。筆者の意図がご理解いただければ幸いである。

平成 24 年 10 月

第 6 版の改訂作業に当たり，以下に列記した最近の各関連法規の改正に対応した。

・放射線障害防止法改正:原子力規制委員会の設置に伴う変更

・放射線障害防止法改正:放射化物の規制追加・汚染物の確認制度導入

・医療法通知改正:放射化物の規制に伴う医薬局長通知の改正

・薬事法改正:法律の名称変更

・診療放射線技師法改正:診療放射線技師の業務拡大・業務上の制限の緩和など

これらに伴って，「文部科学省／文部科学大臣」→「原子力規制委員会」，「薬事法」→「医薬品医療機器等法」の読み替え，「放射化物」・「放射性汚染物」などの新たな用語や放射化物保管設備の運用，診療放射線技師の追加された業務などの解説を加え，全面的に改訂した。頁数も若干増えたが，ご容赦願いたい。

平成 26 年 11 月

電離則・人事院規則などの労働法および診療放射線技師法の第 6 版以降の改正内容を追記するとともに，若干の解説の充実を図り第 7 版とした。

平成 28 年 12 月

は じ め に

平成 30 年 4 月施行の放射線障害防止法改正の内容を追加・訂正して第 8 版とした。主な改正箇所は、以下の項目である。

・原子炉等規制法に規定する廃棄事業者に事業所外廃棄を委託可能に変更 [2.6.4.2]

・危険時の情報提供や措置の事前対策などの事項の追加 [2.7.7]

・放射線障害の防止に関する教育訓練の実施時期と内容及び時間数の変更 [2.7.8]

・許可届出使用者が記帳すべき事項の追加 [2.7.11]

・事故等の報告義務の強化 [2.7.18]

・危険時の措置の強化 [2.7.18]

・放射線取扱主任者の定期講習の受講期間と課目及び時間数の変更 [2.8.3] など

平成 30 年 6 月

本書の第 2 章で取り上げてきた放射線障害防止法は，令和元年 9 月施行の改正において，「放射性同位元素等規制法」に名称変更され，新たに特定放射性同位元素に対する防護に関する規程が整備された。第 9 版では，この特定放射性同位元素の防護に関しては「2.3　放射線障害の防止と特定放射性同元素の防護」にその概略を解説し、規制の詳細は「2.9　特定放射性同元素の防護」にまとめた。また，放射性同位元素の獣医療法に係る除外規定 [2.4.2]，眼の水晶体の等価線量の改正 [2.4.14]，医療法の未承認放射性医薬品の規制追加 [3.2.2] 及び診療用放射線の安全管理体制 [3.6.16] 等が主な変更・追加項目である。

これらに伴って，理解の一助となるように図表を追加するとともに，法令条文の引用箇所を二段組に変更するなどの装丁も新たにし，全面的に改訂した。

令和 2 年 3 月

はじめに

改訂第10版の刊行にあたって

前回の改訂では，眼の水晶体の等価線量については放射性同位元素等規制法の改正が出版ぎりぎりであり，医療法や電離則等の改正は盛り込むことができなかった。今回の改訂第10版では，眼の水晶体の等価線量に関する経過措置も含め，各法令の改正内容を明記した。また，前回，第2章 放射性同位元素等規制法に追加した「2.9 特定放射性同位元素の防護」の構成を見直し，項目数が多く区分によって内容が異なる防護措置を表にまとめるとともに，第3章 医療法施行規則に新たに加えられた「3.6.16 診療用放射線の安全管理体制の確保」を「3.8 診療用放射線の安全管理」として独立させるなどの変更を行った。

加えて，令和3年の「良質かつ適切な医療を効率的に提供する体制の確保を推進するための医療法等の一部を改正する法律」の公布によって，医師の働き方改革等の医療提供体制の改革を推進するタスクシフト／タスクシェアの一環として，診療放射線技師の業務拡大を目的とする診療放射線技師法及び同施行規則が改正された。それに伴い，診療放射線技師の定義［5.1.2.2］，画像診断装置を用いた検査業務［5.1.5.2］，業務上の制限［5.1.5.6］が見直された。

令和4年1月

川　井　恵　一

目　　次

目　　次

目　　次

目　次

第１章　法令の構成と放射線関係法規

1.1　法体系と法令の構成

まずはじめに，本邦の法体系及び法令の構成について概説する。

1.1.1　法　体　系

我が国では，国の根本法規である憲法の精神の下に，法律が作られている。狭義の「法律」とは，立法機関である国会で制定されたものを指すが，一般には政令，省令，告示などの内閣や各省庁が制定した命令を含めた法令又は法規の意味で用いられている。「政令」とは内閣が法律の委任を受けた事項について定めた法律施行令のことであり，「省令」は法律・政令の委任を受けた事項やその委任に必要な事項について各省庁が制定した法律施行規則のことである。また，「告示」は各省庁が政令・省令に基づき，基準・数量・細目などを定めたものをいう。従って，法律の条項を理解するためには，必要に応じてその条項に関連した施行令，施行規則，告示の内容も把握しなければならない。

（1）　憲法　　　　　　　国の根本法規
（2）　法律　　　　　　　国会により制定
（3）　政令・施行令　　　内閣により制定
（4）　省令・施行規則　　各省庁の大臣／委員会により制定
（5）　告示　　　　　　　各省庁の大臣／委員会により制定

1.1.2　法令の構成

法令の公布番号は，法律，政令，各省令，各省庁の告示ごとに，制定された年の通し番号が付されている。法律は改正されることもあるが，一部改正であっても，改正の年の通し番号が付けられる。通常，法令は，前文，目次，本文，附則から構成されており，本文を構成する条文はその規定する事項ごとに区分され，条，項，号に階層化されている。各条文の前には「みだし」として，その条文の内容が括弧書きで示されている。また，長い条文をまとめて，適宜，章・節などに区分される。附則には，施行期日，改正などによる経過措置などが定められている。

（1）　条　　　第１条，第２条の２
　　　法律の最も基本的な区分

(2)　項　　　2，3という算用数字

同一の条の中に2つ以上の事項を示す法文がある場合，項という。

第1項には「1」と書くことを省略する。

(3)　号　　　横書きでは(1)，(2)，……

同一の項の中で2つ以上の事項を併記する場合，号という。

(4)　みだし　(目的)

各条文の前にその条文の内容を括弧書きで示す。

(5)　その他

通常，長い条文をまとめて，適宜，章・節などに区分する。

この他，前文，目次，附則などがある。

【例】原子力基本法

第1章　総　則　…………………… **章**

(目　的)　……………… **みだし**

第1条　この法律は，原子力の研究，開発及び利用（以下「原子力利用」という。）を推進することによって，将来におけるエネルギー資源を確保し，学術の進歩と産業の振興とを図り，もって人類社会の福祉と国民生活の水準向上とに寄与することを目的とする。

……………… **第1条**

(基本方針)　……………… **みだし**

第2条　原子力利用は，平和の目的に限り，安全の確保を旨として，民主的な運営の下に，自主的にこれを行うものとし，その成果を公開し，進んで国際協力に資するものとする。

………… **第2条第1項**

2　前項の安全の確保については，確立された国際的な基準を踏まえ，国民の生命，健康及び財産の保護，環境の保全並びに我が国の安全保障に資することを目的として，行うものとする。

………… **第2条第2項**

(定　義)　……………… **みだし**

第3条　この法律において次に掲げる用語は，次の定義に従うものとする。

(1)　「原子力」とは，原子核変換の過程において原子核から放出されるすべての種類のエネルギーをいう。……… **第3条第1号**

(2)　「核燃料物質」とは，ウラン，トリウム等原子核分裂の過程において高エネルギーを放出する物質であって，政令で定めるものをいう。　………… **第3条第2号**

(3)　「核原料物質」とは，ウラン鉱，トリウム鉱その他核燃料物質の原料となる物質であって，政令で定めるものをいう。

………… **第3条第3号**

(4)　「原子炉」とは，核燃料物質を燃料として使用する装置をいう。ただし，政令で定めるものを除く。　………… **第3条第4号**

(5)　「放射線」とは，電磁波又は粒子線のうち，直接又は間接に空気を電離する能力をもつもので，政令で定めるものをいう。

………… **第3条第5号**

1.2　放射線関係法規

1.2.1　放射線障害の防止に関する主要法規

本邦では，原子力開発及び利用の基本方針を定めている原子力基本法を筆頭として，放射線・放射性物質を規制する法令は多岐にわたっている。法令の上では，放射線を発生するものを核燃料物質，核原料物質，放射性同位元素，放射性医薬品及びその原料・材料（治験薬，画像診断薬などを含む），放射線発生装置（診療用も含む）に大別し，その各々を規制対象とする固有の法令が定められた。それらの主要法令には，以下のようなものがある（図 1.1）。

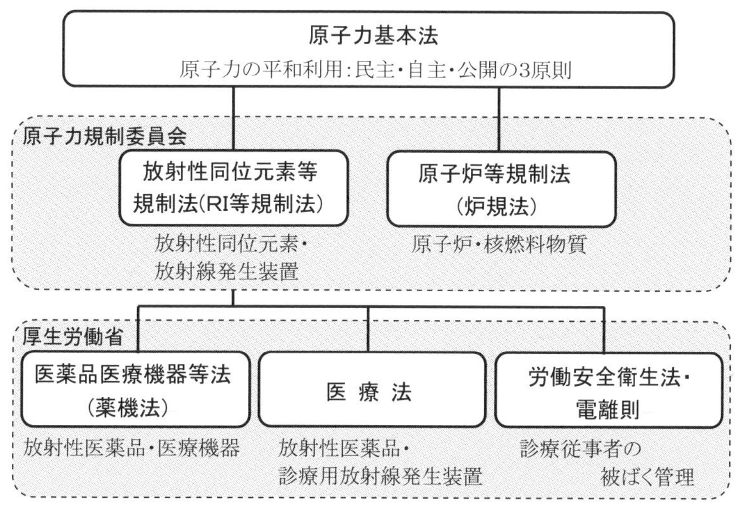

図 1.1　医療放射線取り扱いに係る法令

（1）　原子力開発利用の基本方針

・原子力基本法（昭和 30 年法律第 166 号）

（2）　核燃料物質，核原料物質

・核原料物質，核燃料物質及び原子炉の規制に関する法律（原子炉等規制法／炉規法，昭和 32 年法律第 166 号）

（3）　放射性同位元素，放射線発生装置

・放射性同位元素等の規制に関する法律（放射性同位元素等規制法／RI 等規制法，昭和 32 年法律第 167 号）［旧「放射性同位元素等による放射線障害の防止に関する法律（放射線障害防止法／障防法）」が改正に伴って名称を変更した］

(4)　放射性医薬品，診療用放射線発生装置

・医療法（昭和23年法律第205号）

・医薬品，医療機器等の品質，有効性及び安全性の確保等に関する法律（医薬品医療機器等法／薬機法，昭和35年法律第145号）［旧「薬事法」が改正に伴って名称を変更した］

・放射性医薬品の製造及び取扱規則（昭和36年厚生省令第4号）

・薬局等構造設備規則（昭和36年厚生省令第2号）

また，放射線及び放射線を発生するものの取扱いなどは，各法律に基づいて制定された主要規則等により規制される。特に，以下の（5），（6）は，これらを職業上取り扱う労働者を放射線障害より保護する目的で定められたものである。

(5)　労働者（国家公務員及び船員を除く）：労働安全衛生法

・電離放射線障害防止規則（電離則，昭和47年労働省令第41号）

(6)　国家公務員：国家公務員法

・人事院規則10-5　職員の放射線障害の防止（昭和38年人事院規則10-5）

1.2.2　原子力基本法

これらのうち，原子力基本法は，原子力利用における憲法のような役割を果たしており，その目的・基本方針は重要である。

1.2.2.1　目　　的（原子力基本法第1条）

「この法律は，原子力の研究，開発及び利用を推進することによって，将来におけるエネルギー資源を確保し，学術の進歩と産業の振興とを図り，もって人類社会の福祉と国民生活の水準向上とに寄与することを目的とする。」

1.2.2.2　基本方針（原子力基本法第2条）

「原子力の研究，開発及び利用は，平和の目的に限り，安全の確保を旨として，民主的な運営の下に，自主的にこれを行うものとし，その成果を公開し，進んで国際協力に資するものとする。」

このように，原子力の開発利用は，平和の目的に限定すること，安全の確保を旨とすること，民主的な運営の下に，自主的に行い，その成果を公開すること（これらを「民主・自主・公開の3原則」という）を基本方針として定めている。

1.2.2.3　定　　義（原子力基本法第3条）

「この法律において次に掲げる用語は，次の定義に従うものとする。

(1)「原子力」とは，原子核変換の過程において原子核から放出されるすべての種類のエネルギーをいう。

(2)「核燃料物質」とは，ウラン，トリウム等原子核分裂の過程において高エネルギーを放

出する物質であって，政令で定めるものをいう。

(3)「核原料物質」とは，ウラン鉱，トリウム鉱その他核燃料物質の原料となる物質であって，政令で定めるものをいう。

(4)「原子炉」とは，核燃料物質を燃料として使用する装置をいう。ただし，政令で定めるものを除く。

(5)「放射線」とは，電磁波又は粒子線のうち，直接又は間接に空気を電離する能力をもつもので，政令で定めるものをいう。」

ここで，政令とは「核燃料物質，核原料物質，原子炉及び放射線の定義に関する政令（昭和32年政令第325号）」を示している[2.4.1]。

1.2.2.4　放射線による障害の防止措置（原子力基本法第20条）

「放射線による障害を防止し，公共の安全を確保するため，放射性物質及び放射線発生装置に係る製造，販売，使用，測定等に対する規制その他保安及び保健上の措置に関しては，別に法律で定める。」

この原子力基本法第20条では，放射線障害の防止措置に関して別の法律の制定を規定しており，これに基づいてウラン，トリウム，プルトニウム等の核燃料物質・核原料物質や原子炉に対して「原子炉等規制法」が，核燃料物質・核原料物質等を除く放射性同位元素と放射線発生装置の規制として「放射性同位元素等規制法」が制定された。ただし，後者のうち，放射性医薬品などの診療用放射性同位元素，診療用の放射線照射装置・照射器具，及びエックス線装置などの診療用の放射線発生装置は，「医療法」によって規制されている[1.2.1]。

1.2.3　原子力規制委員会設置法

平成23年3月11日に発生した東日本大震災とそれに続く福島第一原子力発電所の事故は，我が国の電力を中心とする原子力行政のあり方を見直すきっかけとなった。原子力利用においては事故の発生を常に想定し，その防止に最善かつ最大の努力をしなければならないという認識から，特に，原子力利用に関する政策に係る縦割り行政の弊害を除去し，一つの行政組織が原子力利用の推進と規制の両方の機能を担うことにより生ずる問題を解消する必要性が確認された。そこで，従来の省庁とは別に，原子力利用における安全の確保を図るため必要な施策を策定し，又は実施する事務を一元的につかさどるとともに，委員長及び委員が専門的知見に基づき中立公正な立場で独立して職権を行使する原子力規制委員会の設置が必要であることから，原子力規制委員会設置法が平成24年6月に公布され，同年9月に同委員会が設置された。

具体的には，環境省の外局として原子力規制委員会を設置するとともに，原子力規制委員会に事務組織として原子力規制庁を設置し，従来の原子力安全委員会及び原子力安全・保安院の事務のほか，文部科学省及び国土交通省の所掌する原子力安全の規制，核不拡散のための保障措置等に関する事務を一元化することとなった。

1.2.3.1　目　　的（原子力規制委員会設置法第1条）

「この法律は，平成23年3月11日に発生した東北地方太平洋沖地震に伴う原子力発電所の事故を契機に明らかとなった原子力の研究，開発及び利用（以下「原子力利用」という）に関する政策に係る縦割り行政の弊害を除去し，並びに一の行政組織が原子力利用の推進及び規制の両方の機能を担うことにより生ずる問題を解消するため，原子力利用における事故の発生を常に想定し，その防止に最善かつ最大の努力をしなければならないという認識に立って，確立された国際的な基準を踏まえて原子力利用における安全の確保を図るため必要な施策を策定し，又は実施する事務（原子力に係る製錬，加工，貯蔵，再処理及び廃棄の事業並びに原子炉に関する規制に関すること並びに国際約束に基づく保障措置の実施のための規制その他の原子力の平和的利用の確保のための規制に関することを含む）を一元的につかさどるとともに，その委員長及び委員が専門的知見に基づき中立公正な立場で独立して職権を行使する原子力規制委員会を設置し，もって国民の生命，健康及び財産の保護，環境の保全並びに我が国の安全保障に資することを目的とする。」

1.2.3.2　所　　掌（原子力規制委員会設置法第4条）

原子力規制委員会は，前条の任務を達成するため，次に掲げる事務をつかさどる。

(1) 原子力利用における安全の確保に関すること。
(2) 原子力に係る製錬，加工，貯蔵，再処理及び廃棄の事業並びに原子炉に関する規制その他これらに関する安全の確保に関すること。
(3) 核原料物質及び核燃料物質の使用に関する規制その他これらに関する安全の確保に関すること。
(4) 国際約束に基づく保障措置の実施のための規制その他の原子力の平和的利用の確保のための規制に関すること。
(5) 放射線による障害の防止に関すること。
(6) 放射性物質又は放射線の水準の監視及び測定に関する基本的な方針の策定及び推進並びに関係行政機関の経費の配分計画に関すること。
(7) 放射能水準の把握のための監視及び測定に関すること。
(8) 原子力利用における安全の確保に関する研究者及び技術者の養成及び訓練（大学における教育及び研究に係るものを除く）に関すること。
(9) 核燃料物質その他の放射性物質の防護に関する関係行政機関の事務の調整に関すること。
(10) 原子炉の運転等（原子力損害の賠償に関する法律（昭和36年 法律第147号）第2条第1項に規定する原子炉の運転等をいう）に起因する事故（以下「原子力事故」という）の原因及び原子力事故により発生した被害の原因を究明するための調査に関すること。
(11) 所掌事務に係る国際協力に関すること。
(12) 前各号に掲げる事務を行うため必要な調査及び研究を行うこと。

⒀ 前各号に掲げるもののほか，法律に基づき，原子力規制委員会に属させられた事務。

このように，原子力規制委員会の所掌範囲は広く原子力・核原料物質及び核燃料物質・放射線・放射性物質全般にわたり，文部科学省が担っていた放射性同位元素等規制法の事務も原子力規制委員会へ移管された。

1.3　放射線関係法規とICRP勧告

1.3.1　ICRP勧告と放射線防護体系

国際放射線防護委員会(International Commission on Radiation Protection; ICRP)は, 1950年に発足して以来, ヒトの放射線影響を解析評価した上で, 放射線利用における適用条件などの放射線防護に関する勧告を出してきた。わが国では, 基本的にICRP勧告を尊重し, 勧告の内容に基づいて関係法規を改正してきた。これまでにわが国の法令に重要な役割を果たしてきた基本勧告に, ICRP Publication 1(1958年), Publ.6(1962), Publ.9(1965), Publ.26(1977)がある。放射性同位元素等規制法をはじめとする現行法令は, 1990年勧告(Publ.60) に基づいている。

またICRPは, 放射線防護の目的を達成するために, 放射線防護体系と呼ばれる以下の３原則の導入を勧告している。

(1)　正当化 justification

放射線被ばくの伴う行為・活動は, それによりもたらされる便益（メリット）が放射線の損害（リスク）を十分に上回る場合のみ認められる。

(2)　防護の最適化 optimization of protection

正当化された行為・活動でも, その行為に基づく被ばくを経済的及び社会的要因を考慮して合理的に達成できる限り低く保たなければならない。

この最適化における「合理的に達成できる限り低くする」ことを英文表記のas low as reasonably achievable の頭文字をとって ALARA(アララ)の精神規定として尊重される。

(3)　線量限度 dose limit

たとえ正当化され最適化された行為・活動であっても, 管理の対象となるあらゆる放射線源からの被ばくの合計が, ICRPが勧告する線量限度を超えてはならない。

これらの放射線防護体系は, 放射線防護の概念上重要であるものの,「正当化」「最適化」に関わる要因は状況に依存する面が大きく, 定量化しにくいために「線量限度」のみが法令に取り入れられている。さらに, 医療被ばくと自然放射線による被ばくは「線量限度」から除外されている。

1.3.2　防　護　量

放射線防護を目的に使用される線量を防護量(protection quantities)といい, 等価線量と実効線量がICRPによって定められ, 法令の線量限度もこれらの防護量によって規定されている。

1.3.2.1　等価線量

組織・臓器への影響を評価する防護量として, 等価線量(equivalent dose)がある。

1990年以前は，LETの関数として表される「線質係数」が定義され，この線質係数を吸収線量に荷重して得られる「線量当量」が用いられてきた。

1990年に発表されたICRP勧告Publ.60では，吸収線量に荷重する係数として，放射線の線質やエネルギーによって一義的に決まる放射線荷重係数（W_R；radiation weighting factor）を新たに定義した。さらに放射線防護に利用される基本的な線量概念として，放射線荷重係数と組織・臓器の平均吸収線量（$D_{T,R}$）との積で表される等価線量（H_T）を導入した。等価線量は次式により定義され，吸収線量の単位にGyを用いた場合，単位はSvで求められる。

$$H_T = \Sigma W_R \times D_{T,R}$$

H_T：　臓器Tの等価線量[Sv]

W_R：　放射線荷重係数

$D_{T,R}$：　臓器Tが放射線Rにより与えられた平均吸収線量[Gy]

1.3.2.2　実効線量

人体全体への放射線の影響を評価する防護量に，実効線量(effective dose)がある。

ICRP 1990年勧告では，放射線のリスクに関連した線量概念として，異なった複数の組織への異なる線量を組み合わせて確率的影響の全体と相関するように示すため，各組織･臓器の等価線量に放射線感受性の相対値である組織荷重係数（W_T；tissue weighting factor）を乗じて，すべての組織・臓器について和をとった実効線量（E）を導入した。従って，実効線量は等価線量の組織合算値として個人ごとに1つの値となる。また，すべての組織荷重係数の総和は1となっている。実効線量は，次式により定義され，単位はSvが用いられる。

$$E = \Sigma W_T \times H_T$$

E　：　実効線量[Sv]

W_T：　臓器Tの組織荷重係数

H_T：　臓器Tの等価線量[Sv]

吸収線量と等価線量，実効線量との関係は，以下のように要約できる。

組織の平均吸収線量 $D_{T,R}$ [Gy] ―放射線荷重係数 W_R→ 組織の等価線量 H_T [Sv] ―組織荷重係数 W_T→ 全身の実効線量 E [Sv]

1.3.3　国際免除レベルの取り入れ

国際原子力機関（International Atomic Energy Agency; IAEA）は，ICRP1990年勧告（Publ.60）を踏まえて1996年に刊行した「電離放射線に対する防護と放射線源の安全のための国際基本安全基準(Basic safety standard；BSS)」の中で，規制免除に関する具体的な基準である国際基本安全基準免除レベルを提示した。BSSでは，295核種についての放射能と放射能濃度が定められている。また，1996年には英国放射線防護庁（National Radiological

Protection Board; NRPB）が免除レベルに関する報告書（NRPB-R306）で，BSSの295核種以外の計算を示した。これらの合計 765 核種の免除レベルは国際免除レベルと呼ばれ，2005年に施行された現行の関係法規に規制の下限数量及び濃度として取り入れられた。

放射性同位元素等規制法におけるこの規制下限値に関しては2.4.2を，医療法施行規則における規制下限値に関しては3.2を参照されたい。

最近のICRP勧告と国内関係法規の改正の関係は，以下のとおりである。

（1）　1977年勧告（Publ.26）；

　　放射線障害防止法（放射性同位元素等規制法の旧名称）施行令　昭和63年3月改正
　　同施行規則・告示第5号　昭和63年5月改正
　　医療法施行規則　昭和63年3月改正
　　電離則・人事院規則　昭和63年3月改正

（2）　1990年勧告（Publ.60）；

　　放射線障害防止法施行規則・告示第5号　平成12年10月改正
　　医療法施行規則　平成12年10月改正
　　電離則・人事院規則　平成12年10月改正

1.3.4　ICRP2007年新勧告

ICRPは1990年勧告以来の放射線防護全般に関わる新基本勧告の最終討議を終え，2007年12月にPubl.103として発表した。1990年勧告（Publ.60）との比較を表1.1にまとめたが，主な変更点として被ばくの状況に関して，放射線防護体系が適用される「制御可能な被ばく状況」として「計画（planned）被ばく状況」，「緊急時（emergency）被ばく状況」，「現存（existing）被ばく状況」という区分が提唱された。計画被ばく状況に適用される従来の「線量限度」及び「線量拘束値」に加えて，緊急時被ばく状況，現存被ばく状況に対しては「参考レベル（reference level）」を新たな指標として導入した。また，「確定的影響」に対して「組織反応（tissue reaction）」，「確率的影響」に対しては「がん（cancer）」と「遺伝性影響（hereditary effects）」が必要に応じて併用される。さらに，1.3.2で述べた防護量も，等価線量及び実効線量の算出に用いられる放射線荷重係数，組織荷重係数ともに一部の係数が変更されるとともに，weighting factorの邦訳を「荷重」から「加重」に変更して放射線加重係数，組織加重係数となる見通しである。

線量限度値に関しては 1990 年勧告（Publ.60）以来変更がなかったが，2012 年に出されたPubl.118では，眼の水晶体のしきい線量は0.5Gyであり，等価線量限度として5年間の平均で20mSv／年，年間最大50mSvを勧告した。本邦でも，放射線審議会はこの眼の水晶体の等価線量限度の国内法令への取り入れを厚生労働大臣に具申し（平成30年3月2日原規放発第18030211号），令和2年（2020年）に放射性同位元素等規制法を始めとする関係法令が改正された[2.4.14]。

表 1.1　ICRP1990 年勧告と 2007 年新勧告との比較

ICRP1990 年勧告（Publ.60, 1990）		ICRP2007 年新勧告（Publ.103, 2007）	
被ばくの状況			
行為（practice）と介入（intervention）		計画（planned）被ばく状況：線量限度＋線量拘束値	
線量拘束値（dose constraints）		緊急時（emergency）被ばく状況：参考レベル（reference level）	
		現存（existing）被ばく状況：　参考レベル	
放射線防護体系			
行為の正当化（justification of practice）		正当化：　すべての被ばく状況に適用	
防護の最適化（optimization of protection）		防護の最適化：　すべての被ばく状況に適用	
線量限度（dose limitation）		線量限度の適用：計画被ばく状況に適用	
影響の区分			
確定的影響（deterministic effect）		確定的影響：　組織反応（tissue reaction）	
確率的影響（stochastic effect）		確率的影響：　がん（cancer）と遺伝性影響（hereditary effects）	
名目リスク係数［$10^{-2}Sv^{-1}$］			
全集団：　がん 6.0，遺伝性影響 1.3		全集団：　がん 5.5，遺伝性影響 0.2	
成　人：　がん 4.8，遺伝性影響 0.8		成　人：　がん 4.1，遺伝性影響 0.1	
放射線荷重係数		**放射線加重係数**（訳語変更）	
光子：全エネルギー	1	光子：全エネルギー	1
電子・ミュー粒子：全エネルギー	1	電子・ミュー粒子：全エネルギー	1
中性子：エネルギーが 10keV 未満のもの	5	中性子：エネルギーが 1MeV 未満のもの	$2.5+18.2\exp[-(\ln E_n)^2/6]$
〃　10keV 以上 100keV まで	10	〃　1MeV 以上 50MeV 以下	$5.0+17.0\exp[-(\ln 2E_n)^2/6]$
〃　100keV を超え 2MeV まで	20	〃　50MeV を超えるもの	$2.5+3.25\exp[-(\ln 0.04E_n)^2/6]$
〃　2MeV を超え 20MeV まで	10		
〃　20MeV を超えるもの	5		
反跳陽子以外の陽子：2MeV を超えるもの	5	陽子・荷電パイ中間子：全エネルギー	2
アルファ粒子，核分裂片，重原子核	20	アルファ粒子，核分裂片，重イオン	20
組織荷重係数		**組織加重係数**（訳語変更）	
生殖腺	0.20	生殖腺	**0.08**
骨髄（赤色）	0.12	骨髄（赤色）	0.12
結腸	0.12	結腸	0.12
肺	0.12	肺	0.12
胃	0.12	胃	0.12
膀胱	0.05	膀胱	**0.04**
乳房	0.05	乳房	**0.12**
肝臓	0.05	肝臓	**0.04**
食道	0.05	食道	**0.04**
甲状腺	0.05	甲状腺	**0.04**
皮膚	0.01	皮膚	0.01
骨表面	0.01	骨表面	0.01
唾液腺	［対象外］	唾液腺	**0.01**
脳	［残りの臓器に含む］	脳	**0.01**
残りの組織・臓器［10 臓器］	0.05	残りの組織・臓器［14 臓器］	**0.12**

太数字：ICRP2007 年新勧告で変更された組織荷重係数

第2章　放射性同位元素等規制法

2.1　放射性同位元素等規制法の目的・規制対象

放射線，放射性物質の取扱いに関連した法令の中でも，「放射性同位元素等の規制に関する法律（略して「放射性同位元素等規制法」又はさらに略して「RI 等規制法」とも呼ばれる）」は，核燃料物質，核原料物質，放射性医薬品，一部の医療用の装置・機器を除く放射性同位元素，放射線発生装置を広く規制するものとして重要である。

2.1.1　放射性同位元素等規制法の目的

放射性同位元素等規制法は，「原子力基本法の精神」[1.2.2]にのっとり，「放射性同位元素の使用，販売，賃貸，廃棄その他の取扱い」「放射線発生装置の使用」「放射性同位元素又は放射線発生装置から発生した放射線によって汚染された物（「放射性汚染物」という）の廃棄その他の取扱い」について規制することにより，これらによる「放射線障害を防止」し，及び「特定放射性同位元素を防護」して，「公共の安全を確保する」ことを目的としている（法律第1条）。

令和元年9月施行の法改正により，目的に「特定放射性同位元素を防護」が加わるとともに，人の健康に重大な影響を及ぼすおそれがある特定放射性同位元素［2.4.2.4］のセキュリティ対策が，規制事項として新たに加えられた。これに伴い，法律の名称がこれまでの「放射性同位元素等による放射線障害の防止に関する法律（「放射線障害防止法」又は「障防法」と呼ばれた）」から「放射性同位元素等の規制に関する法律（「放射性同位元素等規制法」又は「RI 等規制法」）」に変更された。

2.1.2　放射性同位元素等規制法の規制対象

放射性同位元素等規制法の規制の対象は，以下に掲げた対象と行為である（法律第1条）。

（1）　放射性同位元素；　使用，販売，賃貸，廃棄，その他の取扱い（保管，運搬，所持など）

（2）　放射線発生装置；　使用のみ（販売や所持は規制されない）

（3）　放射性汚染物（放射性同位元素又は放射線発生装置から発生した放射線により生じた放射線を放出する同位元素によって汚染された物）；

廃棄，その他の取扱い（詰替え，保管，運搬，所持など）

ここで，放射性同位元素等規制法の規制の対象は，「放射性同位元素」「放射線発生装置」「放射性汚染物」の3つに区分されていることに注目されたい。各規制の内容にも，必ずこのどれが対象となっているかが明示されている。

平成22年の法改正により，新たに定義された「放射化物（放射線発生装置から発生した放射線により生じた放射線を放出する同位元素によって汚染された物）」[2.5.1.8] に「放射性同位元素により汚染された物」を加えた物を「放射性汚染物」と区分した。「放射化物」定義中の「放射線を放出する同位元素」とは，放射線を放出するいわゆる放射性同位元素であるが，必ずしも放射性同位元素等規制法の「放射性同位元素」の定義に該当するとは限らないため，「放射性同位元素」とはせずに「放射線を放出する同位元素」と表記している。

放射性同位元素又は放射性汚染物は，密封されていない放射性同位元素の使用に関する条文においては同時に表記されることが多く，これらを「放射性同位元素等」という（施行規則第1条第3号）。

2.2　放射性同位元素等規制法の構成

一般に，放射性同位元素等規制法とは，「放射性同位元素等の規制に関する法律」「同施行令」「同施行規則」「放射線を放出する同位元素の数量等を定める件（告示第 5 号）」等の総称として使われることが多い。ただし，1.2.3 で述べたように平成 24 年 9 月に原子力規制委員会が設置されたことから，放射性同位元素等規制法施行規則は文部科学省令ではなく，原子力規制委員会規則に位置づけられた[2.2.4]。この章ではこれらを単に，法律，施行令，原子力規制委員会規則[施行規則]，告示第 5 号と呼び，他の法令と区別することとする。

2.2.1　放射性同位元素等規制法の法体系

我が国の放射線防護の主要法令である放射性同位元素等規制法の法体系は，以下の通りである。

（1）　法律　　　放射性同位元素等の規制に関する法律（放射性同位元素等規制法，昭和 32 年法律第 167 号）

（2）　施行令　　放射性同位元素等の規制に関する法律施行令（昭和 35 年政令第 259 号）

（3）　原子力規制委員会規則[施行規則]
　　　放射性同位元素等の規制に関する法律施行規則（昭和 35 年総理府令第 56 号）

（4）　告示　　　放射線を放出する同位元素の数量等を定める件（平成 12 年科学技術庁告示第 5 号）

告示には他にも「荷電粒子を加速させることにより放射線を発生させる装置として指定する件（昭和 39 年科学技術庁告示第 4 号）」，「教育及び訓練の時間数を定める告示（平成 3 年科学技術庁告示第 10 号）」，「変更の許可を要しない軽微な変更を定める告示（平成 17 年文部科学省告示第 81 号）」，「特定放射性同位元素の数量を定める告示（平成 30 年原子力規制委員会告示第 10 号）」など多数ある。

2.2.2　放射性同位元素等規制法（法律）の構成

法律の構成は，以下のとおりである。

第 1 章　総則（第 1 条・第 2 条）

第 2 章　使用の許可及び届出，販売及び賃貸の業の届出並びに廃棄の業の許可（第 3 条～第 12 条）

第 3 章　表示付認証機器等（第 12 条の 2～第 12 条の 7）

第 4 章　許可届出使用者，届出販売業者，届出賃貸業者，許可廃棄業者等の義務（第 12 条の 8～第 33 条の 3）

第5章　放射線取扱主任者等（第34条～第38条の3）

第6章　許可届出使用者等の責務（第38条の4）

第7章　登録認証機関等（第39条～第41条の46）

第8章　雑則（第42条～第50条）

第9章　罰則（第51条～第61条）

第10章　外国船舶に係る担保金等の提供による釈放等（第62条～第66条）

附　則

2.2.3　放射性同位元素等規制法施行令の構成

施行令（政令）は，法律の委任を受けた事項について規定している。施行令の構成は，以下のようになっている。

第1章　放射性同位元素等の定義（第1条・第2条）

第2章　許可の申請及び届出（第3条～第10条）

第3章　放射性同位元素装備機器の設計の認証等（第11条～第20条の3）

第4章　登録認証機関等（第21条～第29条）

第5章　雑則（第30条・第31条）

第6章　外国船舶に係る担保金等の提供による釈放等（第32条～第35条）

附　則

2.2.4　原子力規制委員会規則[施行規則]の構成

原子力規制委員会設置法[1.2.3]に基づき，原子力規制委員会が放射性同位元素等規制法の所掌機関となったことから，放射性同位元素等規制法施行規則は「原子力規制委員会規則」に変更となった。この原子力規制委員会規則[施行規則]は，法律及び施行令の委任を受けた事項及びそれらの実施に必要な事項について規定したものであり，以下のような構成となっている。

第1章　定義（第1条）

第2章　許可の申請等（第2条～第14条）

第2章の2　放射性同位元素装備機器の設計認証等の申請等（第14条の2～第14条の6）

第2章の3　使用施設等の基準（第14条の7～第14条の12）

第2章の4　施設検査等（第14条の13～第14条の21）

第3章　使用の基準等（第15条～第19条の3）

第4章　測定等の義務（第20条～第29条の7）

第5章　放射線取扱主任者等（第30条～第38条の9）

第6章　雑則（第39条～第42条）

附　則

以上に放射性同位元素等規制法の法体系について示したが，これら全体を通して規定している内容の要点として，定義・施設基準・行為基準・手続をあげることができる。

定義に関しては，法律では第 2 条のみであるが，施行令の第 1 条及び第 2 条，施行規則の第 1 条にもわたり，その数量や濃度については告示第 5 号第 1 条に掲げられている。

施設基準は，施行規則の第 14 条の 7 から第 14 条の 12 までに示されている。また，行為基準については，法律第 3 章と第 4 章，施行規則の第 3 章と第 4 章に示されている。

手続は許可申請，変更許可申請，軽微な変更に係る変更届，氏名等の変更届，使用の届出，届出使用に係る変更届，使用の場所の一時的変更届，施設検査の申請，定期検査の申請，定期確認の申請，運搬確認の申請，容器承認の申請，放射線取扱主任者選任・解任届，放射線障害予防規程届，使用の廃止届等であって，法律，施行令，施行規則のいずれにも関連して定められている。

2.2.5　放射性同位元素等規制法関連の告示

2.2.1 で述べたように，法律には詳細な事項や基準を定めるために，固有の告示が多数存在する。放射性同位元素等規制法も例に違わず,「荷電粒子を加速させることにより放射線を発生させる装置として指定する件（昭和 39 年科学技術庁告示第 4 号）」,「教育及び訓練の時間数を定める告示（平成 3 年科学技術庁告示第 10 号）」,「変更の許可を要しない軽微な変更を定める告示（平成 17 年文部科学省告示第 81 号）」,「特定放射性同位元素の数量を定める告示（平成 30 年原子力規制委員会告示第 10 号）」など多数の告示が出されている。

しかしながらその中でも，上記の「放射線を放出する同位元素の数量等を定める件（平成 12 年科学技術庁告示第 5 号）」は，規制に関する多くの重要な具体的数値を定めており，放射性同位元素等規制法関連告示の根幹をなす。この章では，この「数量等を定める件」を単に「告示第 5 号」と称することとする。主な条項のみだしを以下に列挙する（最終改正は平成 24 年 3 月 28 日文部科学省告示第 59 号）。

放射線を放出する同位元素の数量及び濃度（第 1 条）
管理区域に係る線量等（第 4 条）
実効線量限度・等価線量限度（第 5 条～第 6 条）
空気中濃度限度・表面密度限度・遮蔽物に係る線量限度（第 7 条～第 10 条）
自動表示装置・インターロックに係る放射性同位元素の数量（第 11 条～第 12 条）
主要構造部等を耐火構造とすること等を要しない放射性同位元素の数量（第 13 条）
排気又は排水に係る放射性同位元素の濃度限度等（第 14 条）
内部被ばくによる線量の測定（第 19 条）
実効線量及び等価線量の算定（第 20 条）
緊急作業に係る線量限度（第 22 条）

線量並びに空気中及び水中の濃度の複合（第 25 条）

実効線量への換算（第 26 条）

濃度確認に係る放射能濃度（第 27 条）

別表第 1～別表第 7（告示第 5 号別表第 1～別表第 7 は 2.11.2 に例示した）

以上の法体系を図示すると図 2.1 のようになる。

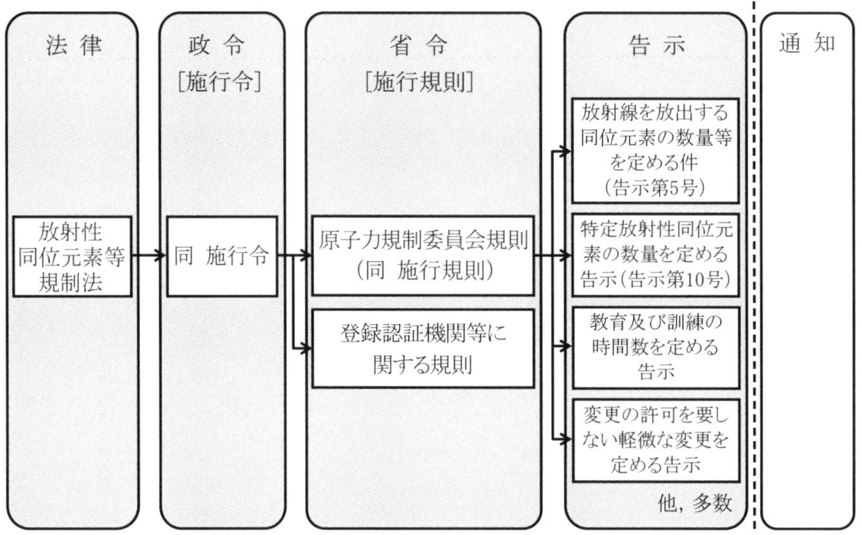

図 2.1　放射性同位元素等規制法の法体系

2.3　放射線障害の防止と特定放射性同位元素の防護

令和元年 9 月施行の法改正により，放射性同位元素等規制法は，法律第 1 条に「放射性同位元素の使用，販売，賃貸，廃棄その他の取扱い」「放射線発生装置の使用」「放射性汚染物の廃棄その他の取扱い」について規制することにより，これらによる「放射線障害を防止」し，及び「特定放射性同位元素を防護」して，「公共の安全を確保する」ことを目的として掲げた。これに伴い，法律の名称がこれまでの「放射性同位元素等による放射線障害の防止に関する法律（「放射線障害防止法」又は「障防法」と呼ばれた）」から「放射性同位元素等の規制に関する法律（「放射性同位元素等規制法」又は「RI 等規制法」）」に変更されたことは 2.1.1 で述べたところである。

これにより，「放射性同位元素等規制法」には，放射性同位元素，放射線発生装置及び放射性汚染物の取扱いなどにより発生する放射線障害を防止する「放射線障害の防止」の目的に加えて，人の健康に重大な影響を及ぼすおそれがある特定放射性同位元素［2.4.2.4］によるテロや犯罪を防止するセキュリティ対策として「特定放射性同位元素の防護」が新たに盛り込まれた。これは，近年続発しているテロの脅威等を背景に，国際原子力機関（IAEA）が 2011 年に「放射性同位元素を含む放射性物質及び関連施設の防護措置（RI セキュリティ）の実施」を勧告したことを受け，本邦においても原子力規制庁に「核セキュリティに関する検討会」が設置され，さらにそのワーキンググループとして「放射性同位元素使用施設等の規制に関する検討チーム」が上記検討会の報告書を踏まえて検討してきた。今回の法改正により，この「特定放射性同位元素の防護」についての規制が施行されるに至った。

この「特定放射性同位元素の防護措置」が義務づけられる使用施設は全国で 500 施設程度と一部の施設に限られるものではあるが，法律の目的にも掲げられた重要事項であるので，その理解は必須である。まずは全施設が対象となる「放射線障害の防止」を理解した上で，「特定放射性同位元素の防護」に関する規制体系を把握すると良い。特に，新たに導入された「特定放射性同位元素の防護」の規制を，従来の事業者の義務や放射線取扱主任者制度を準用した「放射線障害の防止」に係る規制体系と表 2.1 のように比較してみると理解しやすい。

表 2.1　放射性同位元素等規制法における放射線障害の防止及び特定放射性同位元素の防護の比較

放射線障害の防止		特定放射性同位元素の防護	
2.4.2	放射性同位元素	2.9.1.1	特定放射性同位元素
2.4.9	放射線業務従事者	2.9.1.2	防護従事者
2.4.10	管理区域	2.9.1.3	防護区域
2.7.7	放射線障害予防規程	2.9.3	特定放射性同位元素防護規程
2.7.8	放射線障害の防止に関する教育訓練	2.9.6	特定放射性同位元素の防護に関する教育訓練
2.7.11	放射線障害の防止に関する記帳	2.9.7	特定放射性同位元素の防護に関する記帳
2.8	放射線取扱主任者	2.9.8	特定放射性同位元素防護管理者
2.8.3	放射線取扱主任者定期講習	2.9.8.2	特定放射性同位元素防護管理者定期講習

2.4　定義及び数値

以下に掲げる定義は，放射性同位元素等規制法に規定された法令上の定義であり，学術用語や他の法令の定義とは異なることに注意が必要である。

2.4.1　放　射　線

「放射線」とは，次に掲げる電磁波又は粒子線をいう（法律第2条第1項，原子力基本法第3条第5号，核燃料物質，核原料物質，原子炉及び放射線の定義に関する政令第4条）。

(1)　アルファ線，重陽子線，陽子線，その他の重荷電粒子線及びベータ線

(2)　中性子線

(3)　ガンマ線及び特性エックス線（軌道電子捕獲に伴って発生する特性エックス線に限る）

(4)　1メガ電子ボルト以上のエネルギーを有する電子線及びエックス線

ここで注意を要する点は（4）に関してエネルギーの規定があることであり，1メガ電子ボルト（MeV）未満のエネルギーを有する電子線及びエックス線は，放射性同位元素等規制法で定義される「放射線」に含まれない点である。すなわち，1MeV 未満の電子線及びエックス線を発生する装置は，放射性同位元素等規制法でいう放射線発生装置に該当せず，この装置そのものが規制の対象とならない。しかし，この法律による個人の被ばく線量，管理区域の線量，放射線遮蔽（電離則・人事院規則は「遮へい」，医療法では「しゃへい」と表記）などについては，各条文の但し書きにより 1MeV 未満の電子線やエックス線も含めて計算することになっている。

2.4.2　放射性同位元素

「放射性同位元素」とは，放射線を放出する同位元素及びその化合物並びにこれらの含有物（機器に装備されているものを含む）であって，その同位元素の種類ごとに原子力規制委員会が定める数量（以下「下限数量」）及び濃度（付表 2.2）を超えるものをいう。ただし，放射線を放出するものでありながら，他の法令により規制されるものとして，放射性同位元素等規制法の定義から除かれるものは以下の通りである（図 2.2）（法律第2条第2項，施行令第1条，告示第5号第1条）。

(1)　原子力基本法（昭和30年法律第186号）第3条第2号に規定する核燃料物質及び同条第3号に規定する核原料物質

(2)　医薬品医療機器等法［3.1.5］（昭和35年法律第145号）第2条第1項に規定する医薬品及びその原料又は材料であって同法第 13 条第 1 項の許可を受けた製造所に存するもの［3.2.2］

(3)　医療法（昭和 23 年法律第 205 号）第 1 条の 5 第 1 項に規定する病院又は第 2 項に規定する診療所（以下「病院等」）において行われる医薬品医療機器等法第 2 条第 17 項に規定する治験の対象とされる薬物［3.2.2］

(4)　陽電子放射断層撮影装置による画像診断に用いられる薬物その他の治療又は診断のために医療を受ける者又は獣医療を受ける獣医療法第 2 条第 1 項に規定する飼育動物に対し投与される薬物であって，当該治療又は診断を行う病院等又は獣医療法第 2 条第 2 項に規定する獣医師が飼育動物の診療を行う診療施設において調剤されるもののうち，原子力規制委員会が厚生労働大臣又は農林水産大臣と協議して指定するもの［3.2.2.2］［上記指定する薬物には，医療法施行規則第 24 条第 8 号に規定する陽電子断層撮影診療用放射性同位元素（治療又は診断のために医療を受ける者に対し投与される薬物であって，当該治療又は診断を行う病院又は治療所において調剤されるものに限る）が指定されている（「薬物を指定する告示（平成 17 年文部科学省告示第 140 号）」）］

(5)　医薬品医療機器等法［3.1.5］第 2 条第 4 項に規定する医療機器で，原子力規制委員会が厚生労働大臣又は農林水産大臣と協議して指定するものに装備されているもの［上記指定する医療機器は，医薬品医療機器等法施行令別表第 1 に掲げる放射性物質診療用機器であって，治療を目的として人体内から再び取り出す意図をもたずに人体内に挿入された ^{125}I 又は ^{198}Au を装備しているものに限るとされている（「医療機器を指定する告示（平成 17 年文部科学省告示第 76 号）」）］

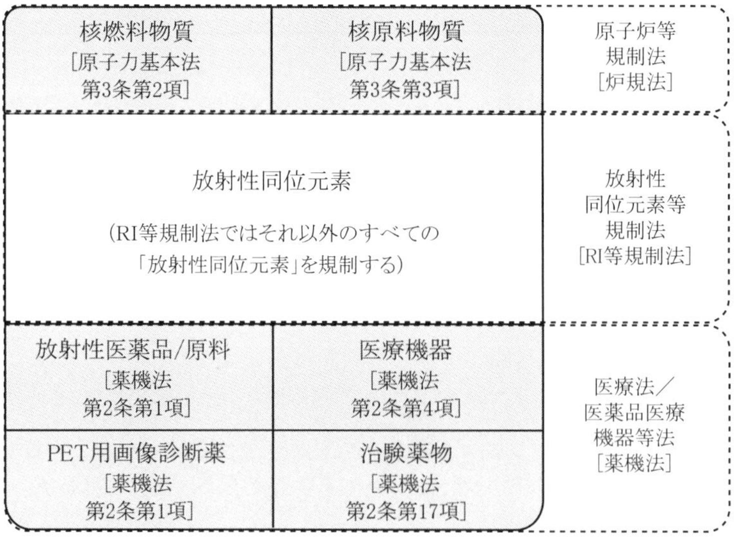

核燃料物質
［原子力基本法
第3条第2項］

核原料物質
［原子力基本法
第3条第3項］

原子炉等
規制法
［炉規法］

放射性同位元素

（RI等規制法ではそれ以外のすべての
「放射性同位元素」を規制する）

放射性
同位元素等
規制法
［RI等規制法］

放射性医薬品/原料
［薬機法
第2条第1項］

医療機器
［薬機法
第2条第4項］

PET用画像診断薬
［薬機法
第2条第1項］

治験薬物
［薬機法
第2条第17項］

医療法／
医薬品医療
機器等法
［薬機法］

図 2.2　放射性同位元素等規制法における放射性同位元素

2.4.2.1　下限数量及び濃度

放射性同位元素等規制法の規制の対象となる放射性同位元素の種類ごとの原子力規制委員会が定める数量（「下限数量」）及び濃度は，「放射線を放出する同位元素の数量等を定める件（平成12年科学技術庁告示第5号）（この章では単に「告示第5号」[2.3]）」に定められており，この基準となる下限数量及び濃度を「規制下限値」ということもある。放射性同位元素が1種類の場合，告示第5号別表第1の第1欄の種類に応じて，第2欄に掲げる数量及び第3欄に掲げる濃度を規制下限値とし，同位元素の種類が2種類以上のものについては，告示第5号別表第1の第1欄の種類ごとの数量の，第2欄に掲げる数量に対する割合の和が1となる数量及び同様に告示第5号別表第1の第1欄に掲げる種類ごとの濃度の，第3欄に掲げる濃度に対する割合の和が1となる濃度を規制下限値とする（告示第5号第1条）。

規制下限値に密封・非密封の区別はないが，2.4.2.2及び2.4.2.3に述べるように，密封・非密封の違いによって，規制下限値に対する判定の基準が異なってくる。表2.2に放射性同位元素等規制法の規制の対象となる放射性同位元素の数量及び濃度の基準を示した。密封・非密封のどちらの場合においても，数量，濃度のどちらかが下限数量又は濃度の規制下限値以下であれば，規制の対象とはならない。「2.11　付表」に，主な放射性同位元素の規制下限値の一覧［2.11.1］及び告示第5号別表第1～別表第7［2.11.2］を例示した。

表2.2　放射性同位元素等規制法の規制対象となる放射性同位元素（告示第5号第1条）

区分		数量	濃度
密封／非密封	同位元素の種類		
密封放射性同位元素：線源1個（1組又は1式）当たりの数量及び濃度	同位元素の種類が1種類	線源1個当たりの数量が告示第5号別表第1第2欄の数量を超えるもの	線源1個当たりの濃度が告示第5号別表第1第3欄の濃度を超えるもの
	1個（1組又は1式）の中に同位元素が2種類以上	線源1個当たりの同位元素ごとの数量の下限数量に対する割合の和が1を超えるもの	線源1個当たりの同位元素ごとの濃度の規制下限値に対する割合の和が1を超えるもの
非密封放射性同位元素：工場又は事業所が所持する数量及び容器1個当たりの濃度	同位元素の種類が1種類	所持する数量の総量が告示第5号別表第1第2欄の数量を超えるもの	容器1個当たりの濃度が告示第5号別表第1第3欄の濃度を超えるもの
	事業所が所持する又は容器1個当たりの同位元素が2種類以上	事業所が所持するすべての同位元素ごとの数量の下限数量に対する割合の和が1を超えるもの	容器1個当たりの同位元素ごとの濃度の規制下限値に対する割合の和が1を超えるもの

2.4.2.2　密封された放射性同位元素

密封された放射性同位元素については，1個（1組又は1式で使用するものは1組又は1式）当たりの数量及び濃度が告示第5号に定める下限数量及び濃度[2.4.2.1]を超えるものをいう（告示第5号第1条第1号）。従って，1個当たりの数量又は濃度が規制下限値以下のものは，何個使用しても「放射性同位元素」に該当せず，放射性同位元素等規制法の規制を受けない。

2.4.2.3　密封されていない放射性同位元素

密封されていない放射性同位元素は，1 工場又は 1 事業所が所持する数量及び容器 1 個当たりの濃度が告示第 5 号に定める下限数量及び濃度[2.4.2.1]を超えるものをいう（告示第 5 号第 1 条第 2 号）。特に，2 種類以上の密封されていない放射性同位元素を所持している場合には，数量に関しては，1 工場又は 1 事業所の同位元素ごとの所持数量が，告示第 5 号別表第 1 の第 2 欄に掲げる下限数量に対する割合の和が 1 を超えるものをいう。濃度に関しては，容器 1 個当たりの同位元素ごとの濃度について，上記数量と同様に，告示第 5 号別表第 1 の第 3 欄に掲げる濃度に対する割合の和が 1 を超えるものを規制の対象とする。

放射性同位元素等規制法では，2 種類以上の異なった基準値を複合して考慮する場合にそれぞれの基準値に対する「割合の和」が 1 を超えるかどうかで判定する。この考え方は，各基準値の単位が異なっている場合にも適用でき，合理的である。以下に上記で説明した数量及び濃度の「割合の和」に関する計算の例を示す。

〔例〕ある事業所で非密封の ^{90}Sr 3.7kBq，^{60}Co 11.1kBq 及び ^{131}I 555kBq をあわせて使用する場合，数量に関しては，告示第 5 号別表第 1 の第 2 欄に示された下限数量は，^{90}Sr が 1×10^4Bq=10kBq，^{60}Co が 1×10^5Bq=100kBq，^{131}I が 1×10^6Bq=1000kBq であるので，

$$\frac{3.7\text{kBq}}{10\text{kBq}}+\frac{11.1\text{kBq}}{100\text{kBq}}+\frac{555\text{kBq}}{1000\text{kBq}}=0.37+0.111+0.555=1.036\ (>1)$$

となる。すなわち，それぞれの同位元素の種類に関して，告示第 5 号別表第 1 に示された下限数量に対する割合の和が 1.036 となり，これは 1 を超えているので，数量に関しては，放射性同位元素等規制法の規制を受けることになる。

これに対し，1 個当たりの放射能が ^{60}Co 74kBq 及び ^{137}Cs 3.7kBq の密封線源をそれぞれ使用する場合には，告示第5号別表第1の第2欄に示された下限数量は，^{60}Co が 1×10^5Bq=100kBq，^{137}Cs が 1×10^4Bq=10kBq であるので，線源 1 個当たりで評価して，

^{60}Co については，

$$\frac{74\text{kBq}}{100\text{kBq}}=0.74\ (<1)$$

^{137}Cs については，

$$\frac{3.7\text{kBq}}{10\text{kBq}}=0.37\ (<1)$$

となり，各線源ごとに規制下限値以下であるため，これらを何個使用していても規制の対象とはならない。濃度に関しても，線源ごとに判定しなければならないが，この場合にはすでに数量が下限値以下であるので，濃度が下限値を超えていても放射性同位元素等規制法の規制は受けない。

このように，放射性同位元素等規制法で「放射性同位元素」とは，使用を前提とする同位元素の中でも法律で規制するために上記のように定義されたものに限定しており，科学的な意味

での放射性同位元素をすべて含むものではない。例えば，平成 22 年の法改正により新たに規制対象となった「放射化物」は「放射線発生装置から発生した放射線により生じた放射線を放出する同位元素によって汚染された物」と定義される[2.5.1.8]が，「放射線発生装置から発生した放射線により生じた放射線を放出する同位元素」とは，放射線を放出するいわゆる放射性同位元素ではあるものの，必ずしも上述した条件をすべて満たす放射性同位元素等規制法上の「放射性同位元素」には当たらないため，「放射性同位元素」とは表現せずに「放射線を放出する同位元素」と呼び区別している。従って，「放射化物」とは，放射線発生装置から発生した放射線により生じた，数量や濃度にはよらない放射化された同位元素によって汚染された物ということになる。

2.4.2.4　特定放射性同位元素

「特定放射性同位元素（以下「特定 RI」と略す場合あり）」とは，放射性同位元素の中でも，その放射線が発散された場合において人の健康に重大な影響を及ぼすおそれがあるものとして政令で定めるもの（法律第 2 条第 3 項）で，その種類及び密封の有無に応じて原子力規制委員会が定める数量以上のものをいう（施行令第 1 条の 2)。この特定放射性同位元素の数量は，「特定放射性同位元素の数量を定める告示（平成 30 年原子力規制委員会告示第 10 号（「防護数量告示」））」第 2 条に定められており，防護数量告示別表第 1 には密封された又は粉末でなく揮発性・可燃性・水溶性でない固体状の非密封放射性同位元素（23 元素 24 核種），別表第 2 にはそれ以外の密封されていない放射性同位元素（84 元素 237 核種）がそれぞれの規制下限数量と共に指定されている。

特定放射性同位元素関連の規制に関しては，「2.9 特定放射性同位元素の防護」にまとめた。

2.4.3　放射性同位元素装備機器

「放射性同位元素装備機器」とは，硫黄計その他の放射性同位元素を装備している機器をいう（法律第 2 条第 4 項)。放射性同位元素装備機器は，密封線源として放射性同位元素と同様に規制されるが，設計認証又は特定設計認証（法律第 12 条の 2）と認証に係る確認の検査（法律第 12 条の 4)を受ければ表示付認証機器又は表示付特定認証機器として一般の放射性同位元素とは別の取扱いができる。表示付認証機器はすべて届出で使用でき，これのみを使用する事業所では，放射線取扱主任者の選任や測定等を要しない(法律第 3 条の 3 第 1 項，第 25 条の 2)。ガスクロマトグラフ用エレクトロン･キャプチャ･ディテクタ（ニッケル 63 を装備しているもの）は表示付認証機器である（法律附則第 4 条）が，医療法施行規則では「放射性同位元素装備診療機器」に規定されており，一方，医療法で「放射性同位元素装備診療機器」として定められている輸血用血液照射装置及び骨塩定量分析装置は，放射性同位元素等規制法では放射性同位元素装備機器にあたらない[3.3.2]。この他に，γ 線密度計，γ 線レベル計，β 線厚さ計などが表示付認証機器に該当する。

一方，表示付特定認証機器は製造者が特定設計認証を受け，認証に係る確認検査を受ける必要があるが，その使用に関しては，届出など一切の義務を免除されている。特定設計認証を受けることができる放射性同位元素装備機器として，以下のものが指定されている（施行令第12条）。

（1）　煙感知器

（2）　レーダー受信部切替放電管

（3）　表面から10cm離れた位置における1cm線量当量率が1マイクロシーベルト毎時(μSv/h)以下のものであって原子力規制委員会が指定するもの［集電式電位測定器(静電気測定器)及び熱粒子化センサー(有毒ガス測定器)が指定されている(「放射性同位元素装備機器を指定する件(平成17年文部科学省告示第93号)」)］

2.4.4　放射線発生装置

「放射線発生装置」とは，荷電粒子を加速させることにより放射線を発生させる次に掲げる装置をいう。ただし，その表面から10 cm離れた位置における最大線量当量率が1cm線量当量率について600ナノシーベルト毎時(nSv/h)以下であるものは除かれる(法律第2条第5項，施行令第2条，告示第5号第2条)。

（1）　サイクロトロン

（2）　シンクロトロン

（3）　シンクロサイクロトロン

（4）　直線加速装置

（5）　ベータトロン

（6）　ファン･デ･グラーフ型加速装置

（7）　コッククロフト･ワルトン型加速装置

（8）　その他荷電粒子を加速することにより放射線を発生させる装置で，放射線障害の防止のため必要と認めて原子力規制委員会が指定するもの［変圧器型加速装置，マイクロトロン及びプラズマ発生装置が指定されている(「荷電粒子を加速することにより放射線を発生させる装置として指定する件(昭和39年科学技術庁告示第4号)」)］

2.4.5　許可届出使用者

「許可届出使用者」とは，許可使用者及び届出使用者をいう（法律第15条）。

「許可使用者」とは，種類若しくは密封の有無に応じて政令で定める数量を超える放射性同位元素又は放射線発生装置（表示付認証機器及び表示付特定認証機器を除く）の使用について，原子力規制委員会から許可を受けた者をいう[2.10.1.1](法律第3条，第10条第1項)。ここで政令で定める数量とは，放射性同位元素の数量ごとに密封されたものは下限数量の1000倍，非密封のものは下限数量であり，これを超える場合には許可が必要となる（施行令第3条）。

許可使用者の中でも，特に施設検査[2.7.1]，定期検査[2.7.2]，定期確認[2.7.3]を要する者として，貯蔵する放射性同位元素の密封の有無に応じて政令で定める貯蔵能力を超える貯蔵施設を設置し放射性同位元素を使用する許可使用者又は放射線発生装置を使用する許可使用者を「特定許可使用者」として区別している（法律第12条の8）。ここで政令で定める貯蔵能力は，放射性同位元素の数量ごとに密封された放射性同位元素1個当たりの数量が10TBq以上，非密封の放射性同位元素は下限数量の10万倍以上が該当する（施行令第13条）。

「届出使用者」とは，許可を要するもの以外の放射性同位元素（表示付認証機器及び表示付特定認証機器を除く）の使用を原子力規制委員会に届け出た者をいう[2.10.1.2]（法律第3条の2）。具体的には，密封された放射性同位元素1個又は1式当たりの数量が下限数量を超え1000倍以下のものの使用が該当する。1個又は1式当たり下限数量の1000倍以下の密封された放射性同位元素は，何個使用しても届け出でよく，加算する必要はない。さらに，下限数量以下のものの使用は，密封・非密封に関わらず，許可・届出を要しない。

2.4.6　表示付認証機器届出使用者

「表示付認証機器届出使用者」とは，表示付認証機器の使用について，原子力規制委員会に届け出た者をいう[2.10.1.3]（法律第3条の3）。当該機器使用開始後30日以内に届け出なければならない。表示付認証機器届出使用者の届出と届出使用者の届出は別の届出であり，許可届出使用者であっても表示付認証機器を使用する場合には，この届出を必要とする。

2.4.7　届出販売業者・届出賃貸業者

「届出販売業者・届出賃貸業者（以下，届出販売(賃貸)業者）」とは，放射性同位元素（表示付特定認証機器を除く）を業として販売し，又は賃貸することについて，原子力規制委員会に届出をした者をいう（法律第4条）。ただし，販売(賃貸)業者であっても，放射性同位元素等を直接取り扱う場合には，別に使用の許可・届出が必要となる。

2.4.8　許可廃棄業者

「許可廃棄業者」とは，放射性同位元素又は放射性汚染物（両者を合わせて「放射性同位元素等」という）を業として廃棄することについて，原子力規制委員会から許可を受けた者をいう（法律第4条の2，第11条）。

2.4.9　放射線業務従事者

「放射線業務従事者」とは，放射性同位元素等又は放射線発生装置の取扱い，管理又はこれに付随する業務（以下「取扱等業務」という）に従事する者であって，管理区域[2.4.10]に立ち入る者をいう（施行規則第1条第8号）。

管理区域に立ち入る者について，放射線業務従事者と一時的に立ち入る者に区分し，業務の内容，管理区域への立入り時間等を考慮し，放射線障害の発生を防止しようとするものである。そのため，管理区域に立ち入らない者は，ここに示した者には該当しない。すなわち，放射線業務従事者とは，管理区域に立ち入り，かつ，取扱等業務（放射性同位元素等又は放射線発生装置を取り扱い，また，その管理あるいはこれらに付随する業務）に従事する者をいう。一方，取扱等業務に従事する者以外の者とは，放射線施設を見学する者，施設の簡単な掃除のために立ち入る者など，管理区域への立入りによる被ばくのおそれがない者をいう。

2.4.10　管理区域

「管理区域」は，放射線のレベルが法令に定められた値を超えるおそれのある場所で，放射線業務従事者[2.4.9]以外の者がみだりに立ち入らないような措置の講じられた場所である。具体的には，管理区域とは，

（1）　外部放射線に係る線量が，実効線量が 3 月間につき 1.3 ミリシーベルト（mSv）を超え，

（2）　空気中の放射性同位元素の濃度については，3 月間についての平均濃度が空気中濃度限度[2.4.15]の 1/10 を超え，

（3）　放射性同位元素によって汚染される物の表面の放射性同位元素の密度が，表面密度限度[2.4.17]の 1/10 を超えるおそれのある場所をいう。

(2) 及び（3）の「放射性同位元素」は「放射線発生装置から発生した放射線により生じた放射線を放出する同位元素を含む」とされ，放射性同位元素等規制法では，使用を前提とする放射性同位元素以外の環境中や表面汚染に関する放射性同位元素には，すべて同様に含まれる。

ただし，（1）の外部放射線に被ばくし，かつ（2）の汚染された空気を呼吸するおそれのあるときは，外部線量と空気中濃度のそれぞれの線量限度又は濃度限度に対する割合の和が 1 を超える場所を管理区域とする。さらに，1MeV 未満のエネルギーを有する電子線及びエックス線による被ばくがある場合には，それらによる被ばくを含め，かつ，診療上の被ばく及び自然放射線による被ばくを除いて計算する（施行規則第 1 条第 1 号，告示第 5 号第 4 条，第 24 条）。

2.4.10　管理区域に係る線量等（告示第 5 号第 4 条）及び 2.5.1.3　遮蔽物に係る線量限度（告示第 5 号第 10 条）に関する実効線量への換算は，告示第 5 号第 26 条に基づき次のように告示第 5 号別表第 5 又は別表第 6 の換算係数を使って求める。

（1）　放射線がエックス線又はガンマ線の場合

$$E = f_x \times D$$

E：実効線量[Sv]

f_x：自由空気中の空気カーマが 1 グレイ[Gy]である場合の実効線量への換算係数（告示第 5 号別表第 5）

D：自由空気中の空気カーマ[Gy]

(2)　放射線が中性子線の場合

$$E = f_n \times \Phi$$

E：実効線量[Sv]

f_n：自由空気中の中性子フルエンスが 1cm^2 当たり 10^{12} 個である場合の実効線量への換算係数（告示第 5 号別表第 6）

Φ：自由空気中の中性子フルエンス[個/cm^2]

告示第 5 号別表第 5 及び別表第 6 を 2.11.2 告示第 5 号別表の付表 2.2 に示した。

2.4.11　放射線施設

「放射線施設」とは，使用施設，廃棄物詰替施設，貯蔵施設，廃棄物貯蔵施設又は廃棄施設をいう（施行規則第 1 条第 9 号）。許可届出使用者，許可廃棄業者は，表 2.3 に示す以下の施設を設置する必要がある（法律第 3 条，第 3 条の 2，第 4 条，第 4 条の 2）。

表 2.3　原則として必要な放射線施設

区　分	必　要　な　施　設		
許可使用者	使用施設	貯蔵施設	廃棄施設
届出使用者	−	貯蔵施設	−
届出販売業者・届出賃貸業者	−	−	−
許可廃棄業者	廃棄物詰替施設	廃棄物貯蔵施設	廃棄施設

「使用施設」とは放射性同位元素又は放射線発生装置を使用する施設をいい，「廃棄物詰替施設」とは放射性同位元素及び放射性汚染物の詰替えをする施設をいう。「貯蔵施設」とは放射性同位元素を貯蔵する施設をいい，「廃棄物貯蔵施設」とは放射性同位元素及び放射性汚染物を貯蔵する施設をいう。「使用施設」と「廃棄物詰替施設」，「貯蔵施設」と「廃棄物貯蔵施設」の施設基準はおおむね同じである[2.5.1～2.5.4]。「廃棄施設」とは放射性同位元素及び放射性汚染物を廃棄する施設をいい，排気設備，排水設備，焼却炉，廃棄作業室，固型化処理設備，保管廃棄設備などが含まれる[2.5.5]（施行規則第 14 条の 7～11）。

2.4.12　作　業　室

「作業室」とは，密封されていない放射性同位元素の使用若しくは詰替えをし，又は放射性汚染物で密封されていないものの詰替えをする室である（施行規則第 1 条第 2 号）。言い換えれば，非密封の同位元素は作業室でしか「使用」や「詰替え」をしてはならない。

2.4.13　汚染検査室

「汚染検査室」とは，人体又は作業着，履物，保護具等，人体に着用している物の表面の放射性同位元素による汚染の検査を行う室のことである（施行規則第 1 条第 3 号）。

2.4.14　実効線量限度及び等価線量限度

「実効線量限度」及び「等価線量限度」は，放射線業務従事者がある一定期間内に受ける線量の限度を示したものであり，表 2.4（1）及び（2）のように規定されている。眼の水晶体の等価線量限度に関しては，令和 2 年(2020 年)の放射性同位元素等規制法改正により，現行の実効線量限度と同様に平成 13 年 4 月 1 日を始期とする 5 年間で 100 mSv，いずれの年度も年 50 mSv が適用され（表 2.4），5 年間積算の起算点を合わせるために令和 3 年(2021 年)4 月の施行となった（施行規則第 1 条第 10 号・第 11 号，告示第 5 号第 5 条，第 6 条，第 24 条）。これらの被ばく線量を算出する場合には，1MeV 未満のエネルギーを有する電子線及びエックス線による被ばくを含め，かつ，内部被ばくがある場合には複合する。また，診療を受けるための被ばく及び自然放射線による被ばくは除く。一方，災害などの危険時の措置としての緊急作業を行う場合には，放射線業務従事者（女子については，妊娠不能と診断された者及び妊娠の意思のない旨を許可届出使用者又は許可廃棄業者に書面で申し出た者に限る）は表 2.4（3）に示す線量までの被ばくが許容される（施行規則第 29 条第 2 項，告示第 5 号第 22 条）。

表 2.4　放射線業務従事者の実効線量限度及び等価線量限度

（1）実効線量限度（告示第 5 号第 5 条）

① 従事者(②，③を除く)：平成 13 年 4 月 1 日以降 5 年ごとの期間 4 月 1 日を始期とする 1 年間	100mSv/5 年 50mSv/年
② 女子[*1]：4 月 1 日，7 月 1 日，10 月 1 日及び 1 月 1 日を始期とする 3 月間	5mSv/3 月
③ 妊娠中である女子の内部被ばく 本人の申出等により許可届出使用者又は許可廃棄業者が妊娠の事実を知ったときから出産までの間	1mSv

[*1] 妊娠不能と診断された者，妊娠の意思のない旨を許可届出使用者又は許可廃棄業者に書面で申し出た者及び妊娠中の者を除く。

（2）等価線量限度（告示第 5 号第 6 条）

① 眼の水晶体：平成 13 年 4 月 1 日以降 5 年ごとの期間 4 月 1 日を始期とする 1 年間	100mSv/5 年 50mSv/年
② 皮膚：4 月 1 日を始期とする 1 年間	500mSv/年
③ 妊娠中である女子の腹部表面 本人の申出等により許可届出使用者又は許可廃棄業者が妊娠の事実を知ったときから出産までの間	2mSv

（3）緊急作業時の線量限度（告示第 5 号第 22 条）

① 実効線量	100mSv
② 眼の水晶体の等価線量	300mSv
③ 皮膚の等価線量	1Sv

2.4.15　空気中濃度限度

「空気中濃度限度」とは，放射線施設内の人が常時立ち入る場所において，人が呼吸する空気中の放射性同位元素の濃度についての限度を定めたもので，1 週間についての平均濃度が次の（1）～(4) に掲げる濃度を濃度限度とする（施行規則第 1 条第 12 号，告示第 5 号第 7 条)。

(1)　放射性同位元素の種類が明らかで，かつ，1 種類の場合には，告示第 5 号別表第 2 第 4 欄の濃度

(2)　放射性同位元素の種類が明らかで，かつ，空気中に 2 種類以上の放射性同位元素が含まれる場合には，それぞれの放射性同位元素の濃度の告示第 5 号別表第 2 第 4 欄に示された濃度に対する割合の和が 1 となるような濃度（複合については，2.4.2.3 の例を参照)

(3)　放射性同位元素の種類が明らかでない場合には，告示第 5 号別表第 2 第 4 欄に示す濃度のうち，最も低いもの（当該空気中に含まれていないことが明らかであるものを除く）

(4)　放射性同位元素の種類が明らかで，かつ，告示第 5 号別表第 2 に示されていない場合には，別表第 3 第 1 欄に示す放射性同位元素の区分に応じて第 2 欄の濃度

2.11.2 の付表 2.2 に告示第 5 号別表第 2 及び別表第 3 の例を示した。

2.4.16　排気中又は排水中の濃度限度

「排気又は排水中の濃度限度」とは，排気中若しくは空気中又は排液中若しくは排水中の放射性同位元素の濃度基準を定めたもので，3 月間についての平均濃度が次の（1）～(4) に示す濃度を濃度限度とする（施行規則第 14 条の 11 第 1 項，告示第 5 号第 14 条)。

(1)　放射性同位元素の種類が明らかで，かつ，1 種類の場合には，排気中濃度限度は告示第 5 号別表第 2 第 5 欄，排水中濃度限度は第 6 欄に示す濃度

(2)　放射性同位元素の種類が明らかで，かつ，2 種類以上の放射性同位元素が含まれる場合には，それぞれの放射性同位元素の濃度の告示第 5 号別表第 2 第 5 欄，第 6 欄に示されたそれぞれの濃度に対する割合の和が 1 となるような濃度(複合については, 2.4.2.3 を参照)

(3)　放射性同位元素の種類が明らかでない場合にあっては，告示第 5 号別表第 2 第 5 欄，第 6 欄に示された濃度のうち，それぞれ最も低いもの（ただし，含まれていないことが明らかであるものを除く）

(4)　放射性同位元素の種類が明らかで，かつ，告示第 5 号別表第 2 に示されていない場合には，別表第 3 第 1 欄に示す放射性同位元素の区分に応じて，排気中又は空気中の濃度は第 3 欄，排液中又は排水中の濃度は第 4 欄の濃度

2.11.2 の付表 2.2 に告示第 5 号別表第 2 及び別表第 3 の例を示した。

2.4.15 空気中濃度限度及び 2.4.16 排気中又は排水中の放射性同位元素の濃度限度と告示第 5 号別表との関係をまとめると表 2.5 のようになる。

表 2.5　空気中，排気中及び排水中濃度限度

放射性同位元素の種類	明らか 1種類	明らか 2種類以上	不明 明らかにないものを除く	明らか 別表第2にない
空気中濃度	別表第2第4欄の濃度（別表2-4）	別表2-4に対する割合の和が1	別表2-4のうち最も低いもの	別表第3第2欄の濃度
排気中濃度	別表第2第5欄の濃度（別表2-5）	別表2-5に対する割合の和が1	別表2-5のうち最も低いもの	別表第3第3欄の濃度
排水中濃度	別表第2第6欄の濃度（別表2-6）	別表2-6に対する割合の和が1	別表2-6のうち最も低いもの	別表第3第4欄の濃度

ただし，排気又は排水監視設備を設けて濃度を監視する場合は，事業所の境界（事業所の境界に隣接する区域に，人がみだりに立ち入らないような措置を講じた場合には，その区域の境界）の外の排気中若しくは空気中又は排液中若しくは排水中の放射性同位元素の濃度については，4 月 1 日，7 月 1 日，10 月 1 日，1 月 1 日を始期とする 3 月間の平均濃度が上記（1）～（4）の濃度限度以下とする。また，以上のことが著しく困難な場合は，排気設備又は排水設備において，排気中又は排水中の放射性同位元素の数量及び濃度を監視することにより，事業所の境界の外における線量を実効線量で 4 月 1 日を始期とする 1 年間に 1mSv/年以下とする。

ここで，2.4.15 の空気中濃度限度と 2.4.16 の排気中の濃度限度は，はっきり区別しなければならない。空気中濃度限度は，放射線施設内に放射線作業等で立ち入っている放射線業務従事者等が呼吸する空気中の放射性同位元素の濃度限度であり，1 週間について空気中の放射性同位元素の平均濃度がこの濃度限度を超えないように規制している。これに対し，排気中の濃度限度は，放射線施設内の空気を環境中に排気する時の排気中放射性同位元素の濃度限度であり，3 月間について排気中の放射性同位元素の平均濃度がこの濃度限度を超えないように規制している。

2.4.17　表面密度限度

「表面密度限度」とは，放射線施設内の人が常時立ち入る場所において，人が触れる物の表面の放射性同位元素の密度を定めたもので，告示第 5 号別表第 4（表 2.6，付表 2.2）に示す密度限度である（施行規則第 1 条第 13 号，告示第 5 号第 8 条）。

表 2.6　表面密度限度（告示第 5 号別表第 4）

区　　分	密　度（Bq/cm^2）
アルファ線を放出する放射性同位元素	4
アルファ線を放出しない放射性同位元素	40

2.5　施設基準

放射線施設とは，使用施設，廃棄物詰替施設，貯蔵施設，廃棄物貯蔵施設又は廃棄施設をいう[2.4.11]（施行規則第1条第9号）。これらのうち，使用の許可の基準として使用施設，貯蔵施設及び廃棄施設の位置，構造及び設備が原子力規制委員会規則［施行規則］で定める技術上の基準に適合するものであることが義務づけられている（法律第 6 条）。廃棄業の許可の基準には，同様に廃棄物詰替施設，廃棄物貯蔵施設及び廃棄施設の位置，構造及び設備に関する技術上の基準への適合が定められている（法律第7条）。

許可使用者は，使用施設，貯蔵施設及び廃棄施設，届出使用者は，貯蔵施設，許可廃棄業者にあっては，廃棄物詰替施設，廃棄物貯蔵施設及び廃棄施設（表2.3）の位置，構造及び設備を原子力規制委員会規則［施行規則］で定める技術上の基準に適合するように維持しなければならない（法律第13条）。

2.5.1　使用施設

使用施設の位置，構造，設備についての技術上の基準として，次の 10 項目について規定されている（施行規則第14条の7第1項）。

(1)　地崩れ及び浸水
(2)　耐火構造又は不燃材料造り
(3)　遮蔽物の設置
(4)　作業室
(5)　汚染検査室
(6)　自動表示装置
(7)　インターロック
(8)　放射化物保管設備
(9)　管理区域境界の柵等
(10)　標識

2.5.1.1　地崩れ及び浸水

使用施設は，地崩れ及び浸水のおそれの少ない場所に設けなければならない（施行規則第14条の7第1項第1号）。

2.5.1.2　耐火構造又は不燃材料造り

使用施設は，それが建築基準法で規定する建築物又は居室である場合には，その主要構造部等を耐火構造とするか，不燃材料で造る。ここで主要構造部等とは，主要構造部である壁，柱，床，はり，屋根，階段に間仕切壁，間柱，付け柱を加えたものをいう（施行規則第 14 条の 7

第 1 項第 2 号，建築基準法第 2 条）。

ただし，下限数量の 1000 倍以下の密封された放射性同位元素のみを使用する場合には，その必要はない（施行規則第 14 条の 7 第 4 項，告示第 5 号第 13 条）。

2.5.1.3　遮蔽物の設置

使用施設には, 以下の場所における線量を線量限度以下となるように必要な遮蔽壁，その他の遮蔽物を設けなければならない。ただし，距離，使用時間，柵の設置等の方法で線量限度以下にできる場合には，遮蔽物を設けなくてもよい（施行規則第 14 条の 7 第 1 項第 3 号）。

ここでいう遮蔽物に係る線量限度とは，使用施設に立ち入る者及び使用施設近辺に居住する者等に対して法令上定められた放射線防護のための線量限度値であって，

(1)　使用施設内の人が常時立ち入る場所については実効線量が 1mSv/週

(2)　工場又は事業所の敷地の境界及び

(3)　工場又は事業所内の人が居住する区域については 250μSv/3 月

(4)　病院又は診療所（介護保健法で定める介護老人保健施設を除く）の病室については 1.3mSv/3 月となっている（告示第 5 号第 10 条）。

管理区域に係る限度値[2.4.10]も含め，ここまでに述べてきた線量限度等をまとめると表 2.7 のようになる。実効線量への換算（告示第 5 号第 26 条）に関しては，2.4.10 で既に解説した。

表 2.7　場所の線量限度，濃度限度，密度限度

	外部線量	空気中・排気中濃度	排水中濃度	表面密度
使用施設内の人が常時立ち入る場所	実効線量 ≦1mSv/週	1 週間平均濃度 ≦空気中濃度限度 (別表第2第4欄の値)		≦表面密度限度 (別表第 4 の値)
管理区域の境界	実効線量 ≦1.3mSv/3 月	3 月間平均濃度 ≦空気中濃度限度 (別表第2第4欄の値) の 1/10		≦表面密度 (別表第 4 の値) 限度の 1/10
病院又は診療所の病室	実効線量 ≦1.3mSv/3 月			
工場又は事業所の人が居住する区域	実効線量 ≦250μSv/3 月			
工場又は事業所の敷地の境界	実効線量 ≦250μSv/3 月	3 月間平均濃度 ≦排気中濃度限度 (別表第2第5欄の値)	3 月間平均濃度 ≦排水中濃度限度 (別表第2第6欄の値)	

2.5.1.4　作　業　室

密封されていない放射性同位元素を使用する場合には，次に定める作業室を設けなければならない（施行規則第14条の7第1項第4号）。

(1)　作業室の内部の壁，床で汚染のおそれのある部分は，突起物，くぼみ，仕上材の目地等のすきまの少ない構造とする。

(2)　それら壁や床の表面は，平滑で，気体，液体が浸透しにくく，腐食しにくい材料で仕上げる。

(3)　作業室に設けるフード，グローブボックス等の気体状の放射性同位元素の広がりを防止する装置は，排気設備に連結する。

2.5.1.5　汚染検査室

密封されていない放射性同位元素を使用する場合には，次に定める汚染検査室を設けなければならない（施行規則第14条の7第1項第5号）。

(1)　汚染検査室は，人が通常出入りする使用施設の出入口付近など，汚染検査に最も適した場所に設けなければならない。

(2)　汚染検査室の内部の壁，床は上述の作業室と同様にする。

(3)　汚染検査室には，洗浄設備，更衣設備を設置し，汚染の検査に必要な放射線測定器，汚染除去器材を備える。また，洗浄設備の排水管は排水設備に連結する。

ただし，密閉された装置内で密封されていない放射性同位元素を使用する場合には，汚染検査室を設置する必要はない（施行規則第14条の7第5項）。

2.5.1.6　自動表示装置

400GBq以上の密封された放射性同位元素又は放射線発生装置を使用する室の，人が通常出入りする出入口には，使用中である旨を自動的に表示する装置を設ける（施行規則第14条の7第1項第6号，告示第5号第11条）。

2.5.1.7　インターロック

100TBq以上の密封された放射性同位元素又は放射線発生装置を使用する室の，人が通常出入りする出入口には，使用中に人がみだりに入室しないようにインターロックを設ける（施行規則第14条の7第1項第7号，告示第5号第12条）。

ただし，放射性同位元素又は放射線発生装置を使用する室内において，被ばく線量が使用施設内の人が常時立ち入る場所の実効線量限度である1mSv/週[2.5.1.3]以下になるよう遮蔽されている場合には，インターロックの設置を必要としない（施行規則第14条の7第6項）。

2.5.1.8　放射化物保管設備

放射線発生装置から発生した放射線により生じた放射線を放出する同位元素によって汚染された物（以下「放射化物」という）であって，再度，放射線発生装置を構成する機器又は遮蔽体として用いるものを保管する場合には，次に定める放射化物保管設備を設けなければならない（施行規則第14条の7第1項第7号の2）。

(1)　放射化物保管設備は，外部と区画された構造とする。

(2)　放射化物保管設備の扉，蓋等外部に通ずる部分には，鍵その他の閉鎖のための設備又は器具を設ける。

(3)　放射化物保管設備には，耐火性の構造で，かつ，貯蔵施設に備える容器の基準[2.5.3.4]に適合する容器を備える。ただし，放射化物が大型機械等で容器に入れることが著しく困難な場合には，汚染防止の特別措置を講ずる。

平成22年の法改正により，「放射化物」が新たに定義され，規制の対象に加えられた。実際には，放射線発生装置自体が放射化されているわけだが，装置の修理や解体に伴って，装置から取り外された部品や遮蔽体で，それ自体が移動できる状態になった放射化物の安全管理が重要な問題となってきた背景による。装置から取り外された放射化物は，修理などにより再度装着して再利用することが前提であれば，使用施設内に上記の基準を満たす放射化物保管設備を設置し，その中で保管する必要があり，一方，廃棄することが前提であれば，廃棄施設内に設けられている保管廃棄設備[2.5.5.8]で保管廃棄しなければならない（図2.3）。

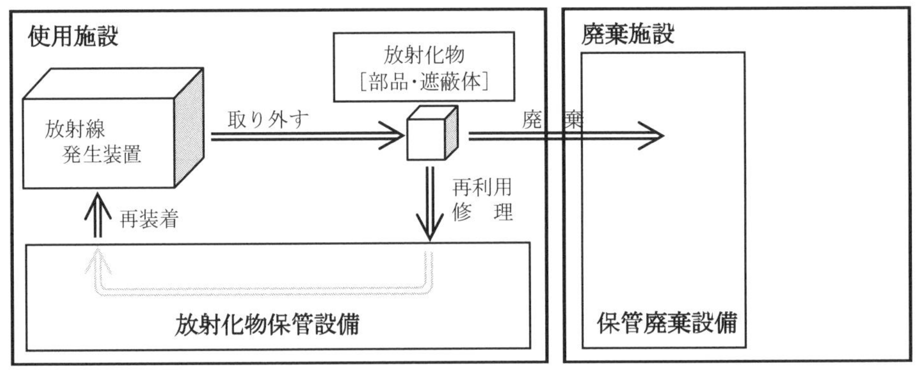

図2.3　放射線発生装置から取り外された放射化物の管理と放射性同位元素等規制法上の施設

2.5.1.9　管理区域境界の柵等

管理区域の境界には，柵その他の人がみだりに立ち入らないようにするための施設を設ける（施行規則第14条の7第1項第8号）。

2.5.1.10　標　　識

放射性同位元素又は放射線発生装置を使用する室，汚染検査室，放射化物保管設備，放射化物保管設備に備える容器及び管理区域の境界には，施行規則別表第一に定める標識を付ける（施行規則第14条の7第1項第9号）。

ここまで使用施設の基準を述べたが，その適用が免除される場合もある。例えば，放射性同位元素を広範囲に分散移動して一時的に使用する場合には，上記すべての適用が免除されるし，密封された放射性同位元素又は放射線発生装置を随時移動させて使用する場合には，最初に列挙した10項目のうち，(1) 地崩れ及び浸水，(2) 耐火構造又は不燃材料造り，(6) 自動表示装置，(7) インターロックは適用されない（施行規則第14条の7第1項，第2項）。

表2.8に使用施設基準が適用されない場合をまとめた。

表2.8　使用施設基準の適用されない場合

<table>
<tr><th>施　設　基　準</th><th colspan="4">使用施設基準の適用を受けない場合</th></tr>
<tr><td>(1) 地崩れ及び浸水</td><td rowspan="10">広範囲に分散移動して一時的に使用するとき</td><td rowspan="2">密封された放射性同位元素，放射線発生装置を随時移動して使用するとき</td><td colspan="2"></td></tr>
<tr><td>(2) 耐火構造又は不燃材料造り</td><td>下限数量の1000倍以下の密封放射性同位元素を使用するとき</td><td></td></tr>
<tr><td>(3) 遮蔽壁等</td><td colspan="3"></td></tr>
<tr><td>(4) 作業室</td><td rowspan="2">非密封の放射性同位元素を使用しないとき</td><td colspan="2"></td></tr>
<tr><td>(5) 汚染検査室</td><td>非密封の放射性同位元素を密閉された装置内で使用するとき</td><td></td></tr>
<tr><td>(6) 自動表示装置</td><td rowspan="2">密封された放射性同位元素，放射線発生装置を随時移動して使用するとき</td><td>400GBq未満の密封された放射性同位元素を使用するとき</td><td></td></tr>
<tr><td>(7) インターロック</td><td>100TBq未満の密封された放射性同位元素を使用するとき</td><td>使用室内の実効線量が週1mSv以下に遮蔽されているとき</td></tr>
<tr><td>(8) 放射化物保管設備</td><td colspan="3"></td></tr>
<tr><td>(9) 管理区域境界の柵等</td><td colspan="3"></td></tr>
<tr><td>(10) 標　識</td><td colspan="3"></td></tr>
</table>

2.5.2　廃棄物詰替施設

廃棄物詰替施設の位置，構造，設備についての技術上の基準は，2.5.1使用施設の基準のうち(6)～(8)を除く次の7項目について準用する。ただし，「工場又は事業所」を「廃棄事業所」に，「放射性同位元素の使用」を「放射性同位元素の詰替え」に読み替える（施行規則第14条の8）。

(1)　地崩れ及び浸水

(2)　耐火構造又は不燃材料造り

(3)　遮蔽物の設置

(4)　作業室
(5)　汚染検査室
(9)　管理区域境界の柵等
(10)　標識

2.5.3　貯蔵施設

貯蔵施設の位置，構造，設備についての技術上の基準としては，次の7項目について規定されている（施行規則第14条の9）。

(1)　地崩れ及び浸水
(2)　耐火構造
(3)　遮蔽物の設置
(4)　貯蔵施設に備える容器
(5)　閉鎖のための設備，器具
(6)　管理区域境界の柵等
(7)　標識

上記のうち，(1) 地崩れ及び浸水，(3) 遮蔽物の設置，(6) 管理区域境界の柵等については，使用施設の基準とまったく同じであるので，説明を省略する。

2.5.3.1　地崩れ及び浸水

2.5.1.1参照（施行規則第14条の9第1号）。

2.5.3.2　耐火構造

貯蔵施設には，次の基準を満たす貯蔵室又は貯蔵箱を設ける（施行規則第14条の9第2号）。

(1)　主要構造部等[2.5.1.2]が耐火構造で，開口部は建築基準法施行令に規定する特定防火設備に該当する防火戸である貯蔵室
(2)　耐火性の貯蔵箱

ただし，密封された放射性同位元素を耐火性の構造の容器に入れて保管する場合には，上記貯蔵室，貯蔵箱は設置しなくてもよい（施行規則第14条の9第2号，建築基準法第2条）。

使用施設の場合には，必ずしも耐火構造でなくても，不燃材料で造ってもよいが，貯蔵室の場合には必ず耐火構造である必要がある。

2.5.3.3　遮蔽物の設置

2.5.1.3参照（施行規則第14条の9第3号）。

2.5.3.4　貯蔵施設に備える容器

貯蔵施設には，次に定める放射性同位元素を入れる容器を備える（施行規則第14条の9第4号）。

(1)　空気を汚染するおそれのある放射性同位元素を貯蔵するときは，気密な容器を備える。

（2）　液体状の放射性同位元素を貯蔵するときは，こぼれにくい構造で，液体が浸透しにくい材料の容器を備える。

（3）　液体状又は固体状の放射性同位元素を入れる容器が，亀裂，破損のおそれのあるときは，汚染の広がりを防止するため受皿，吸収材等を設ける。

2.5.3.5　閉鎖のための設備，器具

貯蔵施設の扉，蓋等外部に通じる箇所には，鍵その他の閉鎖のための設備又は器具を備える（施行規則第14条の9第5号）。

2.5.3.6　管理区域境界の柵等

2.5.1.8参照（施行規則第14条の9第6号）。

2.5.3.7　標　　識

2.5.3.2で述べた貯蔵室又は貯蔵箱，2.5.3.4の貯蔵容器，管理区域の境界には，施行規則別表第一に定める標識を付ける（施行規則第14条の9第7号）。

2.5.4　廃棄物貯蔵施設

廃棄物貯蔵施設の位置，構造，設備についての技術上の基準は，2.5.3貯蔵施設の基準を準用する。ただし，「放射性同位元素」とあるのは放射性汚染物を含めた「放射性同位元素等」に読み替える（施行規則第14条の10）。

（1）　地崩れ及び浸水
（2）　耐火構造
（3）　遮蔽物の設置
（4）　貯蔵施設に備える容器
（5）　閉鎖のための設備，器具
（6）　管理区域境界の柵等
（7）　標識

2.5.5　廃棄施設

廃棄施設の位置，構造，設備についての技術上の基準には，次の10項目について規定されている（施行規則第14条の11）。

（1）　地崩れ及び浸水
（2）　耐火構造又は不燃材料造り
（3）　遮蔽物の設置
（4）　排気設備
（5）　排水設備
（6）　焼却炉等

(7)　固型化処理設備

(8)　保管廃棄設備

(9)　管理区域境界の柵等

(10)　標識

上記のうち，(1) 地崩れ及び浸水，(2) 耐火構造又は不燃材料造り，(3) 遮蔽物の設置，(9) 管理区域境界の柵等については，使用施設と同じ内容が規定されている。

2.5.5.1　地崩れ及び浸水

2.5.1.1 参照（施行規則第 14 条の 11 第 1 項第 1 号）。

2.5.5.2　耐火構造又は不燃材料造り

2.5.1.2 参照（施行規則第 14 条の 11 第 1 項第 2 号，建築基準法第 2 条）。

2.5.5.3　遮蔽物の設置

2.5.1.3 参照（施行規則第 14 条の 11 第 1 項第 3 号，告示第 5 号第 10 条）。

2.5.5.4　排気設備

密封されていない放射性同位元素等の使用若しくは詰替えをする場合又は放射線発生装置の使用をする室において当該放射線発生装置から発生した放射線により生じた放射線を放出する同位元素の空気中濃度が 3 月間の平均濃度として空気中濃度限度[2.4.15]の 1/10 を超えるおそれがある場合には，排気設備を設ける。ただし，1) 排気設備を設けることが著しく困難であって，2) 気体状の放射性同位元素を発生することなく，3) 放射性同位元素によって空気を汚染するおそれのないときは，必ずしも排気設備は設けなくてもよい（施行規則第 14 条の 11 第 1 項第 4 号，告示第 5 号第 14 条の 2)。

密封されていない放射性同位元素等の使用又は詰替えに係る排気設備は，作業室内の人が常時立ち入る場所の空気中の放射性同位元素の濃度を 1 週間の平均濃度として空気中濃度限度[2.4.15]以下にすることができる能力を有することが必要である。一方，放射線発生装置の使用に係る排気設備は，当該放射線発生装置の運転を停止している期間（当該放射線発生装置の使用室内に人がみだりに入ることを防止するインターロックを設ける場合には，当該インターロックにより人を立ち入らせないこととしている期間を除く）における当該放射線発生装置の使用室内における当該放射線発生装置から発生した放射線により生じた放射線を放出する同位元素の空気中濃度を 1 週間の平均濃度として空気中濃度限度[2.4.15]以下とする能力を有する必要がある（施行規則第 14 条の 11 第 1 項第 4 号，告示第 5 号第 7 条）。

また，排気設備は，次のいずれかに該当するものであること（施行規則第 14 条の 11 第 1 項第 4 号，告示第 5 号第 14 条）。

(1)　排気口の 3 月間平均の排気中の放射性同位元素濃度を，排気中濃度限度[2.4.16]以下にすることができる能力を持つこと。

(2)　排気監視設備を設けて監視し，事業所の敷地の境界での 3 月間平均の空気中放射性同位元素の濃度を，排気中濃度限度[2.4.16]以下にする能力を持つこと。

(3)　(1)，(2) が著しく困難な場合は，排気中の放射性同位元素の数量及び濃度を監視することにより，事業所の敷地の境界の外の線量を 1 年間について実効線量で 1mSv 以下とする能力を持つことについて原子力規制委員会の承認を受けていること。

さらに，排気設備は気体が漏れにくい構造とし，かつ腐食しにくい材料を用いる。加えて，排気設備には，故障しても汚染した空気の広がりを急速に防止できる装置を設けることとなっている（施行規則第 14 条の 11 第 1 項第 4 号）。

2.5.5.5　排水設備

液体状の放射性同位元素等を浄化し，排水する場合には，次のいずれかに該当する排水設備を設けること（施行規則第 14 条の 11 第 1 項第 5 号，第 2 項，告示第 5 号第 14 条）。

(1)　排水口の 3 月間平均の排液中の放射性同位元素濃度を，排水中濃度限度[2.4.16]以下にして排水できる能力を持つこと。

(2)　排水監視設備を設けて監視し，事業所の敷地の境界の 3 月間平均の排水中放射性同位元素の濃度を，排水中濃度限度[2.4.16]以下にする能力を持つこと。

(3)　(1)，(2) が著しく困難な場合は，排水中の放射性同位元素の数量及び濃度を監視することにより，事業所の敷地の境界の外の線量を 1 年間について実効線量で 1mSv 以下とする能力を持つことについて原子力規制委員会の承認を受けていること。

排水設備は，排液が漏れにくく，浸透しにくい構造とし，腐食しにくい材料を用いる。また，排水浄化槽は，排液を採取できる構造とするか，濃度測定のできる構造とし，排液の流出を調節する装置を設け，その上部の開口部は蓋のできる構造とするか，その周囲に人がみだりに立ち入らないような施設を設ける必要がある（施行規則第 14 条の 11 第 1 項第 5 号）。

2.5.5.6　焼却炉等

放射性同位元素等を焼却処理する場合には，次の基準に適合する焼却炉を設けるほかに，2.5.5.4 で述べた排気設備，2.5.1.4 の作業室と同様に汚染防護された廃棄作業室，2.5.1.5 と同等の汚染検査室を設置しなければならない（施行規則第 14 条の 11 第 1 項第 6 号）。

(1)　気体が漏れにくく，かつ灰が飛散しにくい構造とする。

(2)　排気設備に連結された構造とする。

(3)　焼却炉の焼却残渣の搬出口は，廃棄作業室に連結する。

なお，有機廃液の焼却に伴うダイオキシンなどの有害物質の発生の抑制を目的として，「液体シンチレーター廃液の焼却に関する安全管理について」（平成 11 年 6 月 1 日科学技術庁放射線安全課長通知）により，燃焼温度を 800℃以上に制御し，連続して燃焼温度を測定できること，燃焼温度がそれ以下になった場合，燃焼を停止するための自動停止装置を設けることなどが義務づけられた。

2.5.5.7　固型化処理設備

放射性同位元素等を固型化処理する場合は，前述した排気設備，廃棄作業室，汚染検査室を設けるほか，次の基準に適合する固型化処理設備を設ける（施行規則第 14 条の 11 第 1 項第 7 号）。

（1）放射性同位元素等が漏れにくく，こぼれにくく，粉じんが飛散しにくい構造とする。

（2）液体が浸透しにくく，腐食しにくい材料を用いる。

2.5.5.8　保管廃棄設備

放射性同位元素等を保管廃棄する場合には，次の基準に適合する保管廃棄設備を設ける（施行規則第 14 条の 11 第 1 項第 8 号）。

（1）保管廃棄設備は，外部と区画された構造とする。

（2）保管廃棄設備の扉，蓋等には鍵その他の閉鎖のための設備又は器具を設ける。

（3）保管廃棄設備には，耐火性で貯蔵施設に備える容器[2.5.3.4]で述べた基準に適合する容器を備える。ただし，放射性汚染物が大型機械等で容器に入れることが著しく困難な場合には，汚染防止の特別措置を講ずる。

2.5.5.9　管理区域境界の柵等

2.5.1.8 参照（施行規則第 14 条の 11 第 1 項第 9 号）。

2.5.5.10　標　　識

排気設備，排水設備，廃棄作業室，汚染検査室，保管廃棄設備，保管廃棄設備に備える容器及び管理区域の境界には，施行規則別表第一に定める標識を付ける（施行規則第 14 条の 11 第 1 項第 10 号）。

施設ごとに適合すべき技術上の基準の項目を表 2.9 にまとめた。このように（1）地崩れ及び浸水，（3）遮蔽物の設置，（9）管理区域境界の柵等，（10）標識の項目は，すべての施設に共通した項目であり，その他の項目も使用施設と廃棄物詰替施設，貯蔵施設と廃棄物貯蔵施設は一部準用しており，共通性が高い[2.5.2, 2.5.4]。

表 2.9　放射線施設の技術上の基準の項目

使用施設	廃棄物詰替施設	貯蔵施設	廃棄物貯蔵施設	廃棄施設
(1) 地崩れ及び浸水				
(2) 耐火構造又は不燃材料造り		(2) 耐火構造		(2) 耐火構造又は不燃材料造り
(3) 遮蔽物の設置				
(4) 作業室		(4) 貯蔵施設に備える容器		(4) 排気設備
(5) 汚染検査室		(5) 閉鎖のための設備，器具		(5) 排水設備
(6) 自動表示装置				(6) 焼却炉等
(7) インターロック				(7) 固形化処理設備
(8) 放射化物保管設備				(8) 保管廃棄設備
(9) 管理区域境界の柵等				
(10) 標　識				

2.6　取扱いの基準

放射線障害の防止は，放射線施設を前節2.5の施設基準に従って設置し，また，その基準に適合するよう維持することに加えて，放射性同位元素等を取り扱う際にも，一定の基準に従って取り扱うことにより確保される。この取扱いの基準には，以下の場合がある。

(1)　使用の基準：許可届出使用者が放射性同位元素又は放射線発生装置を使用する場合（法律第15条）に講ずるべき技術上の基準

(2)　保管の基準：許可届出使用者及び許可廃棄業者が放射性同位元素又は放射性汚染物を保管する場合（法律第16条）に講ずるべき技術上の基準

(3)　運搬の基準：許可届出使用者及び許可廃棄業者が放射性同位元素又は放射性汚染物を工場又は事業所において運搬する場合（法律第17条），工場又は事業所の外において運搬する場合（法律第18条）に講ずるべき技術上の基準

(4)　廃棄の基準：許可届出使用者及び許可廃棄業者が放射性同位元素又は放射性汚染物を廃棄する場合（法律第19条）に講ずるべき技術上の基準

以下，これらに関して解説する。

2.6.1　使用の基準

「許可届出使用者が放射性同位元素又は放射線発生装置を使用する場合には，原子力規制委員会規則で定める使用の技術上の基準に従って放射線障害の防止のために必要な措置を講じなければならない」(法律第15条)。これらの技術上の基準は，次の(1)～(20)のとおりである（施行規則第15条）。

(1)　使用施設[2.4.11]において使用すること。ただし，届出使用者が密封された放射性同位元素を使用する場合又は分散移動して一時的に使用する場合には，この限りでない。

(2)　密封されていない放射性同位元素は，作業室[2.4.12]において使用すること[換言すれば，非密封の放射性同位元素は作業室以外で使用してはならない]。

(3)　密封された放射性同位元素は，1）正常な使用状態においては，開封又は破壊されるおそれがなく，2）密封された放射性同位元素が漏えい，浸透等により散逸して汚染するおそれのない状態で使用すること［放射性同位元素等規制法では「密封」に対する定義がないことから，この1），2）の条件を満たすものを密封された放射性同位元素とみなす］。

(4)　放射線業務従事者が実効線量限度及び等価線量限度[2.4.14]を超えて被ばくすることのないよう，1）遮蔽物を設ける，2）距離を設ける，3）被ばくの時間を短くするのいずれかの措置を講ずること。

(5)　インターロック[2.5.1.7]を設けた使用室では，人が通常出入りしない出入り口の扉（物

品の搬入口，非常口等）を室外から開閉できないようにするとともに，その室に閉じ込められた人が，速やかに脱出できる措置を講ずること。

(6)　作業室内の放射線業務従事者等の呼吸する空気中の放射性同位元素の濃度が，空気の浄化，排気により，空気中濃度限度[2.4.15]を超えないようにすること。

(7)　作業室内での飲食及び喫煙を禁止すること［体内被ばくを防止するためである］。

(8)　作業室又は汚染検査室内の人が触れる物の表面汚染については，表面密度限度[2.4.17]を超えないようにすること。

(9)　作業室内で作業する場合には，作業衣，保護具等を着用すること。また，これらを着用して作業室からみだりに出ないこと。

(10)　作業室から退出するときは，放射性同位元素による汚染を検査し，かつ，除染を行うこと［(8)～(10)は，非密封の放射性同位元素を使用することによる汚染の防止と作業室外への汚染の広がりを防ぐための規定である］。

(11)　表面密度限度[2.4.17]を超えている放射性同位元素によって汚染された物[「放射性汚染物」でない＝放射化物は想定されていない]は，作業室からみだりに持ち出さないこと。

(12)　表面密度限度の 1/10（告示第 5 号第 16 条）を超えている放射性汚染物は，管理区域[2.4.10]からみだりに持ち出さないこと。

(13)　陽電子断層撮影用放射性同位元素（画像診断に用いるためサイクロトロン及び化学的方法で不純物を除去する装置により製造された放射性同位元素で，1 日最大使用数量が ^{11}C, ^{13}N, ^{15}O では 1TBq，^{18}F については 5TBq 以下（告示第 5 号第 16 条の 2）のもの）を生物に投与した場合のその個体及び排泄物は，投与された同位元素の原子数が 1 を下回る期間として封をした日から 7 日間（告示第 5 号第 16 条の 3）を超えて保管した後でなければ，管理区域からみだりに持ち出さないこと[2.6.4.1 (3)④]。

(14)　使用の場所の変更を原子力規制委員会に届け出て，400GBq 以上の線源を装備する放射性同位元素装備機器を使用する場合は，線源の脱落を防止する装置が備えられていること。

(15)　使用の場所の変更を原子力規制委員会に届け出て，放射性同位元素又は放射線発生装置を使用する場合は，放射性同位元素については第一種又は第二種放射線取扱主任者，放射線発生装置については第一種放射線取扱主任者免状所持者の指示に従うこと。

(16)　使用施設又は管理区域の目につきやすい場所に，放射線障害の防止に必要な注意事項を掲示すること。

(17)　管理区域には，人がみだりに立ち入らないような措置を講ずること。また，放射線業務従事者以外の者が管理区域に立ち入るときには，放射線業務従事者の指示に従わせること。

(18)　届出使用者が放射性同位元素を使用する場合及び許可使用者が使用の場所の変更を原子力規制委員会に届け出て，放射性同位元素又は放射線発生装置を使用する場合には，管理区域に施行規則別表第一に定める標識を付けること。

(19)　密封された放射性同位元素の移動使用後直ちに放射線測定器を用いて，紛失，漏えい等を点検し，異常が判明したときは探査その他放射線障害の防止に必要な措置を講ずること。

(20)　許可使用者が使用施設の外で，1 日の使用数量及び管理区域外の総量がともに下限数量を超えない密封されていない放射性同位元素を使用する場合には，前記（1）使用施設における使用，(2) 作業室における使用及び(4) 放射線業務従事者の線量限度は適用しない。

(20) にあるように，平成 17 年施行の法改正により，許可使用者が使用場所の変更などの所定の手続き（施行規則第 2 条第 2 項第 10 号）により下限数量以下の非密封線源を管理区域外で使用できるようになった（施行規則第 15 条第 2 項）。しかしながら，この管理区域外での使用に関しては，排気，排水の規制はないものの，使用によって生じた廃棄物は管理区域で処理する必要がある（施行規則第 19 条第 2 項）など管理上の手続きも煩雑であり，その運用に関しては熟慮を要する。

一方，放射化物であって放射線発生装置を構成する機器又は遮蔽体として用いるものに含まれる放射線を放出する同位元素の飛散等により汚染が生じるおそれのある作業に係る技術上の基準は，次に定めるものの他，上記(1)，(4)，(7)，(9)～(10)，(12)，(16)～(17)において，「放射性同位元素又は放射線発生装置の使用」を「放射化物に係る作業」に，「放射性同位元素又は放射線発生装置」を「放射化物」に，「放射性同位元素による汚染」を「放射線発生装置から発生した放射線により生じた放射線を放出する同位元素による汚染」に，「放射性汚染物」を「放射化物」と読み替える（施行規則第 15 条第 3 項）。

(1)　敷物，受皿その他の器具を用いることにより，放射線を放出する同位元素による汚染の広がりを防止すること。

(2)　作業の終了後，当該作業により生じた汚染を除去すること。

2.6.2　保管の基準

「許可届出使用者及び許可廃棄業者が，放射性同位元素又は放射性汚染物を保管する場合には，原子力規制委員会規則で定める保管の基準に従って放射線障害の防止のために必要な措置を講じなければならない」（法律第 16 条）。これらの技術上の基準は，以下の(1)～(11)までのとおりである（施行規則第 17 条）。また，届出販売業者又は届出賃貸業者は，放射性同位元素又は放射性汚染物の保管については，許可届出使用者に委託しなければならない（法律第 16 条）。

ただし，許可廃棄業者の場合には「放射性同位元素」を「放射性同位元素等」に，「貯蔵施設」を「廃棄物貯蔵施設」に読み替える必要がある。

(1)　放射性同位元素を保管する場合には，容器[2.5.3.4]に入れ，かつ，貯蔵室又は貯蔵箱[2.5.3.2]で保管すること。ただし，密封された放射性同位元素を耐火性の容器に入れて保管する場合には貯蔵施設において保管すること。

(2)　貯蔵能力を超えて放射性同位元素を貯蔵しないこと。

(3)　放射線業務従事者が実効線量限度及び等価線量限度[2.4.14]を超えて被ばくすることのないよう，1）遮蔽物を設ける，2）距離を設ける，3）被ばくの時間を短くする等の措置を講ずること。

(4)　放射性同位元素を保管した貯蔵箱及び耐火性の容器がみだりに持ち運ぶことのないよう，貯蔵箱等を固定する等の措置を講ずること［貯蔵箱や耐火性の容器ごと持ち出されることを防止するための規定であり，これらを設置している室に施錠してもよい］。

(5)　貯蔵施設内の人が呼吸する空気中の放射性同位元素の濃度は，空気中濃度限度[2.4.15]を超えないようにすること。

(6)　貯蔵施設内で放射性同位元素を経口摂取するおそれのある場所での飲食及び喫煙を禁止すること。

(7)　貯蔵施設内の人が触れる物の表面汚染については，1）液体状の放射性同位元素は，液体がこぼれない構造で，かつ，浸透しにくい材料の容器に入れ，2）液体状又は固体状の放射性同位元素を入れた容器で破損等のおそれのあるものは，汚染の広がりを防止するため，受皿，吸収材等を用いることにより，表面密度限度[2.4.17]を超えないようにすること。

(8)　放射化物であって放射線発生装置を構成する機器又は遮蔽体として用いるものの保管は，容器に入れ，かつ，放射化物保管設備において保管すること。ただし，放射化物が大型機械等であって容器に入れることが著しく困難な場合には，汚染の広がりを防止するための特別の措置を講ずれば，容器に入れずとも放射化物保管設備において保管すればよい。

(9)　表面密度限度の 1/10（告示第 5 号第 16 条）を超える放射性汚染物は，管理区域[2.4.10]からみだりに持ち出さないこと。

⑽　貯蔵施設の目につきやすい場所に，放射線障害の防止に必要な注意事項を掲示すること。

⑾　管理区域には，人がみだりに立ち入らないような措置を講ずること。また，放射線業務従事者以外の者が管理区域に立ち入るときには，放射線業務従事者の指示に従わせること。

2.6.3　運搬の基準

放射性同位元素又は放射性汚染物（「放射性同位元素等」）の運搬は，工場又は事業所内において運搬する「事業所内運搬」と工場又は事業所の外において運搬する「事業所外運搬」に区分されており，事業所外運搬については，陸上輸送，海上輸送，航空輸送の他，郵便法に従い郵送によって行う方法がある。さらに，陸上輸送については，鉄道，軌道，索道，無軌条電車，自動車及び軽車両による「車両運搬」とそれ以外の「簡易運搬」とに区分され，それぞれの輸送形態ごとに技術上の基準が定められている（法律第 17 条，第 18 条，施行規則第 18 条～第 18 条の 20）。

(a) 陸上輸送の場合

陸上輸送を行う場合の技術上の基準は，事業所内運搬については施行規則第 18 条及び「放射性同位元素等の工場又は事業所における運搬に関する技術上の基準に係る細目等を定める告示（昭和56年科学技術庁告示第10号）」に，事業所外運搬については車両運搬時の運搬物の基準が施行規則第18条の2から第18条の12に，簡易運搬の基準が施行規則第18条の13にそれぞれ定められており，さらに関連する告示に，「放射性同位元素等の工場又は事業所の外における運搬に関する技術上の基準に係る細目等を定める告示（平成2年科学技術庁告示第7号）」及び「放射性同位元素等車両運搬規則（昭和52年運輸省令第33号）」などがある。特に，「放射性同位元素等の工場又は事業所の外における運搬に関する技術上の基準に係る細目等を定める告示」は運搬物の基準や試験条件を定めており，本書では「運搬告示第7号」と称することとする。

(b)　海上輸送又は航空輸送の場合

海上輸送又は航空輸送の場合には，船舶又は航空機により運搬が行われる。この場合の運搬の基準は，その特殊性から，船舶安全法に基づく「危険物船舶運送及び貯蔵規則」又は航空法に基づく「航空法施行規則」に，それぞれ規定されている。

2.6.3.1　事業所内運搬に係る基準

許可届出使用者及び許可廃棄業者が，放射性同位元素等を事業所内において運搬する場合は，運搬の技術上の基準に従って放射線障害の防止のために必要な措置を講じなければならない（法律第17条）が，その技術上の基準は次のとおりである（施行規則第18条，告示第10号）。

(1)　放射性同位元素等を運搬する場合は，これを容器に封入すること。ただし，放射性同位元素の濃度が原子力規制委員会の定める濃度（告示第10号第2条）を超えない放射性汚染物であって飛散若しくは漏えいの防止等の措置を講じた場合又は容器に封入して運搬することが著しく困難な放射性汚染物にあって原子力規制委員会の承認を受けた措置を講じた場合は，この限りでない。

(2)　(1)の容器は，次の基準に適合するものであること。

①　外接する直方体の各辺が10cm以上であること。

②　容易に，かつ，安全に取り扱うことができること。

③　運搬中に予想される温度及び内圧の変化，振動等により，亀裂・破損等の生ずるおそれがないこと。

(3)　放射性同位元素等を封入した容器（「運搬物」）及びこれを積載した車両その他の機械又は器具（「車両等」）の表面及び表面から1m離れた位置において，それぞれ原子力規制委員会が定める線量当量率（運搬物，車両等，コンテナの表面の1cm線量当量率がそれぞれ2mSv/h，表面から1m離れた位置の1cm線量当量率がそれぞれ100μSv/h）を超えないようにし，かつ，運搬物の表面の放射性同位元素の密度が輸送物表面密度限度（運搬告示第7号第8条；アルファ線を放出する放射性同位元素にあっては0.4Bq/cm^2，アルファ線を放出しない放射性同位元素にあっては4Bq/cm^2）を超えないようにすること。

(4)　運搬物の車両等への積付けは，運搬中に運搬物の安全性が損われないように行うこと。

(5)　運搬物は，同一の車両等に危険物と混載しないこと。

(6)　運搬物の運搬経路においては，標識の設置，見張人の配置等により，運搬に従事しない者及び運搬に使用されない車両の立入りを制限すること。

(7)　車両により運搬する場合は，徐行させること。

(8)　放射性同位元素等の取扱いに関し相当の知識及び経験を有する者を同行させ，放射線障害の防止に必要な監督を行わせること。

(9)　運搬物及びこれらを運搬する車両等の適当な箇所に標識を取り付けること。

(10)　(2)又は(3)の措置を講ずることが著しく困難なときは，原子力規制委員会の承認を受けた措置を講ずることをもってこれに代えることができる。

(11)　(1)～(3)及び(6)～(9)の規定は，管理区域内の運搬については，適用しない。

(12)　(1)～(9)の規定は，使用施設，廃棄物詰替施設，貯蔵施設，廃棄物貯蔵施設又は廃棄施設内で運搬する場合その他運搬する時間がきわめて短く，かつ，放射線障害のおそれのない場合には，適用しない。

(13)　許可届出使用者又は許可廃棄業者は，事業所外運搬の技術上の基準に従って放射線障害の防止のために必要な措置を講じた場合には，(1)～(9)の規定にかかわらず，運搬物を事業所の区域内において運搬することができる。

2.6.3.2　事業所外運搬に係る基準

許可届出使用者，届出販売業者，届出賃貸業者及び許可廃棄業者並びにこれらの者から運搬を委託された者（「許可届出使用者等」）が，放射性同位元素又は放射性汚染物を事業所外において運搬する場合の技術上の基準は次のとおりである（法律第18条，施行規則第18条の2，運搬告示第7号）。

(a) 車両運搬の場合

車両運搬の場合は，運搬物の基準と運搬方法の基準に分けられるが，運搬物の基準は，放射能の量によって規定されているL型輸送物，A型輸送物，BM型輸送物又はBU型輸送物と，放射能濃度が低く危険性が少ないものとして原子力規制委員会が定める「低比放射性同位元素」や放射性同位元素によって表面が汚染された物で危険性が少ないものとして原子力規制委員会が定める「表面汚染物」は，IP-1型輸送物，IP-2型輸送物及びIP-3型輸送物に区別され，それぞれが満たすべき技術上の基準が定められている（施行規則第18条の3）。

(1)　L型輸送物に係る技術上の基準（施行規則第18条の4）

①　容易に，かつ，安全に取り扱うことができること。

②　運搬中に予想される温度及び内圧の変化，振動等により，亀裂，破損等の生じるおそれがないこと。

③　表面に不要な突起物等がなく，かつ，表面の汚染の除去が容易であること。

④　材料相互の間及び材料と収納される放射性同位元素等との間で危険な物理的作用又は化学反応の生じるおそれがないこと。

⑤　弁が誤って操作されないように措置されていること。

⑥　表面の放射性同位元素の密度が，輸送物表面密度限度[2.6.3.1]を超えないこと。

⑦　開封されたときに見やすい位置に「放射性」又は「RADIOACTIVE」の表示を有していること。

⑧　表面における1cm線量当量率が5μSv/hを超えないこと。

(2)　A型輸送物に係る技術上の基準（施行規則第18条の5）

①～⑥は，L型輸送物に係る技術上の基準①～⑥と同じである。

⑨　外接する直方体の各辺が10cm以上であること。

⑩　みだりに開封されないよう，かつ開封されたことが明らかになるように，容易に破れないシールの貼り付け等の措置が講じられていること。

⑪　液体状の放射性同位元素が収納されている場合には，放射性同位元素等の温度による変化並びに運搬時及び注入時の挙動に対処し得る適切な空間を有しており，かつ，承認容器を使用する場合以外は，容器に収納することができる放射性同位元素等の量の2倍以上の量の放射性同位元素等を吸収することができる吸収材又は二重の密封部分から成る密封装置を備えること。

⑫　放射性同位元素の使用等に必要な物品以外のものが収納又は包装されていないこと。

⑬　表面における1cm線量当量率が2mSv/hを超えないこと。ただし，専用積載により運搬する放射性輸送物であって，「放射性同位元素等車両運搬規則」第4条第2項並びに第18条第3項第1号及び第2号に規定する運搬の技術上の基準に従うもののうち，安全上支障がない旨の原子力規制委員会の承認を受けたものは，表面における1cm線量当量率が10mSv/hを超えないこと。

⑭　表面から1m離れた位置における1cm線量当量率が100μSv/hを超えないこと。ただし，放射性輸送物を専用積載として運搬する場合であって，安全上支障がない旨の原子力規制委員会の承認を受けたときは，この限りでない。

⑮　運搬中に予想される温度範囲が特定できる場合を除き，-40℃～+70℃の温度範囲において，構成部品に亀裂，破損等の生じるおそれがないこと。

⑯　周囲圧力を60kPaとした場合に，放射性同位元素の漏えいがないこと。

⑰　A型輸送物に係る一般の試験条件及び液体状又は気体状の放射性同位元素等（気体状のトリチウム及び希ガスを除く）が収納され，又は包装されているA型輸送物に係る追加の試験条件（運搬告示第7号第10条，別記第3）の下で，放射性同位元素の漏えいがなく，表面における1cm線量当量率が著しく増加せず，かつ，2mSv/h（⑬のただし書に該当する場合は，10mSv/h）を超えないこと。

表 2.10　事業所外運搬における基準

<table>
<tr><th>区　分</th><th>L 型輸送物</th><th>A 型輸送物</th><th>BM 型輸送物</th><th>BU 型輸送物</th></tr>
<tr><td>共通基準</td><td colspan="4">① 容易に，かつ，安全に取り扱うことができること
② 運搬中に予想される温度及び内圧の変化，振動等により，亀裂，破損等の生じるおそれがないこと
③ 表面に不要な突起物等がなく，かつ，表面の汚染の除去が容易であること
④ 材料相互の間及び材料と収納される放射性同位元素等との間で危険な物理的作用又は化学反応の生じるおそれがないこと
⑤ 弁が誤って操作されないように措置されていること
⑥ 表面の放射性同位元素の密度が，輸送物表面密度限度を超えないこと</td></tr>
<tr><td>大きさ</td><td>［規定なし］</td><td colspan="3">⑨ 外接する直方体の各辺が 10cm 以上であること</td></tr>
<tr><td rowspan="2">表　示
梱　包</td><td rowspan="2">⑦ 開封されたときに見やすい位置に「放射性」又は「RADIO ACTIVE」の表示があること</td><td colspan="3">⑩ みだりに開封されないよう，かつ開封されたことが明らかになるように，容易に破れないシールの貼り付け等の措置が講じられていること
⑪ 液体状の放射性同位元素が収納されている場合には，放射性同位元素等の温度による変化並びに運搬時及び注入時の挙動に対処し得る適切な空間を有していること
⑫ 放射性同位元素の使用等に必要な物品以外のものが収納又は包装されていないこと</td></tr>
<tr><td></td><td></td><td>㉑ フィルタ又は機械的冷却装置を用いなくとも内部の気体のろ過又は放射性同位元素等の冷却が行われる構造であること</td></tr>
<tr><td>線量当量率</td><td>⑧ 表面における 1cm 線量当量率が 5µSv/h を超えないこと</td><td colspan="3">⑬ 表面における 1cm 線量当量率が 2mSv/h を超えないこと
⑭ 表面から 1m 離れた位置における 1cm 線量当量率が 100µSv/h を超えないこと</td></tr>
<tr><td rowspan="2">耐　温</td><td rowspan="2">［規定なし］</td><td colspan="3">⑮ 運搬中の予想温度範囲が特定できる場合を除き，-40℃～+70℃の範囲において，亀裂，破損等の生じるおそれがないこと</td></tr>
<tr><td></td><td>⑱ 運搬中に予想される最も低い温度～+38℃の周囲温度の範囲において，亀裂，破損等の生じるおそれがないこと</td><td>㉒ -40℃～+38℃までの周囲温度の範囲において，亀裂，破損等の生じるおそれがないこと</td></tr>
<tr><td rowspan="2">耐　圧</td><td rowspan="2">［規定なし］</td><td colspan="3">⑯ 周囲圧力 60kPa において,放射性同位元素の漏えいがないこと</td></tr>
<tr><td></td><td></td><td>㉓ 最高使用圧力が700 kPa を超えないこと</td></tr>
<tr><td rowspan="4">試験条件下</td><td rowspan="4">［規定なし］</td><td rowspan="4">⑰ A 型輸送物に係る一般の試験条件及び追加の試験条件下で，放射性同位元素の漏えいがなく，表面における 1cm 線量当量率が著しく増加せず，かつ，2mSv/h を超えないこと</td><td>⑲ BM 型輸送物に係る</td><td>㉔ BU 型輸送物に係る</td></tr>
<tr><td colspan="2">一般の試験条件下で，表面における 1cm 線量当量率が著しく増加せず，2mSv/h を超えず，放射性同位元素の 1 時間当たりの漏えい量が運搬告示第 7 号別表 A_2 値の 100 万分の 1 を超えず，表面の温度が日陰において 50℃を超えず，かつ，表面の放射性同位元素の密度が輸送物表面密度限度を超えないこと</td></tr>
<tr><td>⑳ BM 型輸送物に係る</td><td>㉕ BU 型輸送物に係る</td></tr>
<tr><td colspan="2">特別の試験条件下で，表面から 1m 離れた位置における 1cm 線量当量率が 10mSv/h を超えず，かつ，放射性同位元素の 1 週間当たりの漏えい量が運搬告示第 7 号別表の A_2 値を超えないこと</td></tr>
</table>

(3)　BM 型輸送物に係る技術上の基準（施行規則第 18 条の 6）

①～⑭は，A 型輸送物に係る技術上の基準の①～⑥及び⑨～⑯と同じである。ただし，⑪の吸収材又は密封装置の備付けに関する要件は，適用しない。

⑱　運搬中に予想される最も低い温度から 38℃までの周囲温度の範囲において，亀裂，破損等の生じるおそれがないこと。

⑲　BM 型輸送物に係る一般の試験条件（運搬告示第 7 号第 11 条，別記第 4）の下で，表面における 1cm 線量当量率が著しく増加せず，2mSv/h（⑬のただし書に該当する場合は，10mSv/h）を超えず，放射性同位元素の 1 時間当たりの漏えい量が原子力規制委員会の定める量（運搬告示第 7 号第 13 条，別表 A_2 値の 100 万分の 1）を超えず，表面の温度が日陰において 50℃を超えず，かつ，表面の放射性同位元素の密度が輸送物表面密度限度を超えないこと。

⑳　BM 型輸送物に係る特別の試験条件（運搬告示第 7 号第 13 条，別記第 5）の下で，表面から 1m 離れた位置における 1cm 線量当量率が 10mSv/h を超えず，かつ，放射性同位元素の 1 週間当たりの漏えい量が原子力規制委員会の定める量（運搬告示第 7 号第 15 条，別表の A_2 値）を超えないこと。

(4)　BU 型輸送物に係る技術上の基準（施行規則第 18 条の 7）

BM 型輸送物と同様に，①～⑭は，A 型輸送物に係る技術上の基準の①～⑥及び⑨～⑯と同じである。ただし，⑪の吸収材又は密封装置の備付けに関する要件は，適用しない。

㉑　フィルタ又は機械的冷却装置を用いなくとも内部の気体のろ過又は放射性同位元素等の冷却が行われる構造であること。

㉒　-40℃～+38℃までの周囲の温度の範囲において，亀裂，破損等の生じるおそれがないこと。

㉓　最高使用圧力が 700kPa を超えないこと。

㉔　BU 型輸送物に係る一般の試験条件（運搬告示第 7 号第 16 条，別記第 6）の下で，表面における 1cm 線量当量率が著しく増加せず，2mSv/h（⑬のただし書に該当する場合は，10mSv/h）を超えず，放射性同位元素の 1 時間当たりの漏えい量が原子力規制委員会の定める量（運搬告示第 7 号第 13 条，別表 A_2 値の 100 万分の 1）を超えず，表面の温度が日陰において 50℃を超えず，かつ，表面の放射性同位元素の密度が輸送物表面密度限度を超えないこと。

㉕　BU 型輸送物に係る特別の試験条件（運搬告示第 7 号第 17 条，別記第 7）の下で，表面から 1m 離れた位置における 1cm 線量当量率が 10mSv/h を超えず，かつ，放射性同位元素の 1 週間当たりの漏えい量が原子力規制委員会の定める量（運搬告示第 7 号第 15 条，別表の A_2 値）を超えないこと。

(5)　IP-1 型輸送物に係る技術上の基準（施行規則第 18 条の 8）

A 型輸送物に係る技術上の基準の①～⑥，⑬～⑭と同じである。

(6)　IP-2 型輸送物に係る技術上の基準（施行規則第 18 条の 9）

IP-2 型輸送物（放射性同位元素等を収納する容器がコンテナ又はタンクであるものを除く）に係る技術上の基準は，IP-1 型輸送物の基準に以下の条件が加わる。

㉖　IP-2 型輸送物に係る一般の試験条件（運搬告示第 7 号第 18 条，別記第 8）の下で，放射性同位元素の漏えいがなく，表面における 1cm 線量当量率が著しく増加せず，かつ，2mSv/h（⑬のただし書に該当する場合は，10mSv/h）を超えないこと。

(7)　IP-3 型輸送物に係る技術上の基準（施行規則第 18 条の 10）

IP-3 型輸送物（放射性同位元素等を収容する容器がコンテナ又はタンクであるものを除く）に係る技術上の基準は，A 型輸送物に係る技術上の基準の①～⑭と同じである。ただし，⑪の吸収材又は密封装置の備付けに関する要件は，適用しない。

㉗　IP-3 型輸送物に係る一般の試験条件（運搬告示第 7 号第 19 条，別記第 9）の下で，放射性同位元素の漏えいがなく，表面における 1cm 線量当量率が著しく増加せず，かつ，2mSv/h（⑬のただし書に該当する場合は，10mSv/h）を超えないこと。

なお，特別な場合には，上記の事業所外運搬を行う際の運搬物の基準によらないで運搬することができる（施行規則第 18 条の 11，第 18 条の 12）。

L 型輸送物，A 型輸送物，BM 型輸送物及び BU 型輸送物の事業所外運搬における基準を表 2.10 に示す。このうち，事業所外で BM 型輸送物又は BU 型輸送物を運搬する場合には，原子力規制委員会又は国土交通大臣の確認を受けなければならない（法律第 18 条第 2 項）。

(b)　簡易運搬の場合

簡易運搬による事業所外運搬の場合には，上記の車両運搬時の運搬物の基準以外に運搬方法の基準等が規定されている（施行規則第 18 条の 13）。

2.6.3.3　運搬に関する確認

許可届出使用者等[2.6.3.2]は，放射性同位元素又は放射性汚染物を工場又は事業所の外において運搬する場合（船舶又は航空機により運搬する場合を除く）には，原子力規制委員会規則（鉄道，車両等による運搬については，国土交通省令）で定める事業所外運搬に係る技術上の基準[2.6.3.2]に従って放射線障害の防止のために必要な措置を講じなければならない。

中でも，特に放射線障害の防止のための措置が必要な BM 型輸送物又は BU 型輸送物（ただし，IP-1 型輸送物，IP-2 型輸送物，IP-3 型輸送物及び事業所外運搬における基準に従って運搬することが著しく困難な場合であって，これらの規定によらないで運搬しても安全上支障がない旨の原子力規制委員会の承認を受けたものを除く）を運搬する場合には，許可届出使用者等は，その運搬に関する措置が事業所外運搬に係る技術上の基準[2.6.3.2]に適合することについて，鉄道，車両等による運搬に関しては国土交通大臣（当該措置のうち国土交通省令で定めるものにあっては，国土交通大臣の登録を受けた者（「登録運搬方法確認機関」）又は国土交通大臣）の確認（「運搬方法確認」）を，その他の運搬に関しては原子力規制委員会の確認（「運搬物確認」）を受けなければならない（法律第18条，施行令第16条，施行規則第18条の14）。

2.6.4　廃棄の基準

廃棄の基準は，工場又は事業所において廃棄する「事業所内廃棄」と工場又は事業所の外において廃棄する「事業所外廃棄」とに分けて定められており（法律第19条，第19条の2），さらにその技術上の基準は事業者の区分によって異なっている（施行規則第19条）。

2.6.4.1　事業所内廃棄に係る基準

許可届出使用者及び許可廃棄業者は，放射性同位元素又は放射性汚染物（「放射性同位元素等」）を工場又は事業所において廃棄する場合には，廃棄の技術上の基準に従って放射線障害の防止のために必要な措置を講じなければならない（法律第19条）。

(a) 許可使用者及び許可廃棄業者の廃棄の基準

許可使用者及び許可廃棄業者が，放射性同位元素等を事業所内において廃棄する場合の技術上の基準は次のとおりである（施行規則第19条第1項）。

(1)　気体状の放射性同位元素等は，排気設備[2.5.5.4]において浄化し，又は排気することによって廃棄すること。

イ．排気設備において廃棄する場合には，排気設備の排気口における排気中の放射性同位元素の3月間平均濃度を，排気中濃度限度[2.4.16]以下とすること。ただし，排気監視設備を設けて，排気中の濃度を監視することにより，事業所境界における排気中の放射性同位元素の3月間平均濃度を排気中濃度限度以下とする場合にはこの限りでない。

ロ．排気設備に付着した放射性同位元素等を除去するときは，敷物，受皿，吸収材その他放射性同位元素による汚染の広がりを防止するための施設又は器具及び保護具を用いること。

(2)　液体状の放射性同位元素等の廃棄は，次の①～④のいずれかによって行うこと。

①　排水設備[2.5.5.5]において，浄化し，又は排水すること。

イ．排水設備において廃棄する場合には，排水設備の排水口における廃液中の放射性同位元素の3月間平均濃度を，排水中濃度限度[2.4.16]以下とすること。ただし，排水監視施設を設けて，排水中の濃度を監視することにより，事業所境界における排水中の放射性同位元素の3月間平均濃度を排水中の濃度限度以下とする場合にはこの限りでない。

ロ．排水設備において廃棄する排液処理を行うとき又は排水設備の付着物，沈殿物等の放射性同位元素等を除去するときは，敷物，受皿，吸収材その他放射性同位元素による汚染の広がりを防止するための施設又は器具及び保護具を用いること。

② 容器に封入し，又は固型化処理設備においてコンクリートその他の固型化材料により固型化して保管廃棄設備[2.5.5.8]において保管廃棄すること。

ハ．液体状の放射性同位元素等を容器に封入するときは，当該容器は 1）液体がこぼれにくい構造であること，2）液体が浸透しにくい材料を用いたものであること。

ニ．液体状の放射性同位元素等を容器に封入して保管廃棄設備に保管廃棄するときは，当該容器に亀裂，破損等の事故の生じるおそれのある場合には，受皿，吸収材その他放射性同位元素による汚染の広がりを防止するための施設又は器具を用いることにより，放射性同位元素による汚染の広がりを防止すること。

ホ．液体状の放射性同位元素等を容器に固型化するときは，固型化した放射性同位元素等と一体化した容器が放射性同位元素の飛散又は漏れを防止できるものであること。

ヘ．液体状の放射性同位元素等を容器に固型化する作業は，廃棄作業室において行うこと。

③ 焼却炉[2.5.5.6]において焼却すること。

ト．液体状の放射性同位元素等を焼却した後，その残渣を焼却炉から搬出する作業は，廃棄作業室において行うこと。

④ 固型化処理設備[2.5.5.7]において[必ずしも容器に封入せずに]コンクリートその他の固型化材料により固型化すること。

チ．液体状の放射性同位元素等をコンクリートその他の固型化材料により固型化する作業は，廃棄作業室において行うこと。

(3) 固体状の放射性同位元素等の廃棄は，次の①～⑤のいずれかによって行うこと。

① 焼却炉において焼却すること。

イ．固体状の放射性同位元素等を焼却した後，その残渣を焼却炉から搬出する作業は，廃棄作業室において行うこと。

② 容器に封入し，又は固型化処理設備においてコンクリートその他の固型化材料により容器に固型化して保管廃棄設備において保管廃棄すること。

ロ．固体状の放射性同位元素等を容器に固型化するときは，固型化した放射性同位元素等と一体化した容器が放射性同位元素の飛散又は漏れを防止できるものであること。

ハ．固体状の放射性同位元素等を容器に固型化する作業は，廃棄作業室において行うこと。

③ 放射性汚染物が大型機械等であって，容器に封入することが著しく困難な場合において，汚染の広がりを防止するための特別な措置を講ずる場合には，保管廃棄設備において保管廃棄すること。

④ 陽電子断層撮影用放射性同位元素[2.6.1(13)]又は陽電子断層撮影用放射性同位元素によって汚染された物（「陽電子断層撮影用放射性同位元素等」）は，当該同位元素以外

の物が混入，又は付着しないよう封及び表示し，同位元素の原子数が1を下回る期間として封をした日から7日間（告示第5号第16条の3）管理区域内で保管廃棄すること。

ニ．上記期間を経過した陽電子断層撮影用放射性同位元素等は，放射性同位元素又は放射性同位元素によって汚染された物ではないものとする。

⑤　廃棄物埋設に係る許可を受けた許可廃棄業者にあっては，廃棄物埋設を行うこと。

廃棄物埋設に係る基準は，埋設廃棄物，埋設及び覆土，廃棄物埋設地の管理などが規定されている（施行規則第19条第1項第17号）が，ここでは省略する。

(4)　許可使用者が使用施設の外で，1日の使用数量及び管理区域外の総量がともに下限数量を超えない密封されていない放射性同位元素を使用する場合[2.6.1(20)]には，前記（1）気体状同位元素等の廃棄及び（2）液体状同位元素等の廃棄は適用しない。

ここで，注意を要する点は，固体状の放射性同位元素等の廃棄に関しては除外されていないことから，使用施設外の使用に伴って発生する固体廃棄物の廃棄は，管理区域に戻して廃棄の基準に従って行わなければならないことである。

上記の(1)～(4)に定めるもののほか，使用の基準[2.6.1]の一部を準用しているので，以下に掲げる。

(5)　放射線業務従事者の被ばく線量が実効線量限度及び等価線量限度[2.4.14]を超えることのないように，1）遮蔽物を設ける，2）距離を設ける，3）被ばく時間を短くするのいずれかの措置を講ずること。

(6)　廃棄作業室内の放射線業務従事者等の呼吸する空気中の放射性同位元素の濃度が，空気の浄化，排出により，空気中濃度限度[2.4.15]を超えないようにすること。

(7)　廃棄作業室内での飲食及び喫煙を禁止すること。

(8)　廃棄作業室又は汚染検査室内の人が触れる物の表面汚染については，表面密度限度[2.4.17]を超えないようにすること。

(9)　廃棄作業室内で作業する場合には，作業衣，保護具等を着用すること。また，これらを着用して廃棄作業室からみだりに退出しないこと。

(10)　廃棄作業室から退出するときは，放射性同位元素による汚染を検査し，かつ，除染を行うこと。

(11)　表面密度限度[2.4.17]を超える放射性汚染物は，廃棄作業室からみだりに持ち出さないこと。

(12)　表面密度限度の1/10（告示第5号第16条）を超える放射性汚染物は，管理区域[2.4.10]からみだりに持ち出さないこと。

(13)　廃棄施設の目につきやすい場所に，放射線障害の防止に必要な注意事項を掲示すること。

(14)　管理区域には，人がみだりに立ち入らないような措置を講ずること。また，放射線業務従事者以外の者が管理区域に立ち入るときには，放射線業務従事者の指示に従わせること。

(b) 届出使用者の廃棄の基準

届出使用者は，放射性同位元素又は放射性同位元素によって汚染された物を廃棄する場合には，次の技術上の基準に従って廃棄しなければならない（法律第19条，施行規則第19条第4項）。

(1) 放射性同位元素又は放射性同位元素によって汚染された物は，容器に封入し，一定の区画された場所内に放射線障害の発生を防止するための措置を講じて廃棄すること。

(2) 容器及び管理区域には，施行規則別表第一で定める標識を付けること。

さらに，上記のほか使用の基準の一部を準用しているので，それを以下に掲げる。

(3) 放射線業務従事者が実効線量限度及び等価線量限度[2.4.14]を超えて被ばくすることのないように，1）遮蔽物を設ける，2）距離を設ける，3）被ばく時間を短くするのいずれかの措置を講ずること。

(4) 表面密度限度[2.4.17]の1/10（告示第5号第16条）を超える放射性同位元素によって汚染された物は，管理区域[2.4.10]からみだりに持ち出さないこと。

(5) 管理区域の目につきやすい場所に，放射線障害の防止に必要な注意事項を掲示すること。

(6) 管理区域には，人がみだりに立ち入らないような措置を講ずること。また，放射線業務従事者以外の者が管理区域に立ち入るときには，放射線業務従事者の指示に従わせること。

2.6.4.2 事業所外廃棄に係る基準

許可届出使用者及び許可廃棄業者は，放射性同位元素又は放射性汚染物を工場又は事業所の外において廃棄する場合には，許可使用者（放射性汚染物を廃棄する場合には，当該放射性汚染物に含まれる放射性同位元素の種類が許可証に記載されている許可使用者）又は許可廃棄業者に保管廃棄を委託するか，許可廃棄業者若しくは廃棄事業者（原子炉等規制法第51条の2第1項に規定する核燃料物質又は核燃料物質によって汚染された物の廃棄の事業について原子力規制委員会の許可を受けた廃棄事業者）に廃棄を委託しなければならない（法律第19条第2項，施行規則第19条第5項）。廃棄事業者に廃棄を委託した放射性同位元素又は放射性汚染物は，当該廃棄事業者の工場又は事業所に搬入された物に限り，原子炉等規制法に規定する核燃料物質又は核燃料物質によって汚染された物とみなす（法律第33条の2）。この「廃棄に係る特例」により，放射性同位元素等規制法下で生じた放射性汚染物については，最終的な埋設処分に関する規制を原子炉等規制法で一本化することが可能となった。

事業所外廃棄であって，安全を確保するためやむを得ない場合を除き海洋投棄をする場合には，原子力規制委員会の確認を受けなければならない（法律第30条の2，政令第19条）。

2.6.4.3 廃棄の委託

届出販売業者又は届出賃貸業者は，放射性同位元素等を廃棄する場合には，許可届出使用者又は許可廃棄業者に委託しなければならない（法律第19条第4項）。

また，許可届出使用者，届出販売業者，届出賃貸業者又は許可廃棄業者以外の者が，表示付認証機器又は表示付特定認証機器（「表示付認証機器等」）を廃棄する場合には，許可届出使用者又は許可廃棄業者に委託しなければならない（法律第 19 条第 5 項）。

2.6.4.4　廃棄に関する確認

許可届出使用者及び許可廃棄業者は，放射性同位元素又は放射性汚染物を工場又は事業所の外において，放射性同位元素又は放射性汚染物を廃棄施設に廃棄する場合及び人命又は船舶，航空機若しくは人工海洋構築物の安全を確保するためやむを得ない場合にこれらを海洋投棄する場合[2.7.16]（法律第 30 条の 2 第 1 項第 2 号）以外の場合には，その廃棄に関する措置が法律第 19 条第 2 項の事業所外廃棄に係る技術上の基準[2.6.4.2]に適合することについて，原子力規制委員会の確認を受けなければならない（法律第 19 条の 2 第 1 項，施行令第 19 条）。

また，廃棄物埋設をしようとする許可廃棄業者は，その都度，当該廃棄物埋設において講ずる措置が法律第 19 条第 1 項の事業所内廃棄に係る技術上の基準[2.6.4.1]に適合することについて，原子力規制委員会規則第 19 条の 2 で定めるところにより，原子力規制委員会又は原子力規制委員会の登録を受けた者（「登録埋設確認機関」）の確認（「埋設確認」）を受けなければならない（法律第 19 条の 2 第 2 項，施行規則第 19 条の 2）。

2.7　事業者の義務等

放射性同位元素及び放射線発生装置の使用等に関して，放射線障害防止の観点から，放射性同位元素等規制法では遵守すべき事項を放射線施設の責任者たる許可届出使用者，届出販売業者，届出賃貸業者又は許可廃棄業者（以下本書では「事業者」と呼ぶ）の義務として規定している。法律第 3 章で取り扱われているそれら条項のみだしを全部並べると，下記のとおりである。

(1)　施設検査（法律第 12 条の 8）
(2)　定期検査（法律第 12 条の 9）
(3)　定期確認（法律第 12 条の 10）
(4)　使用施設等の基準適合義務（法律第 13 条）
(5)　使用の基準（法律第 15 条）
(6)　保管の基準等（法律第 16 条）
(7)　運搬の基準（法律第 17 条）
(8)　運搬に関する確認等（法律第 18 条）
(9)　廃棄の基準等（法律第 19 条）
(10)　廃棄に関する確認（法律第 19 条の 2）
(11)　測定（法律第 20 条）
(12)　放射線障害予防規程（法律第 21 条）
(13)　放射線障害の防止に関する教育訓練（法律第 22 条）
(14)　健康診断（法律第 23 条）
(15)　放射線障害を受けた者又は受けたおそれのある者に対する措置（法律第 24 条）
(16)　放射線障害の防止に関する記帳（法律第 25 条）
(17)　使用の廃止等の届出（法律第 27 条）
(18)　許可の取消し，使用の廃止等に伴う措置（法律第 28 条）
(19)　譲渡し，譲受け等の制限（法律第 29 条）
(20)　所持の制限（法律第 30 条）
(21)　海洋投棄の制限（法律第 30 条の 2）
(22)　取扱いの制限（法律第 31 条）
(23)　事故等の報告・届出（法律第 31 条の 2，第 32 条）
(24)　危険時の措置（法律第 33 条）
(25)　濃度確認（法律第 33 条の 2）
(26)　特定放射性同位元素の防護（法律第 25 条の 3～第 25 条の 9）

(27) 事業者の責務（法律第38条の4）

上記の一覧が示すように，法律の規制は多岐にわたっている。これらの項目のうち，(5) 使用の基準[2.6.1]，(6) 保管の基準等[2.6.2]，(7) 運搬の基準[2.6.3]，(8) 運搬に関する確認等[2.6.3.3]，(9) 廃棄の基準等[2.6.4]，(10) 廃棄に関する確認[2.6.4.4]は，「2.6　取扱いの基準」で既に解説した。また，(26) 特定放射性同位元素の防護及び (27) 事業者の責務は「2.9　特定放射性同位元素の防護」にまとめたので，ここではこれら以外のものを取り上げる。

2.7.1　施設検査

特定許可使用者又は許可廃棄業者は，放射線施設を設置したとき，又は (2) に定める施設等の位置，構造，設備や貯蔵能力の変更をしたときは，その許可又は変更の内容について原子力規制委員会又は原子力規制委員会の登録を受けた「登録検査機関」の検査（「施設検査」）を受け，これに合格した後でなければ，その施設等を使用してはならない（法律第12条の8)。

(1) 施設検査対象事業所（法律第12条の8，施行令第13条）

特定許可使用者[2.4.5]（放射性同位元素の数量ごとに密封された放射性同位元素1個当たりの数量が10TBq以上，非密封の放射性同位元素は下限数量の10万倍以上の貯蔵能力を有する貯蔵施設を設置する許可使用者又は放射線発生装置を使用する許可使用者）及び許可廃棄業者[2.4.8]の事業所

(2) 施設検査を要する変更（施行規則第14条の13，告示第5号第15条）

許可使用者が行う①～⑤及び許可廃棄業者が行う⑥の変更が該当する。

① 数量が10 TBq 以上の密封された放射性同位元素を使用する使用施設，年間使用数量が下限数量の 10 万倍以上の密封されていない放射性同位元素を使用する使用施設又は放射線発生装置を使用する使用施設の増設

② 放射線発生装置を使用していない施設において放射線発生装置を使用することとなる使用施設の変更

③ 数量が 10TBq 以上の密封された放射性同位元素を貯蔵する貯蔵施設，密封されていない放射性同位元素の貯蔵能力が下限数量の10万倍以上の貯蔵施設の増設

④ 密封された放射性同位元素の貯蔵能力を10TBq未満から10TBq以上とする，あるいは密封されていない放射性同位元素の貯蔵能力を下限数量の 10万倍未満から下限数量の 10万倍以上とする貯蔵施設の貯蔵能力の変更

⑤ 特定許可使用者が行う廃棄施設の増設

⑥ 許可廃棄業者が行う廃棄物詰替施設，廃棄物貯蔵施設又は廃棄施設の増設

2.7.2　定期検査

特定許可使用者又は許可廃棄業者は，使用施設等について (2) に定める期間ごとに原子力

規制委員会又は登録検査機関の検査(「定期検査」)を受けなければならない(法律第 12 条の 9)。

（1）　定期検査対象事業所（法律第 12 条の 9）

特定許可使用者及び許可廃棄業者の事業所

（2）　定期検査の期間（施行令第 14 条）

① 密封されていない放射性同位元素を使用する特定許可使用者及び許可廃棄業者：設置時施設検査に合格した日又は前回の定期検査を受けた日から 3 年以内

② 密封された放射性同位元素又は放射線発生装置のみを使用する特定許可使用者：設置時施設検査に合格した日又は前回の定期検査を受けた日から 5 年以内

なお，施設検査及び定期検査（「施設検査等」）は登録検査機関に行わせることができる（法律第 41 条の 15)。

2.7.3　定期確認

特定許可使用者又は許可廃棄業者は，（1）に掲げる事項について（2）に定める期間ごとに原子力規制委員会又は原子力規制委員会の登録を受けた「登録定期確認機関」の検査（「定期確認」）を受けなければならない（法律第 12 条の 10)。

（1）　定期確認の対象事項（法律第 12 条の 10）

① 放射線量及び放射性同位元素又は放射線発生装置から発生した放射線による汚染（以下「放射性同位元素等による汚染」）の状況の測定[2.7.6]結果の記録の作成及び保存

② 放射性同位元素の使用，保管，廃棄，放射線発生装置の使用，放射性汚染物の廃棄に関する帳簿の記帳及び保存

（2）　定期確認の期間（施行令第 15 条）：定期検査[2.7.2]と同じ

① 密封されていない放射性同位元素を使用する特定許可使用者及び許可廃棄業者：設置時施設検査に合格した日又は前回の定期確認を受けた日から 3 年以内

② 密封された放射性同位元素又は放射線発生装置のみを使用する特定許可使用者：設置時施設検査に合格した日又は前回の定期確認を受けた日から 5 年以内

なお，定期確認は登録定期確認機関に行わせることができる（法律第 41 条の 17)。

2.7.4　使用施設等の基準適合義務

「許可使用者，届出使用者及び許可廃棄業者は，その放射線施設の位置，構造及び設備を原子力規制委員会規則[施行規則]で定める技術上の基準に適合するように維持しなければならない」と定めている（法律第 13 条)。技術上の基準とは，施行規則第 14 条の 6 から第 14 条の 12 までに規定されている基準であって，「2.5　施設基準」で述べたとおりである。基準適合義務を有する放射線施設は，表 2.11 のようになっている。

表 2.11　基準適合義務を有する放射線施設

区　分	適合義務を有する放射線施設		
許可使用者	使用施設	貯蔵施設	廃棄施設
届出使用者	—	貯蔵施設	—
許可廃棄業者	廃棄物詰替施設	廃棄物貯蔵施設	廃棄施設

2.7.5　取扱いの基準

取扱いの基準とは「2.6　取扱いの基準」で述べた基準であって，以下のものが規定されている。

(1)　使用の基準[2.6.1]

(2)　保管の基準等[2.6.2]

(3)　運搬の基準[2.6.3.1]

(4)　運搬に関する確認等[2.6.3.2]

(5)　廃棄の基準等[2.6.4]

(6)　廃棄に関する確認[2.6.4.2]

これらも，放射性同位元素等規制法では「事業者の義務等」として定められているものであるが，独立して「2.6　取扱いの基準」で取り上げた。それぞれの内容については，上記[　]内に記した箇所を参照されたい。

2.7.6　測　　定

許可届出使用者及び許可廃棄業者は，放射線障害のおそれのある場所と放射線施設に立ち入った者について，放射線の量及び放射性同位元素等による汚染の状況を測定しなければならない（法律第 20 条）。すなわち，「場所」と「管理区域に立ち入った者＝人」を対象として，放射線量と汚染状況を測定することが義務づけられている。

2.7.6.1　場所の測定（法律第 20 条第 1 項，施行規則第 20 条第 1 項）

法律第 20 条第 1 項では，「許可届出使用者及び許可廃棄業者は，放射線障害のおそれのある場所について，放射線の量及び放射性同位元素等による汚染の状況を測定しなければならない」と定めており，施行規則第 20 条第 1 項では，測定箇所，測定の方法を具体的に示している。

(1)　放射線の量の測定（施行規則第 20 条第 1 項第 1 号）

放射線量は，1cm 線量当量率又は 1cm 線量当量（$H_{1\mathrm{cm}}$）について測定する。ただし，70μm 線量当量率が 1cm 線量当量率の 10 倍を超えるおそれのある場所又は 70μm 線量当量（$H_{70\mu\mathrm{m}}$）が $H_{1\mathrm{cm}}$ の 10 倍を超えるおそれのある場所においては，それぞれ 70μm 線量当量率又は $H_{70\mu\mathrm{m}}$ について測定する。

(2)　測定方法（施行規則第 20 条第 1 項第 2 号，第 5 号）

放射線量及び汚染の状況の測定は，放射線測定器を用いて行う。ただし，放射線測定器を用いて測定することが著しく困難な場合には，計算によって算出してもよい。この測定に用いる放射線測定器については，点検及び校正を，一年ごとに，適切に組み合わせて行うことが令和5年10月1日施行の改正で義務づけられた。

(3)　測定の場所（施行規則第20条第1項第3号）

測定の場所については，放射線量又は汚染の状況を知るために最も適した箇所において測定するように定められている。

放射線量及び放射性同位元素等による汚染の状況の測定が義務づけられている測定場所，測定の時期及び測定方法を表 2.12 に示す。それぞれの測定場所の放射線の量については，「2.4　定義及び数値」，「2.5　施設基準」及び「2.6　取扱いの基準」の各節を参照されたい。

表 2.12　測定の場所と時期

測定項目	測定場所	測定時期	測定方法
放射線の量	使用施設 廃棄物詰替施設 貯蔵施設 廃棄物貯蔵施設 廃棄施設 管理区域の境界 事業所内の人が居住する区域 事業所の敷地の境界	1）作業を開始する前 2）作業を開始した後 ①　1か月を超えない期間ごとに1回 ②　密封された放射性同位元素又は放射線発生装置を固定して取り扱う場合であって，取扱いの方法及び遮蔽壁その他の遮蔽物の位置が一定しているときは6か月を超えない期間ごとに1回 ③　下限数量の1000倍以下の密封された放射性同位元素のみを取り扱う場合は6か月を超えない期間ごとに1回	1）放射線量は，H_{1cm}（率）について測定する。ただし，$H_{70\mu m}$（率）がH_{1cm}（率）の10倍を超えるおそれのある場所においては，$H_{70\mu m}$（率）について測定する。 2）放射線量及び汚染の状況の測定は，放射線測定器を用いて行う。ただし，放射線測定器を用いて測定することが著しく困難な場合には，計算によって算出してもよい。 3）放射線量又は汚染の状況を知るために最も適した箇所において測定する。
放射性同位元素等による汚染の状況	作業室 廃棄作業室 汚染検査室 管理区域の境界	（同上）	（同上）
	排気設備の排気口 排水設備の排水口 排気監視設備のある場所 排水監視設備のある場所	④　排気又は排水の都度（連続して排気又は排水する場合は連続して）	

(4)　測定の時期（施行規則第20条第1項第4号）

1）作業を開始する前に1回

2）作業を開始した後は，

①　放射線量の測定（②③の測定を除く）並びに作業室，廃棄作業室，汚染検査室及び管理区域の境界における汚染状況の測定：1か月を超えない期間ごとに1回測定

② 密封された放射性同位元素又は放射線発生装置を固定して取り扱う場合であって，取扱いの方法及び遮蔽壁その他の遮蔽物の位置が一定しているときの放射線量の測定：6か月を超えない期間ごとに1回測定

③ 下限数量の1000倍以下の密封された放射性同位元素のみを取り扱うときの放射線量の測定：6か月を超えない期間ごとに1回測定

④ 排気設備の排気口，排水設備の排水口，排気監視設備のある場所及び排水監視設備のある場所の汚染の状況の測定：排気，排水の都度（連続して排気又は排水する場合は，連続して）測定

(5) 測定の結果（施行規則第20条第4項第1号）

測定の結果は，測定の都度記録し，5年間保存する。

測定結果の記録は，電磁的方法（電子的方法，磁気的方法その他の人の知覚によって認識することができない方法）により記録し保存することができるが，電磁的方法により保存された記録は，必要に応じ電子計算機その他の機械を用いて直ちに表示されることができるようにしておかなければならない（施行規則第20条の2）。

2.7.6.2 管理区域に立ち入った者の測定（法律第20条第2項，施行規則第20条第2項，第3項）

法律第20条第2項では「許可届出使用者及び許可廃棄業者は，使用施設，廃棄物詰替施設，貯蔵施設，廃棄物貯蔵施設又は廃棄施設に立ち入った者について，その者の受けた線量及び放射性同位元素等による汚染の状況を測定しなければならない」と定めており，施行規則第20条第2項では被ばく線量の，同条第3項には汚染の状況の測定方法を具体的に示している。

(a) 放射線の量の測定（施行規則第20条第2項）

放射線の量の測定は，外部被ばくと内部被ばくによる線量について行う。

(1) 外部被ばくによる線量の測定

イ．胸部（女子にあっては腹部）について，1cm線量当量（H_{1cm}）及び70μm線量当量（$H_{70\mu m}$）（中性子線についてはH_{1cm}）を測定する。

ここで女子とは，妊娠不能と診断された者及び妊娠の意思のない旨を許可届出使用者又は許可廃棄業者に書面で申し出た者を除く。ただし，合理的な理由があるときは，この限りではない。

ロ．人体部位を①頭部及び頸部，②胸部及び上腕部，③腹部及び大腿部に区分した場合，外部被ばくによる線量が最大となるおそれのある部位が②以外（女子にあっては③以外）であるときは（イ）による測定に加え，その部位についてもH_{1cm}，$H_{70\mu m}$（中性子線についてはH_{1cm}）を測定する。

ハ．外部被ばくによる線量が最大となるおそれのある部位が末端部（①，②，③以外の部位）であるときは，（イ）又は（ロ）による測定に加え，その部位について$H_{70\mu m}$を測定する。ただし，中性子線については，この限りではない。

ニ．眼の水晶体の等価線量の測定は，（イ）～（ハ）までの測定に加え，眼の近傍その他の適切な部位について3mm線量当量（H_{3mm}）を測定する。

ホ．放射線測定器を用いて測定すること。ただし，放射線測定器を用いて測定することが著しく困難な場合には，計算によってこれらの値を算出してよい。

ヘ．管理区域に立ち入る者について，立ち入っている間継続して行う。

ト．この測定の信頼性を確保するための措置を講じる（令和5年10月1日施行：施行規則第20条第2項第3号）。

チ．外部被ばくの測定結果については，4月1日を始期とする各3月間，4月1日を始期とする1年間，女子にあっては，本人の申出等により許可届出使用者又は許可廃棄業者が妊娠の事実を知ることになったときから，出産までの間毎月1日を始期とする1月間について当該期間ごとに集計し，集計の都度記録する（施行規則第20条第4項第2号）。

(2)　内部被ばくによる線量の測定

イ．放射性同位元素を誤って吸入又は経口摂取したときは直ちに行う。

ロ．作業室その他放射性同位元素を吸入又は経口摂取するおそれのある場所に立ち入る者については3月（本人の申出等により許可届出使用者又は許可廃棄業者が妊娠の事実を知ることとなった女子は，出産までの間1月）を超えない期間ごとに1回行う。

ハ．この測定に用いる放射線測定器については，点検及び校正を，一年ごとに，適切に組み合わせて行う（令和5年10月1日施行：施行規則第20条第2項第4号）。

ニ．内部被ばくによる線量の測定は，吸入又は経口摂取した放射性同位元素について告示第5号別表第2第1欄に掲げる種類ごとに摂取量を計算し，算出する（告示第5号第19条第1項）。

ホ．内部被ばくの測定結果は，測定の都度記録する（施行規則第20条第4項第3号）。

(3)　管理区域に一時的に立ち入る者については，外部被ばく線量が実効線量で100μSv，内部被ばくによる線量は実効線量で100μSvを超えるおそれのあるときに測定する（施行規則第20条第2項第1号，第2号，告示第5号第18条）。

(b) 汚染の状況の測定（施行規則第20条第3項）

汚染の状況の測定は，放射線測定器を用い，次に定めるところにより行う。外部被ばくと内部被ばくによる線量について行う。ただし，放射線測定器を用いて測定することが著しく困難な場合には，計算によって算出してもよい。

イ．人体部位及び作業衣，履物，保護具など着用物の表面など放射性同位元素による汚染されるおそれのある部分を測定する。

ロ．密封されていない放射性同位元素等の使用，詰替え，焼却又は固型化材料による固型化を行う放射線施設に立ち入る者が，その施設から退出するときに測定する。

ハ．放射線測定器を用いて測定すること。ただし，放射線測定器を用いて測定することが著しく困難な場合には，計算によってこれらの値を算出してよい。

ニ．測定に用いる放射線測定器については，点検及び校正を，一年ごとに，適切に組み合わせて行う（令和5年10月1日施行：施行規則第20条第3項第4号）。

ホ．汚染状況の測定については，手足等の人体部位の表面が表面密度限度を超えて放射性同位元素により汚染され，その汚染を容易に除去することができない場合には，汚染の状況及び判定方法等も含めて記録する（施行規則第20条第4項第4号）。

(c) 実効線量及び等価線量の算定（施行規則第20条第4項）

(1) (a)，(b) の測定結果から，実効線量及び等価線量を4月1日を始期とする各3月間ごと，4月1日を始期とする1年間並びに女子にあっては，本人の申出等により許可届出使用者又は許可廃棄業者が妊娠の事実を知ることになったときから，出産までの間毎月1日を始期とする1月間について当該期間ごとに算定し，その都度記録する。

(2) 外部被ばくによる実効線量は，H_{1cm}とし，外部被ばくによる実効線量と内部被ばくによる実効線量を合算する。また，等価線量は，皮膚の場合$H_{70\mu m}$，眼の水晶体の場合H_{1cm}，H_{3mm}又は$H_{70\mu m}$の適切なもの，妊娠中である女子の腹部表面の場合H_{1cm}とする（告示第5号第20条第1項，第2項）。

(3) 不均等被ばくの場合の外部被ばくによる実効線量は，「外部被ばくおよび内部被ばくの評価法に係る技術的指針（平成11年4月放射線審議会）」に従って次式により算出する。

$$H = 0.08Ha_{1cm} + 0.44Hb_{1cm} + 0.45Hc_{1cm} + 0.03Hm_{1cm}$$

H:　外部被ばくによる実効線量[mSv]

Ha_{1cm}：頭頸部における1 cm線量当量（H_{1cm}）

Hb_{1cm}：胸部及び上腕部におけるH_{1cm}

Hc_{1cm}：腹部及び大腿部におけるH_{1cm}

Hm_{1cm}：頭頸部，胸部・上腕部及び腹部・大腿部のうち外部被ばくによるH_{1cm}が最大となるおそれのある部分におけるH_{1cm}

(4) 内部被ばくによる実効線量は，告示第5号別表第2第1欄に掲げる放射性同位元素の種類ごとに次式により算出する。2種類以上の放射性同位元素による内部被ばくの場合は，それぞれの種類につき算出した実効線量の和を内部被ばくの実効線量とする（告示第5号第19条第2項）。

$$E_i = e \times I$$

E_i:　内部被ばくによる実効線量[mSv]

e:　告示第5号別表第2第1欄に掲げる放射性同位元素の種類に応じて，吸入摂取の場合は第2欄，経口摂取の場合には第3欄の実効線量係数[mSv/Bq]

I:　吸入摂取又は経口摂取した放射性同位元素の摂取量[Bq]

(5)　4 月 1 日を始期とする 1 年間の実効線量が 20mSv を超えた場合は，平成 13 年 4 月 1 日を始期とする 5 年間毎に，その 1 年間を含む 5 年間の累積実効線量を毎年度集積し，その都度記録すること。

(6)　測定の対象者に対し，(a)～(c) の記録の写しを記録の都度交付する。

(7)　上記 (a)～(c) の記録は永久に保存しなければならない。ただし，当該記録の対象者が許可届出使用者又は許可廃棄業者の従業者でなくなった場合又は当該記録を事業所で 5 年以上保存した場合において，原子力規制委員会の指定する機関である公益財団法人放射線影響協会（「記録の引渡し機関を指定する告示（平成 22 年文部科学省告示第 54 号）」）に引き渡すときはこの限りでない。記録の保存方法は，電磁的方法（電子的方法，磁気的方法その他の人の知覚によって認識することができない方法）により記録し保存することができるが，電磁的方法により保存された記録は，必要に応じ電子計算機その他の機械を用いて直ちに表示されることができるようにしておかなければならない（施行規則第 20 条の 2)。

表 2.13　放射線業務従事者の実効線量及び等価線量の算定方法

<table>
<tr><td rowspan="11">外部被ばく</td><td>測定期間</td><td>被ばく状況</td><td colspan="2">評　価　項　目</td><td>評　価　方　法〔告示第 5 号第 20 条〕</td></tr>
<tr><td rowspan="10">管理区域に立ち入っている間継続して</td><td rowspan="4">体幹部
均等被ばく</td><td colspan="2">実効線量</td><td>胸部（女子は腹部）の $H_{1\mathrm{cm}}$</td></tr>
<tr><td rowspan="3">等価線量</td><td>皮膚</td><td>体幹部の $H_{70\mu\mathrm{m}}$</td></tr>
<tr><td>眼の水晶体</td><td>体幹部の $H_{70\mu\mathrm{m}}$，$H_{3\mathrm{mm}}$ 又は $H_{1\mathrm{cm}}$ のうち適切なもの</td></tr>
<tr><td>妊娠中の女子の腹部表面</td><td>腹部の $H_{1\mathrm{cm}}$</td></tr>
<tr><td rowspan="4">体幹部
不均等被ばく</td><td colspan="2">実効線量</td><td>$H=0.08\,Ha_{1\mathrm{cm}}+0.44\,Hb_{1\mathrm{cm}}+0.45\,Hc_{1\mathrm{cm}}+0.03\,Hm_{1\mathrm{cm}}$</td></tr>
<tr><td rowspan="3">等価線量</td><td>皮膚</td><td>体幹部の $H_{70\mu\mathrm{m}}$ のうち最大値</td></tr>
<tr><td>眼の水晶体</td><td>頭頸部の $H_{70\mu\mathrm{m}}$，$H_{3\mathrm{mm}}$ 又は $H_{1\mathrm{cm}}$ のうち適切なもの</td></tr>
<tr><td>妊娠中の女子の腹部表面</td><td>腹部の $H_{1\mathrm{cm}}$</td></tr>
<tr><td>末端部被ばく</td><td>等価線量</td><td>末端部の皮膚</td><td>線量が最大となるおそれのある末端部の $H_{70\mu\mathrm{m}}$</td></tr>
<tr><td></td><td></td><td colspan="2"></td><td></td></tr>
<tr><td rowspan="3">内部被ばく</td><td>測定頻度</td><td>被ばく状況</td><td colspan="2">摂取量の計算</td><td>評　価　方　法〔告示第 5 号第 19 条〕</td></tr>
<tr><td rowspan="2">3 月(妊娠中の女子は 1 月)を超えない期間ごとに 1 回</td><td>放射性同位元素の吸入摂取</td><td colspan="2">吸入摂取した同位元素の量 I [Bq]を計算</td><td>実効線量 E_i ＝実効線量係数 e ×摂取量 I
実効線量係数:〔告示第 5 号別表第 2 第 2 欄〕</td></tr>
<tr><td>放射性同位元素の経口摂取</td><td colspan="2">経口摂取した同位元素の量 I [Bq]を計算</td><td>実効線量 E_i ＝実効線量係数 e ×摂取量 I
実効線量係数:〔告示第 5 号別表第 2 第 3 欄〕</td></tr>
<tr><td colspan="3">内外被ばく</td><td colspan="3">外部被ばくによる実効線量と内部被ばくによる実効線量の和〔告示第 5 号第 20 条〕</td></tr>
</table>

体幹部：頭部及び頸部，胸部及び上腕部，腹部及び大腿部の総称
末端部：体幹部以外部位の総称

放射線業務従事者の実効線量及び等価線量の算定法を表2.13に示す。外部被ばくの測定にあたっては，実効線量，等価線量は直接測定することは困難であるため，放射性同位元素等規制法ではH_{1cm}，$H_{70\mu m}$を導入し，これらによって実効線量及び等価線量を評価する。内部被ばくも伴っている場合の実効線量は，外部被ばくによる実効線量との和となる。

これらの測定の結果については，施行規則第 20 条第 4 項に，それぞれの測定項目で記録しなければならない事項が具体的に規定されている。

2.7.7　放射線障害予防規程

許可届出使用者，届出販売業者，届出賃貸業者（表示付認証機器等のみを扱う者を除く）及び許可廃棄業者は，放射線障害を防止するため，使用若しくは業を開始する前に，放射線障害予防規程を作成し，原子力規制委員会に届け出なければならない（法律第 21 条）。

放射線障害予防規程については次の事項について定めるものとしている（施行規則第 21 条第 1 項）。

(1)　放射線取扱主任者その他の放射性同位元素等又は放射線発生装置の取扱いの安全管理に従事する者に関する職務及び組織に関すること。

(2)　放射線取扱主任者の代理者に関すること。

(3)　放射線施設の維持及び管理並びに放射線施設（密封放射性同位元素を使用し汚染物を廃棄する届出使用者にあっては管理区域）の点検に関すること。

(4)　放射性同位元素又は放射線発生装置の使用に関すること。

(5)　放射性同位元素等の受入れ，払出し，保管，運搬又は廃棄に関すること。

(6)　放射線量及び汚染の状況の測定，記録，保存に関すること。

(7)　放射線障害を防止するために必要な教育及び訓練（2.7.8 放射線障害の防止に関する教育訓練及び 2.7.11 放射線障害の防止に関する記帳において単に「教育訓練」という）に関すること。

(8)　健康診断に関すること。

(9)　放射線障害を受けた者又はそのおそれのある者に対する保健上必要な措置に関すること。

(10)　放射線障害の防止に関する記帳及び保存に関すること。

(11)　地震，火災その他の災害が起こった時の措置（危険時の措置を除く）に関すること。

(12)　危険時の措置に関すること。

(13)　放射線障害のおそれのある場合又は放射線障害が発生した場合の情報提供に関すること。

(14)　応急の措置を講ずるために必要な以下の事項に関すること（原子力規制委員会が定める極めて大量の放射性同位元素や大規模加速器などの放射線発生装置を使用する場合に限る）。

①　応急の措置を講ずる者に関する職務及び組織に関すること。

②　応急の措置を講ずるために必要な設備又は資機材の整備に関すること。

③　応急の措置の実施に関する手順に関すること。

④　応急の措置に係る訓練の実施に関すること。

⑤　都道府県警察，消防機関及び医療機関その他の関係機関との連携に関すること。

(15)　放射線障害の防止に関する業務の改善に関すること（特定許可使用者及び許可廃棄業者に限る）。

(16)　放射線管理の状況の報告に関すること。

(17)　廃棄物埋設を行う場合の廃棄物埋設地に埋設した廃棄物に含まれる放射能の減衰に応じて放射線障害防止のために講じる措置に関すること。

(18)　その他放射線障害の防止に関し必要な事項。

上記(13)～(15)は平成30年の改正で新たに追加されたが，(14)の応急措置の事前対策が必要な事業者は，「放射性同位元素等による放射線障害の防止に関する法律施行規則第21条第1項第14号の規定に基づき放射性同位元素又は放射線発生装置を定める告示(平成30年原子力規制委員会告示第2号)」に規定されている。

放射線障害予防規程について，特に重要なことは，許可届出使用者，届出販売業者（表示付認証機器等のみを販売する者を除く），届出賃貸業者（表示付認証機器等のみを賃貸する者を除く）及び許可廃棄業者は，その使用や業務を開始する前に放射線障害予防規程を作成し，原子力規制委員会に届け出なければならないことである。放射線障害予防規程から使用方法が不適当と判断されれば，使用に先立って変更を命ぜられることがあるからである。また，これを変更したときは，変更の日から30日以内に原子力規制委員会に届け出なければならない[2.10.1.4]（法律第21条）。

なお，表示付認証機器のみを使用する表示付認証機器届出使用者には，放射線障害予防規程の届け出及び放射線取扱主任者の選任の義務はない（放射線取扱主任者については，次節「2.8 放射線取扱主任者」で詳しく述べる）。

2.7.8　放射線障害の防止に関する教育訓練

許可届出使用者及び許可廃棄業者は，使用施設，廃棄物詰替施設，貯蔵施設，廃棄物貯蔵施設又は廃棄施設に立ち入る者及び取扱等業務に従事する者に対して，次のとおり教育訓練を行わなければならない（法律第22条，施行規則第21条の2）。

(1)　時　期

①　放射線業務従事者：初めて管理区域に立ち入る前及び管理区域に立ち入った後は前回の教育訓練を行った年度の翌年度の開始日から1年以内(本書では「翌年度内」という)。

②　取扱等業務に従事する者であって，管理区域に立ち入らない者：取扱等業務を開始する前及び取扱等業務を開始した後にあっては翌年度内。

③　工事若しくは点検等で，放射線発生装置を7日以上停止する場合の当該装置に係る管

理区域等のように管理区域とはみなされない区域（施行規則第22条の3第1項）に立ち入る者：放射線施設に入る前。

④　管理区域に一時的に立ち入る者：管理区域に立ち入る前。

(2)　教育訓練の内容

上記「① 放射線業務従事者」及び「② 管理区域に立ち入らない取扱等業務従事者」については表2.14に掲げる項目，③，④については放射線障害を防止するために必要な事項である。なお，①，②，③，④ともに必要な項目又は事項の全部又は一部に関し十分な知識及び技能を有していると認められる者に対しては，当該項目又は事項についての教育訓練を省略することができる。

(3)　教育訓練の時間数

「① 放射線業務従事者」で初めて管理区域に立ち入る前及び「② 管理区域に立ち入らない取扱等業務従事者」で取扱等業務を開始する前に実施する教育訓練については，表2.14に掲げる時間数以上行わなければならない（「教育及び訓練の時間数を定める告示（平成3年科学技術庁告示第10号）」）。

表2.14　教育訓練の内容及び時間数

教育訓練の内容	放射線の人体に与える影響	放射性同位元素等又は放射線発生装置の安全取扱い	放射線障害の防止に関する法令及び放射線障害予防規程
①　放射線業務従事者 ②　取扱等業務に従事する者であって，管理区域に立ち入らない者	30分以上	1時間以上	30分以上

2.7.9　健康診断

許可届出使用者及び許可廃棄業者は，放射線業務従事者（一時的に管理区域に立ち入る者を除く）に対して，健康診断を行わなければならない（法律第23条，施行規則第22条）。

(1)　時　期

①　健康診断は，初めて管理区域に立ち入る前に1回行い，立ち入った後は1年を超えない期間ごとに行う。

②　定期的な健康診断のほかに，次のような場合には，遅滞なく健康診断を行う。

イ．放射性同位元素を誤って吸入摂取し，又は経口摂取したとき。

ロ．表面密度限度を超えて皮膚が汚染し，その汚染が容易に除去できないとき。

ハ．皮膚の創傷面が汚染されたり，そのおそれのあるとき。

ニ．実効線量限度又は等価線量限度を超えて被ばくしたり，そのおそれのあるとき。

(2)　健康診断の項目

①　健康診断の方法は，問診及び検査又は検診とする。

②　問診は，放射線（1MeV未満のエネルギーを有する電子線及びエックス線を含む）の

被ばく歴の有無，作業の場所，内容，期間，線量，放射線障害の有無等について問診する。

③　検査又は検診は次のものについて行う。ただし，(イ)～(ハ)までの部位又は項目（初めて管理区域に立ち入る前の健康診断では，(イ)，(ロ)の部位又は項目を除く）については，医師が必要を認める場合に限る。

イ．末しょう血液中の血色素量又はヘマトクリット値，赤血球数，白血球数及び白血球百分率

ロ．皮膚

ハ．眼

ニ．その他原子力規制委員会が定める部位及び項目[現在定められていない]

(3)　健康診断の結果についての措置

健康診断の結果について所要の措置を講じなければならない（法律第23条第2項，施行規則第22条第2項）。

①　健康診断の結果は，健康診断の都度記録する。

②　健康診断の受診者に対し，健康診断の都度，記録の写しを交付する。

③　健康診断の結果については，放射線障害が晩発性であることを考慮して，永久に保存しなければならない。ただし，健康診断を受けた者が許可届出使用者若しくは許可廃棄業者の従業者でなくなった場合又は当該記録を事業所において5年以上保存した場合において，原子力規制委員会の指定する機関である公益財団法人放射線影響協会（「記録の引渡し機関を指定する告示（平成22年文部科学省告示第54号）」）に引き渡すときはこの限りではない。また，健康診断の結果は，電磁的方法により記録し，保存することができる（施行規則第22条の2）。

2.7.10　放射線障害を受けた者又は受けたおそれのある者に対する措置

許可届出使用者（表示付認証機器使用者を含む），届出販売業者，届出賃貸業者及び許可廃棄業者は，放射線障害を受けた者又は受けたおそれのある者に対し，以下に掲げる放射線施設への立入りの制限その他保健上必要な措置を講じなければならない(法律第24条,施行規則第23条)。

(1)　放射線業務従事者が放射線障害を受けた場合，又は受けたおそれのある場合には，その程度に応じ，管理区域への立入時間の短縮，立入りの禁止，放射線に被ばくするおそれの少ない業務への配置転換等の措置を講じ，必要な保健指導を行う。

(2)　放射線業務従事者以外の者が，放射線障害を受けた場合，又は受けたおそれのある場合は，遅滞なく，医師による診断，必要な保健指導等の適切な措置を講ずる。

2.7.11　放射線障害の防止に関する記帳

許可届出使用者，届出販売業者，届出賃貸業者及び許可廃棄業者について，それぞれ記帳す

る事項が定められている（法律第25条，施行規則第24条）。

(a) 許可届出使用者が帳簿に記載しなければならない事項

(1) 受入れ又は払出しする放射性同位元素等の種類，数量及び受入れ又は払出しの年月日及びその相手方の氏名又は名称

(2) 使用（詰替えを除く。以下同じ）する放射性同位元素の種類及び数量又は放射線発生装置の種類及び放射性同位元素又は放射線発生装置の使用の年月日，目的，方法，場所及び使用に従事する者の氏名

(3) 貯蔵施設において保管する放射性同位元素及び放射化物保管設備において保管する放射化物の種類，数量及び保管の期間，方法，場所及び保管に従事する者の氏名

(4) 工場又は事業所外における放射性同位元素等の運搬の年月日，方法及び荷受人又は荷送人の氏名又は名称並びに運搬に従事する者の氏名又は運搬の委託先の氏名若しくは名称

(5) 廃棄する放射性同位元素等の種類，数量及び廃棄の年月日，方法，場所及び廃棄に従事する者の氏名

(6) 放射性同位元素等を海洋投棄する場合であって放射性同位元素等を容器に封入し又は容器に固型化したときは，当該容器の数量及び比重並びに封入し又は固型化した方法

(7) 放射線施設又は管理区域の点検の実施年月日，点検の結果及びこれに伴う措置の内容並びに点検を行った者の氏名

(8) 放射線障害のおそれのある場所の放射線の量及び放射性同位元素による汚染の状況，放射線施設に立ち入る者の被ばく線量及び放射性同位元素による汚染の状況の測定に用いる放射線測定器の種類及び型式，点検又は校正の年月日，方法，結果及びこれに伴う措置の内容並びに点検又は校正を行った者の氏名又は名称（令和5年10月1日施行）

(9) 放射線施設に立ち入る者の外部被ばく線量の測定の信頼性を確保するための措置の内容（令和5年10月1日施行）

(10) 放射線施設に立ち入る者に対する教育訓練の実施年月日，項目，各項目の時間数並びに当該教育訓練を受けた者の氏名

(11) 放射線発生装置の運転を工事，改造，修理若しくは点検等のために7日以上の期間停止する場合の管理区域又は放射線発生装置を管理区域の外に移動した場合における当該管理区域の外部放射線量，空気中の放射性同位元素の濃度又は汚染物の表面密度の確認方法及び確認した者の氏名並びに当該区域に立ち入った者の氏名

(b) 届出販売業者及び届出賃貸業者が帳簿に記載しなければならない事項

(1) 譲受け（回収及び賃借を含む。以下同じ）又は販売その他譲渡し（返還を含む。以下同じ）若しくは賃貸する放射性同位元素の種類，数量及び譲受け又は販売その他譲渡し若しくは賃貸の年月日及びその相手方の氏名又は名称

(2) 放射性同位元素又は放射性同位元素によって汚染された物の運搬の年月日，方法及び荷

受人又は荷送人の氏名又は名称並びに運搬に従事する者の氏名又は運搬の委託先の氏名若しくは名称

(3)　保管を委託した放射性同位元素の種類，数量及び保管の委託の年月日，期間及び委託先の氏名又は名称

(4)　廃棄を委託した放射性同位元素又は放射性同位元素によって汚染された物の種類，数量及び廃棄の委託の年月日及び委託先の氏名又は名称

(c) 許可廃棄業者（廃棄物埋設を行う許可廃棄業者を除く）が帳簿に記載しなければならない事項

(1)　受入れ又は払出しする放射性同位元素等の種類，数量及び受入れ又は払出しの年月日及びその相手方の氏名又は名称

(2)　保管する放射性同位元素等の種類，数量及び保管の期間，方法，場所及び保管に従事する者の氏名

(3)　廃棄事業所外における放射性同位元素等の運搬の年月日，方法及び荷受人又は荷送人の氏名又は名称並びに運搬に従事する者の氏名又は運搬の委託先の氏名若しくは名称

(4)　(a) 許可届出使用者が帳簿に記載しなければならない事項の(5)～(10)

濃度確認[2.7.20]を受けようとする者については，上記の各事項に加え，以下の濃度確認に関する事項を記帳する（施行規則第24条第5項）。

(1)　濃度確認対象物（濃度確認を受けようとする放射性汚染物）の種類，発生日時及び場所

(2)　評価単位（濃度確認対象物の全体を評価する又は2以上に分割して放射能濃度の測定及び評価を行うそれぞれの集合）ごとの重量及び当該評価単位に含まれる評価対象放射性同位元素（認可を受けた放射能濃度の測定及び評価の方法に従い，測定及び評価を行う評価単位に含まれる放射性同位元素）の種類ごとの濃度

(3)　放射能濃度の決定に当たり，放射性同位元素の組成比を用いる場合は，組成比の測定を行った結果又は計算によって放射能濃度を算出した場合は，その計算条件及び計算の結果若しくは濃度確認対象物について放射性同位元素による汚染の除去を行った場合は，汚染の除去を行った後の放射能濃度を測定した結果

(4)　放射能濃度の測定に用いた放射線測定装置とその測定条件及び放射線測定装置の点検及び校正の結果

(5)　濃度確認対象物の保管の方法及び場所

(6)　放射線施設又は管理区域の点検の実施年月日，点検の結果及びこれに伴う措置の内容並びに点検を行った者の氏名

(7)　放射線施設に立ち入る者に対する教育訓練の実施年月日，項目並びに当該教育訓練を受けた者の氏名

帳簿は1年ごと(毎年3月31日)に閉鎖し，閉鎖後5年間保存する。また，帳簿は，電磁的方法により保存することができる(施行規則第24条の2)。

2.7.12　使用の廃止の届出

許可届出使用者（表示付認証機器使用者を含む）が許可又は届出に係る放射性同位元素等若しくは放射線発生装置のすべての使用を廃止したとき，届出販売業者，届出賃貸業者若しくは許可廃棄業者がその業を廃止したときは，許可届出使用者，届出販売業者，届出賃貸業者又は許可廃棄業者は，遅滞なく廃止届を原子力規制委員会に提出しなければならない。また，許可届出使用者，届出販売業者，届出賃貸業者若しくは許可廃棄業者が死亡し，解散した場合，その相続人等は，遅滞なく，死亡届又は解散届を原子力規制委員会に提出しなければならない(法律第27条，施行規則第25条)。

2.7.13　許可の取消し，使用の廃止等に伴う措置

許可を取り消された者，使用のすべてを廃止した者，死亡又は解散を届け出た者(「許可取消使用者等」)は，次の措置を講じなければならない（法律第28条，施行規則第26条)。

(1)　所有する放射性同位元素を輸出し，許可届出使用者，届出販売業者，届出賃貸業者若しくは許可廃棄業者に譲り渡し又は廃棄すること。
(2)　借り受けている放射性同位元素を輸出し，又は許可届出使用者，届出販売業者，届出賃貸業者若しくは許可廃棄業者に返還すること。
(3)　放射性同位元素による汚染を除去すること。
(4)　放射性汚染物を許可使用者若しくは許可廃棄業者に譲り渡し又は廃棄すること。
(5)　放射線業務従事者に関する線量測定の結果の記録及び健康診断の結果の記録は，原子力規制委員会の指定する機関である公益財団法人放射線影響協会（「記録の引渡し機関を指定する告示(平成22年文部科学省告示第54号)」)に引き渡すこと。

また，以下の事項を含む当該措置に関する計画(「廃止措置計画」)をあらかじめ定め，原子力規制委員会に届け出なればならない。

(1)　放射性同位元素の輸出，譲渡し，返還又は廃棄の方法
(2)　放射性同位元素による汚染の除去の方法
(3)　放射性汚染物の譲渡し又は廃棄の方法
(4)　汚染の広がりの防止その他の放射線障害の防止に関し講ずる措置
(5)　計画期間

上記の廃止措置は，廃止措置計画に記載した計画期間内に終了しなければならず，また許可取消使用者等は廃止措置計画に記載した措置を終了したときは，遅滞なく，その旨及び措置の

内容を原子力規制委員会に報告しなければならない。

2.7.14　譲渡し，譲受け等の制限

放射性同位元素（表示付認証機器等に装備されているものは除く）は，次のいずれかに該当するもの以外は，譲り渡し，譲り受け，貸し付け，又は借り受けてはならない（法律第29条）。

(1)　許可使用者が，許可証に記載された種類の放射性同位元素を輸出し，他の許可届出使用者，届出販売業者，届出賃貸業者若しくは許可廃棄業者に譲り渡し若しくは貸し付け，また，許可証に記載された貯蔵能力の範囲内で譲り受け若しくは借り受ける場合。

(2)　届出使用者が，届け出た種類の放射性同位元素を輸出し，他の許可届出使用者，届出販売業者，届出賃貸業者若しくは許可廃棄業者に譲り渡し若しくは貸し付け，また，届け出た貯蔵能力の範囲内で譲り受け若しくは借り受ける場合。

(3)　届出販売業者又は届出賃貸業者が，届け出た種類の放射性同位元素を輸出し，許可届出使用者，他の届出販売業者，他の届出賃貸業者若しくは許可廃棄業者に譲り渡し若しくは貸し付け，又は譲り受け若しくは借り受ける場合。

(4)　許可廃棄業者が，許可届出使用者，届出販売業者，届出賃貸業者若しくは他の許可廃棄業者に譲り渡し若しくは貸し付け，また，許可証に記載された貯蔵能力の範囲内で譲り受け若しくは借り受ける場合。

(5)　許可を取り消された者，使用のすべてを廃止した者，死亡・解散した者の相続人等は，許可の取消しの日，使用の廃止の日又は死亡・解散の日から30日以内に，所有していた放射性同位元素を許可届出使用者，届出販売業者，届出賃貸業者若しくは許可廃棄業者に譲り渡さなければならない（法律第29条第6号，第7号，第8号，施行規則第27条）。

放射性同位元素は，放射線障害の危険性を有するものであることから，やたらに人に譲り渡したり，また譲り受けてはいけない。しかし，譲渡し，譲受けの制限とはいえ，許可，届出の済んでいる種類の放射性同位元素は，返却のために輸出したり，他の許可届出使用者，届出販売業者，届出賃貸業者若しくは許可廃棄業者に譲り渡し若しくは貸し付けてよく，また，その貯蔵能力の範囲内であれば，譲り受け若しくは借り受けてもかまわない。

2.7.15　所持の制限

放射性同位元素は，次のいずれかに該当するもの以外は，所持してはならない（法律第30条）。

(1)　許可使用者が，許可証に記載された種類の放射性同位元素を，許可証に記載された貯蔵能力の範囲内で所持する場合。

(2)　届出使用者が，届け出た種類の放射性同位元素を，届け出た貯蔵能力の範囲内で所持する場合。

(3)　届出販売業者又は届出賃貸業者が，届け出た種類の放射性同位元素を運搬のために所持

する場合，又は放射線障害や危険時の措置を講ずるために所持する場合。

(4)　許可廃棄業者が，許可証に記載された貯蔵能力の範囲内で所持する場合。

(5)　表示付認証機器等について，認証条件に従った使用，保管又は運搬をする場合。

(6)　許可を取り消された者，使用のすべてを廃止した者，死亡・解散した者の相続人等が，許可の取消しの日，使用の廃止の日又は死亡・解散の日から 30 日間，所有していた放射性同位元素を所持する場合（法律第 30 条第 6 号，第 7 号，第 8 号，施行規則第 28 条）。

(7)　(1)〜(6) に該当する者から運搬を委託された者が，委託を受けた放射性同位元素を所持する場合。

(8)　(1)〜(7) に該当する者の従業者が，職務上放射性同位元素を所持する場合。

2.7.14 譲渡し，譲受けの制限と同様に，所持の制限といっても，使用者にあっては，1）許可証を有する者が，許可証に記載された種類の放射性同位元素を，その貯蔵能力の範囲内で所持する場合，2）届出を済ませた者が，届け出た種類の放射性同位元素を，その貯蔵能力の範囲内で所持する場合，3）許可を取り消された者，使用のすべてを廃止した者，死亡・解散した者の相続人等が，それらの日から 30 日間所持する場合，4）運搬を委託された者が，委託物を所持する場合，5）上記の従業者が職務上所持する場合など，法令を遵守した上で通常起こり得る所持を制限するものではない。

2.7.16　海洋投棄の制限

放射性同位元素又は放射性汚染物は，人命又は船舶，航空機若しくは人工海洋構築物の安全を確保するためやむを得ない場合及び法律第 19 条の 2 による放射線障害の防止のために特に必要があるとして廃棄に係る確認を受けた場合のほか，海洋投棄をしてはならない（法律第 30 条の 2，施行令第 19 条）。

2.7.17　取扱いの制限

18 歳未満の者又は精神の障害により放射線障害の防止（特定放射性同位元素の取扱いに関してはその防護）のために必要な措置を適切に講ずることができない者に，放射性同位元素又は放射性汚染物の取扱い，及び放射線発生装置の使用をさせてはならない（法律第 31 条，施行規則第 28 条の 2）。

なお，法律第 31 条第 3 項には「保健師助産師看護師法（昭和 23 年 法律第 203 号）により免許を受けた准看護師その他の原子力規制委員会規則で定める者については適用しない」との除外規定があるが，原子力規制委員会規則 [施行規則] で対象者が定められていないので，准看護師であっても 18 歳未満の者には取扱い及び使用をさせてはならない。

2.7.18　事故等の報告・届出

許可届出使用者（表示付認証機器使用者を含む），届出販売業者，届出賃貸業者及び許可廃棄業者は，放射性同位元素若しくは放射線発生装置又は放射性汚染物に関し，放射線障害が発生するおそれのある事故又は放射線障害が発生した事故その他の以下のいずれかに該当するときは，その旨を直ちに，その状況及びそれに対する処置を 10 日以内に原子力規制委員会に報告しなければならない（法律第 31 条の 2，施行規則第 28 条の 3）。

(1)　放射性同位元素の盗取又は所在不明が生じたとき。

(2)　気体状の放射性同位元素等を排気設備において浄化し，又は排気することによって廃棄した場合において，排気設備の排気口における排気中放射性同位元素又は事業所等の境界の排気中放射性同位元素の 3 月間平均濃度が排気中濃度限度を超えたとき。

(3)　液体状の放射性同位元素等を排水設備において浄化し，又は排水することによって廃棄した場合において，排水設備の排水口における排水中放射性同位元素又は事業所等の境界の排水中放射性同位元素の 3 月間平均濃度が排水中濃度限度を超えたとき。

(4)　放射性同位元素等が管理区域外で漏えいしたとき（許可使用者が使用施設の外で，管理区域の外にある放射性同位元素の総量が下限数量を超えない数量の密封されていない放射性同位元素を使用する場合を除く）。

(5)　放射性同位元素等が管理区域内で漏えいしたとき（漏えいした物が管理区域外に広がったときを除く）。ただし，次のいずれかに該当するときを除く。

①　漏えいした液体状の放射性同位元素等が設備の周辺部に設置された漏えいの拡大を防止するための堰の外に拡大しなかったとき。

②　気体状の放射性同位元素等が漏えいした場合において，漏えいした場所に係る排気設備の機能が適正に維持されているとき。

③　漏えいした放射性同位元素等の放射能量が空気中濃度限度や表面密度限度を超えない微量のときなど漏えいの程度が軽微なとき。

(6)　放射線施設内の人が常時立ち入る場所の実効線量が 1mSv/週，事業所の敷地の境界又は事業所内の人が居住する区域については 250μSv/3 月の線量限度を超え，又は超えるおそれがあるとき。

(7)　放射性同位元素等の使用，販売，賃貸，廃棄その他の取扱いにおける想定していない計画外の被ばくをし，その実効線量が放射線業務従事者（廃棄に従事する者を含む）では年間線量限度の 1/10 にあたる 5mSv，放射線業務従事者以外の者にあっては 0.5mSv を超え，又は超えるおそれがあるとき。

(8)　放射線業務従事者（廃棄に従事する者を含む）について実効線量限度若しくは等価線量限度を超え，又は超えるおそれのある被ばくがあったとき。

(9)　廃棄物埋設に係る廃棄の業の線量限度を超えるおそれがあるとき。

また，放射性同位元素等の事業所外運搬において，原子力規制委員会規則又は国土交通省令で定める事象が生じた場合には原子力規制委員会又は国土交通大臣に，放射性同位元素等による放射線障害を防止して公共の安全を確保するため特に必要がある場合で，内閣府令で定める事象が生じた場合においては都道府県公安委員会に，遅滞なく，事象の状況その他の原子力規制委員会規則で定める事項を報告しなければならない（法律第31条の2）。

さらに，許可届出使用者等[2.6.3.2]は，その所持する放射性同位元素について，盗取，所在不明，その他の事故が生じた場合には，遅滞なく，警察官又は海上保安官に届け出なければならない（法律第32条）。

2.7.19　危険時の措置

許可届出使用者等[2.6.3.2]は，その所持する放射性同位元素，放射線発生装置又は放射性汚染物について，地震，火災その他の災害が起こったことにより，その所持する放射性同位元素等に関して，放射線障害の発生のおそれのある場合又は発生した場合には，直ちに以下に掲げる応急措置を講じなければならない（法律第33条）。

(1)　放射線障害の発生のおそれのある又は発生した場合に，講じなければならない応急措置は以下の措置である（法律第33条第1項，施行規則第29条第1項，昭和56年運輸省令第22号第1条）。

①　火災が起こったときは，消火又は延焼の防止に努めるとともに消防署又は消防法により市町村長の指定した場所に通報する。

②　放射線施設の内部にいる者，運搬に従事する者又はこれらの付近にいる者を退避させる。

③　放射線障害を受けた者又は受けたおそれのある者は，速やかに救出し，避難させる等緊急の措置を講ずる。

④　放射性同位元素による汚染が生じた場合は，速やかにその広がりを防止し，その除去を行う。

⑤　放射性同位元素等は，必要に応じて他の安全な場所に移し，その場所の周囲に縄を張り，又は標識等を設け，見張人をつけることにより関係者以外の立入りを禁止する。

⑥　その他，放射線障害の防止に必要な措置を講ずる。

上記の緊急作業を行う場合には，遮蔽具，かん子又は保護具を用いること，被ばく時間を短くすること等により緊急作業に従事する者の被ばく線量をできる限り少なくした上で，放射線業務従事者（女子については，妊娠不能と診断された者及び妊娠の意思のない旨を許可届出使用者又は許可廃棄業者に書面で申し出た者に限る）は実効線量について100mSv，眼の水晶体の等価線量について300mSv及び皮膚の等価線量について1Svまで放射線に被ばくすることができる[2.4.14]（施行規則第29条第2項，告示第5号第22条）。

(2)　上記の事態を発見した者は，ただちに警察官又は海上保安官に通報しなければならない。

(3)　上記の危険事態において，原子力規制委員会（放射性同位元素又は放射性汚染物の事業所外運搬の場合は，原子力規制委員会又は国土交通大臣）は，放射線障害の防止のために緊急の必要がある場合は，放射性同位元素又は放射性汚染物の所在場所の変更，汚染の除去その他の放射線障害防止に必要な措置を講ずることを命ずることができる。

2.7.20　濃度確認

許可届出使用者，届出販売業者，届出賃貸業者及び許可廃棄業者は，放射性汚染物に含まれる放射性同位元素の放射能濃度が原子力規制委員会規則［施行規則］で定める基準を超えないことについて，原子力規制委員会又は原子力規制委員会の登録を受けた「登録濃度確認機関」の確認（「濃度確認」）を受けることができる。濃度確認を受けた物は，放射性同位元素等規制法，その他の政令で定める法令の適用について，放射性汚染物でないものとして取り扱うことができる（法律第33条の3）。具体的には，評価対象放射性同位元素の種類が1種類の場合，告示第5号別表第7の第1欄に掲げる濃度確認対象物及び第2欄に掲げる評価対象放射性同位元素の種類に応じて，第3欄に掲げる放射能濃度を基準とし，また評価対象放射性同位元素の種類が2種類以上の場合には，告示第5号別表第7の第1欄に掲げる濃度確認対象物に応じて，第2欄に掲げる評価対象放射性同位元素の種類ごとの放射能濃度のそれぞれ第3欄に掲げる放射能濃度に対する割合の和が1となるようなそれらを放射能濃度の基準とする（施行規則第29条の2，告示第5号第27条）。また，原子力規制委員会又は登録濃度確認機関は，上記の濃度確認をしたときは，濃度確認証を交付する（施行規則第29条の5）。

また，廃棄物の処理及び清掃に関する法律（清掃法，昭和45年法律第137号）に規定する「廃棄物」（ごみ，粗大ごみ，燃え殻，汚泥，ふん尿，廃油，廃酸，廃アルカリ，動物の死体その他の汚物又は不要物であって，固形状又は液状のもの（放射性物質及びこれによって汚染された物を除く））の適正な処理を確保するために必要があるときは，この規定の運用に関し，環境大臣は原子力規制委員会に意見を述べることができるとし，また，原子力規制委員会は，濃度確認をし，又は放射性汚染物でないものとして取り扱うことができる認可を与えたときは，遅滞なく，その旨を環境大臣に連絡しなければならない（法律第48条の2）。

濃度確認を受けようとする者についての記帳の義務（施行規則第24条第5項）に関しては，2.7.11 放射線障害の防止に関する記帳の項で説明した。

2.8　放射線取扱主任者

放射線取扱主任者は，放射性同位元素及び放射線発生装置の使用等に際して，放射線障害の防止について監督させ，安全管理体制の確立と維持に重要な役割を果たす。法律第5章で取り扱われている放射線取扱主任者に関する条項は，下記のとおりである。

(1) 放射線取扱主任者（法律第34条）

(2) 放射線取扱主任者免状（法律第35条）

(3) 放射線取扱主任者の義務等（法律第36条）

(4) 放射線取扱主任者定期講習（法律第36条の2）

(5) 研修の指示（法律第36条の3）

(6) 放射線取扱主任者の代理者（法律第37条）

(7) 解任命令（法律第38条）

2.8.1　放射線取扱主任者免状

国家資格としての放射線取扱主任者免状には，第一種放射線取扱主任者免状，第二種放射線取扱主任者免状及び第三種放射線取扱主任者免状がある（法律第35条）。

(1)　第一種放射線取扱主任者免状は，原子力規制委員会又は原子力規制委員会の登録を受けた者（「登録試験機関」）の行う第一種放射線取扱主任者試験に合格し，かつ，原子力規制委員会又は原子力規制委員会の登録を受けた者（「登録資格講習機関」）の行う第一種放射線取扱主任者講習を修了した者に対し，原子力規制委員会が交付する。

(2)　第二種放射線取扱主任者免状は，原子力規制委員会又は登録試験機関の行う第二種放射線取扱主任者試験に合格し，かつ，原子力規制委員会又は登録資格講習機関の行う第二種放射線取扱主任者講習を修了した者に対し，原子力規制委員会が交付する。

(3)　第三種放射線取扱主任者免状は，原子力規制委員会又は登録資格講習機関の行う第三種放射線取扱主任者講習を修了した者に対し，原子力規制委員会が交付する。

なお，原子力規制委員会は，放射線取扱主任者免状を受けた者が放射性同位元素等規制法又は同法に基づく命令に違反したときは，免状の返納を命ずることができる。試験及び資格講習の詳細は，施行規則及び告示に規定されている。

2.8.2　放射線取扱主任者の選任

許可届出使用者，届出販売業者，届出賃貸業者及び許可廃棄業者は，放射線障害の防止について監督を行わせるため，放射性同位元素の放射線施設への運び入れ，放射線発生装置の設置又は販売，賃貸，廃棄の業を開始する前に，放射線取扱主任者を選任しなければならない。また，選任した日又は解任した場合も同様に解任した日から30日以内に原子力規制委員会に届け出なければならない[2.10.1.5]（法律第34条，施行規則第30条）。

（1）　特定許可使用者，非密封放射性同位元素を使用する許可使用者又は許可廃棄業者は，第一種放射線取扱主任者免状を有する者から選任する。

（2）　非密封放射性同位元素を使用しない許可使用者は，第一種又は第二種放射線取扱主任者免状を有する者から選任する。

（3）　届出使用者，届出販売業者又は届出賃貸業者は，第一種，第二種又は第三種放射線取扱主任者免状を有する者から選任する。

（4）　放射性同位元素又は放射線発生装置を診療のために用いるときは医師又は歯科医師を，医薬品，医療用具等の製造所において使用するときは薬剤師を，それぞれ放射線取扱主任者として選任することができる。

（5）　選任しなければならない放射線取扱主任者の数は，許可届出使用者又は許可廃棄業者は1工場又は1事業所につき少なくとも1人，届出販売業者又は届出賃貸業者にあっては，法人当たり少なくとも1人とする。

なお，ガスクロマトグラフ用エレクトロン･キャプチャ･ディテクタなどの表示付認証機器や表示付特定認証機器のみを使用する事業所では，放射線取扱主任者を選任する必要はない。

放射線取扱主任者の選任にあたって使用・業の区分ごとに必要な資格と人数は，表2.15に示すとおりである。

表2.15　放射線取扱主任者の選任の区分

区　分	放射線取扱主任者の選任
特定許可使用者,密封されていない放射性同位元素を使用する許可使用者又は許可廃棄業者	第一種免状を有する者から1工場又は1事業所当たり少なくとも1人選任
密封された放射性同位元素のみを使用する許可使用者	第一種又は第二種免状を有する者から1工場又は1事業所当たり少なくとも1人選任
届出使用者	第一種，第二種又は第三種免状のいずれかを有する者から1工場又は1事業所当たり少なくとも1人選任
届出販売業者又は届出賃貸業者	第一種，第二種又は第三種免状のいずれかを有する者から1法人当たり少なくとも1人選任
表示付認証機器届出使用者,表示付特定認証機器のみを使用する者	放射線取扱主任者を選任しなくてよい

放射線取扱主任者が旅行，疾病その他の事故で，その職務を行うことができない場合で，その期間中に放射性同位元素若しくは放射線発生装置を使用し，又は放射性同位元素や放射性汚染物を廃棄するときは，許可届出使用者，届出販売業者，届出賃貸業者及び許可廃棄業者は放射線取扱主任者の代理者を選任しなければならない。この場合，その職務を行えない期間が30日以上のときは，代理者を選任した日から30日以内に原子力規制委員会に届け出なければならない。なお，代理者といえども放射線取扱主任者と同等の放射線取扱主任者免状を有する者で

なければならない（法律第37条，施行規則第33条）。

2.8.3　放射線取扱主任者の義務等

放射線取扱主任者又はその代理者は，誠実にその職務を遂行することが義務付けられている（法律第36条，第36条の3，第37条）。

(1)　使用施設等に立ち入る者は，放射線取扱主任者が放射性同位元素等規制法又は放射線障害予防規程の実施を確保するためにする指示に従わなければならない。

(2)　許可届出使用者，届出販売業者，届出賃貸業者及び許可廃棄業者は，放射線障害の防止に関し，放射線取扱主任者の意見を尊重しなければならない。

(3)　放射線取扱主任者の代理者も，職務の誠実な遂行義務については放射線取扱主任者と同様の規制を受けることになるので，その職務をおろそかにすることは許されない。

(4)　原子力規制委員会は，放射線障害の防止のために必要があるときは，許可届出使用者，届出販売業者，届出賃貸業者及び許可廃棄業者に対し，期間を定めて，放射線取扱主任者に原子力規制委員会の行う研修を受けさせるよう指示することができる。指示を受けた許可届出使用者，届出販売業者，届出賃貸業者及び許可廃棄業者は，指示された期間内に，選任した放射線取扱主任者に研修を受けさせなければならない。

放射線取扱主任者の職務を誠実に遂行しなかった場合には，原子力規制委員会は放射線取扱主任者又はその代理者の解任を命ずることができる（法律第38条）。

また，許可届出使用者，届出販売業者，届出賃貸業者及び許可廃棄業者は，放射線取扱主任者に選任した者に，選任された日から1年以内，その後は前回講習を受けた翌年度の開始日から3年以内（本書では「3年度内」という）（届出販売業者及び届出賃貸業者にあっては5年度内）に，原子力規制委員会の登録を受けた「登録放射線取扱主任者定期講習機関」の行う放射線取扱主任者の資質の向上を図るための「放射線取扱主任者定期講習」（以下本書では「主任者定期講習」と記載する場合あり）を受けさせなければならない。主任者定期講習の課目や時間数は，選任した事業者が使用している線源・機器や行為によって異なっている点に注意が必要である。主任者定期講習の課目と時間数は，表2.16に示すとおりである（法律第36条の2，施行規則第32条，別表第4，「講習の時間数等を定める告示（平成17年文部科学省告示第95号）」）。

表 2.16　放射線取扱主任者定期講習の課目及び時間数

<table>
<tr><th>主任者定期講習の課目
受講対象主任者</th><th>放射性同位元素等規制法</th><th>[放射性同位元素等又は放射線発生装置]の取扱い
[ ]は取扱いの対象</th><th>[放射線施設]の安全管理
[ ]は対象施設</th><th>放射性同位元素等・放射線発生装置の取扱い事故発生時の対応</th><th>総時間数</th><th>主任者定期講習を受けさせる期間</th></tr>
<tr><td>非密封放射性同位元素・放射線発生装置を使用する許可使用者が選任した放射線取扱主任者</td><td>1 時間以上</td><td>[放射性同位元素等又は放射線発生装置]</td><td>[使用施設等]</td><td rowspan="2">30 分以上</td><td rowspan="2">4 時間以上</td><td rowspan="3">選任後1 年以内,以降 3 年度内</td></tr>
<tr><td></td><td></td><td colspan="2">1 時間以上</td></tr>
<tr><td>許可廃棄業者が選任した放射線取扱主任者</td><td>1 時間以上</td><td>[放射性同位元素等]
1 時間以上</td><td>[廃棄物詰替施設等]</td><td>30 分以上</td><td></td></tr>
<tr><td>密封された放射性同位元素を使用する許可届出使用者が選任した放射線取扱主任者</td><td>1 時間以上</td><td>[密封された放射性同位元素]
1 時間以上</td><td>[使用施設等]</td><td>30 分以上</td><td>3 時間以上</td></tr>
<tr><td>届出販売業者又は届出賃貸業者が選任した放射線取扱主任者</td><td>1 時間以上</td><td colspan="2">—</td><td>放射性同位元素等の取扱い事故の事例
1 時間以上</td><td>2 時間以上</td><td>選任後1 年以内,以降 5 年度内</td></tr>
</table>

「放射性同位元素等」：放射性同位元素及び放射性汚染物

2.9　特定放射性同位元素の防護

令和元年施行の放射性同位元素等規制法では，目的に「特定放射性同位元素の防護」が新たに盛り込まれ（法律第 1 条），人の健康に重大な影響を及ぼすおそれがある特定放射性同位元素 [2.9.1.1]のセキュリティ対策が，以下の規制事項として新たに加えられた。これに伴い，法律の名称がこれまでの「放射性同位元素等による放射線障害の防止に関する法律（「放射線障害防止法」又は「障防法」と呼ばれた）」から「放射性同位元素等の規制に関する法律」（「放射性同位元素等規制法」又は「RI 等規制法」））」に変更された[2.1.1]。

2.9.1　特定放射性同位元素の防護関係用語

2.9.1.1　特定放射性同位元素 [2.4.2.4 再掲]

「特定放射性同位元素（以下「特定 RI」と略す場合あり）」とは，放射性同位元素の中でも，その放射線が発散された場合において人の健康に重大な影響を及ぼすおそれがあるものとして政令で定めるもの（法律第 2 条第 3 項）で，その種類及び密封の有無に応じて原子力規制委員会が定める数量以上のものをいう（施行令第 1 条の 2）。この特定放射性同位元素の数量は，「特定放射性同位元素の数量を定める告示（平成 30 年原子力規制委員会告示第 10 号（「防護数量告示」））」第 2 条に定められている。防護数量告示では，放射性同位元素を密封されたもの又は非密封のうち粉末でなく揮発性・可燃性・水溶性でない固体状のもの（「非放散性放射性同位元素」）と非放散性を除く密封されていないもの（「放散性放射性同位元素)」に区分した上で，別表第 1 には非放散性放射性同位元素（23 元素 24 核種），別表第 2 にはそれ以外の放散性放射性同位元素(84 元素 237 核種)それぞれの規制下限数量が示されている。放射性同位元素の種類が 2 種類以上のものについては，放射性同位元素の定義 [2.4.2]と同様に，防護数量告示別表第 1 の第 1 欄の種類ごとに，第 2 欄に掲げる下限数量に対する割合の和が 1 となる数量以上の場合に特定放射性同位元素としての規制を受ける(表 2.17)。

2.9.1.2　防護従事者と特定放射性同位元素防護管理者

「防護従事者」とは，特定放射性同位元素の防護に関する業務に従事する者で，特定放射性同位元素防護管理者を含む。「特定放射性同位元素防護管理者」とは，特定放射性同位元素の防護に関する業務を統一的に管理させるため，特定放射性同位元素の取扱いの知識その他について原子力規制委員会規則で定める要件を備える者のうちから選任された者である[2.9.8]（法第 38 条の 2，施行規則第 1 条第 16 号）。

2.9.1.3　防護区域と放射性同位元素の使用をする室等

「防護区域」とは，放射性同位元素の使用をする室等を含む特定放射性同位元素を防護するために講ずる措置の対象となる場所をいう（施行規則第 1 条第 15 号）。一方，「放射性同位元素の使用をする室等」とは，放射性同位元素の使用をする室，放射性同位元素の廃棄のための詰替えをする室，貯蔵室若しくは貯蔵箱，耐火性の構造の容器，保管廃棄設備又は非破壊検査その他の目的のため一時的に使用をする場合において，使用場所を変更して一時的に使用をする場所（「一時的に使用をする場所」）をいう（施行規則第1条第14号）。

2.9.2　特定放射性同位元素の防護のために講ずべき措置等

許可届出使用者及び許可廃棄業者は，特定放射性同位元素を工場又は事業所において使用，保管，運搬又は廃棄(廃棄物埋設を除く)する場合においては，原子力規制委員会規則で定めるところにより，施錠その他の方法による特定放射性同位元素の管理，特定放射性同位元素の防護上必要な設備及び装置の整備及び点検その他の特定放射性同位元素の防護のために必要な措置を講じなければならない（法第25条の3第1項，施行令第19条の2)。具体的には，許可届出使用者及び許可廃棄業者が設置する施設において使用，保管又は廃棄をしようとする特定放射性同位元素について，「特定放射性同位元素の数量を定める告示(「防護数量告示」)」第3条に定められている数量に基づく特定放射性同位元素の区分に応じて，施行規則に定められた防護措置を講じなければならない(施行規則第24条の2の2)。この区分には共通して2.9.1.1で説明した下記の特定放射性同位元素の下限数量：

(1) 非放散性(密封された又は粉末でなく揮発性・可燃性・水溶性でない固体状の非密封のもの)放射性同位元素では，防護数量告示別表第1第2欄の数量

(2) 放散性(非放散性以外の密封されていないもの)放射性同位元素においては別表第2第2欄の数量

に基づいており，以下本書では，この規制下限数量を単に「防護数量」と略すこととする。

この防護数量を基準として，特定放射性同位元素を以下のように区分(a)～区分(c)に分けた上で，それらを取り扱うにあたり必要な防護措置が定められている。

区分（a)：その放射線が発散された場合において極めて短時間に人の健康に重大な影響を及ぼすおそれがあるもの：防護数量の1000倍以上のもの

区分（b)：その放射線が発散された場合において短時間に人の健康に重大な影響を及ぼすおそれがあるもの：防護数量の10倍以上1000倍未満のもの

区分（c)：区分(a)，区分(b）以外：防護数量以上10倍未満のもの

このように，区分(a)は防護数量の1000倍，区分(b)では10倍，区分(c)では防護数量そのものが下限数量とされており，当該同位元素の密封・非密封の違いによる区分の判定基準をまとめると表2.17のようになる。

表 2.17　防護措置が必要な特定放射性同位元素の区分（防護数量告示第 2,3 条）

密封／非密封	同位元素の種類	特定放射性同位元素の定義 [2.9.1.1]	防護措置が必要な特定放射性同位元素の区分*		
			区分(a)	区分(b)**	区分(c)
密封された［非放散性］放射性同位元素：密封した物 1 個に含まれている数量	同位元素の種類が 1 種類	1 個あたりの数量が防護数量告示別表第 1 第 2 欄の			
		数量以上のもの	1000 倍以上	10 倍以上 1000 倍未満	数量以上 10 倍未満
	1 個に含まれる同位元素が 2 種類以上	同位元素ごとの数量を下限数量で除した値の和が			
		1 以上のもの	1000 以上	10 以上 1000 未満	1 以上 10 未満
非密封の放射性同位元素［①非放散性のもの，②放散性のもの］：使用をする室等に存ずる数量	同位元素の種類が 1 種類	所持する総量が防護数量告示①別表第 1／②別表第 2 第 2 欄の			
		数量以上のもの	1000 倍以上	10 倍以上 1000 倍未満	数量以上 10 倍未満
	1 室に存在する同位元素が 2 種類以上	1 室に存在するすべての同位元素ごとの数量を下限数量で除した値の和が			
		1 以上のもの	1000 以上	10 以上 1000 未満	1 以上 10 未満

* 特定放射性同位元素の防護措置：区分(a)；極めて短時間に，区分(b)：短時間に人の健康に重大な影響を及ぼすおそれがあるもの，区分(c)：区分(a)，区分(b)以外のもの

** 透過写真撮影用ガンマ線照射装置に装備される特定放射性同位元素が区分(c)の特定放射性同位元素である場合；区分(b)と同様の防護措置

2.9.2.1　特定放射性同位元素の防護に必要な措置

特定放射性同位元素（2.9.2.2 に規定する一時的な使用の場合を除く）の防護のために必要な措置は，次の各号に定めるところによる。ただし，緊急の診療を行う場合その他の緊急の必要がある場合には，②，③又は④の措置は，法第 25 条の 4 第 1 項の規定による特定放射性同位元素防護規程（以下「防護規程」という）[2.9.3] に定めるところによることができる（施行規則第 24 条の 2 の 2 第 2 項）。

区分(a)：防護数量の 1000 倍以上のもの

① 防護区域を定めること。

② 防護区域への人の立入りについては，次に掲げる措置を講ずること。

イ．業務上防護区域に常時立ち入ろうとする者には，その身分及び当該防護区域への立入りの必要性を確認の上，当該者に立入りを認めたことを証明する書面等（以下「証明書等」という）を発行し，立入りの際に当該証明書等を所持させること（以下この証明書等を所持する者を「防護区域常時立入者」という）。

ロ．防護区域に立ち入ろうとする者（(イ)の防護区域常時立入者を除く）については，その身分及び当該防護区域への立入りの必要性を確認すること。ただし，診療を受ける者を立ち入らせる場合には，確認は必要ない。

ハ．(ロ)の確認を受けた者が防護区域に立ち入る場合には，当該防護区域内に防護従事者を同行させ，特定放射性同位元素の防護のために必要な監督を行わせること。

③ 防護区域への人の侵入を防止するため，防護区域の出入口に鍵を異にする二以上の施錠を行うか，防護区域の出入口及び当該防護区域に至る経路上に設けられた出入口に鍵を異にする二以上の施錠を行った上で，次に掲げる措置を講ずること。ただし，防護従事者に当該出入口を常時監視させる場合は，この限りでない。

イ．防護従事者のうちからあらかじめ指定した鍵の管理者にその鍵を厳重に管理させ，当該者以外の者がその鍵を取り扱うことを禁止すること。ただし，あらかじめその鍵を一時的に取り扱うことを認めた防護区域常時立入者については，この限りでない。

ロ．鍵又は錠に異常が認められた場合には，速やかに取替え又は構造の変更を行うこと。

④ 防護区域常時立入者が防護区域に立ち入ろうとする場合には，その都度，その立入りが正当なものであることを確認するための二以上の措置を講ずること。

⑤ 防護区域への人の侵入を監視するため，次に掲げる「監視装置（当該装置への不正な活動を検知し警報を発する機能を有するものに限る）」を設置すること。ただし，防護区域において二人以上の防護従事者で同時に詰替えのみをする場合は，この限りでない。

イ．人の侵入を確実に検知して直ちに表示するとともに，一定期間録画する機能を有する装置

ロ．人の侵入を検知した場合に警報を発するとともに，あらかじめ指定した者に直ちにその旨を通報する機能を有する装置

⑥ 特定放射性同位元素を堅固な障壁によって区画することその他の特定放射性同位元素を容易に持ち出すことができないようにするための二以上の措置を講ずること。ただし，防護区域において二人以上の防護従事者で同時に詰替えのみをする場合は，この限りでない。

⑦ 特定放射性同位元素の管理については，次に掲げる措置を講ずること。

イ．特定放射性同位元素は，防護区域内に置くこと。

ロ．監視装置により防護区域への人の侵入を常時監視すること。ただし，防護区域常時立入者が当該防護区域に立ち入る場合には，⑤(ロ)の監視装置により監視することを要しない。

ハ．防護従事者に，特定放射性同位元素の管理に係る異常が認められた場合又は当該特定放射性同位元素の防護のために必要な設備若しくは装置に異常が認められた場合には，直ちに組織的な対応（異常の発生をあらかじめ指定した防護従事者に報告することその他の防護規程に定める措置をいう。以下同じ）をとらせること。

ニ．防護従事者に，毎週１回以上，特定放射性同位元素並びに当該特定放射性同位元素の防護のために必要な設備及び装置について点検を行わせ，当該点検において異常が認められた場合には直ちに組織的な対応をとらせ，異常が認められない場合にはその旨を防護規程に定めるところにより報告させること。

⑧ 事業所等において特定放射性同位元素を運搬する場合には，放射性輸送物に A 型輸送物に係る技術上の基準 [2.6.3.2] (2) ⑩ に規定する容易に破れないシールの貼付け等（以下「シールの貼付け等」という）の措置を講じること。ただし，二人以上の防護従事者に同時に運搬を行わせるときは，この限りでない。

⑨ 特定放射性同位元素の防護のために必要な情報を取り扱う電子計算機については,電気通信回線を通じた外部からの不正アクセスを遮断する措置を講ずること。

⑩ 特定放射性同位元素の防護のために必要な設備及び装置については,その機能を維持するため，保守を行うこと。

⑪ 特定放射性同位元素が盗取されるおそれがあり,又は盗取された場合における関係機関への連絡については,二以上の連絡手段を備えることその他その連絡を確実かつ速やかに行うことができるようにすること。

⑫ 特定放射性同位元素の防護のために必要な措置に関する詳細な事項は,当該事項を知る必要がある者以外の者に知られることがないよう管理すること。

⑬ 特定放射性同位元素の防護のために必要な体制を整備すること。

⑭ 特定放射性同位元素が盗取されるおそれがあり,又は盗取された場合において確実かつ速やかに対応するための「緊急時対応手順書」を作成すること。

区分（b）及び区分（c）: 防護数量以上 1000 倍未満のものに関しては，上記区分（a）の③，④，⑪を以下のように読み替える（施行規則第 24 条の 2 の 2 第 4 項)。

③ 防護区域への人の侵入を防止するため，防護区域の出入口に施錠【1 つでも良い！】を行い，次に掲げる措置を講ずること。ただし，防護従事者に当該出入口を常時監視させる場合にあっては，この限りでない。【（イ)，（ロ）は同じ】

④ 防護区域常時立入者が防護区域に立ち入ろうとする場合には，その都度，その立入りが正当なものであることを確認するための措置【1 つでも良い！】を講ずること。

⑪ 特定放射性同位元素の盗取が行われるおそれがあり,又は行われた場合における関係機関への連絡については，連絡手段【1 つでも良い！】を備えることその他その連絡を確実かつ速やかに行うことができるようにすること。

区分(c)：防護数量以上 10 倍未満のものに関しては，上記区分(a)の⑤及び⑦(ロ)は適応されず，⑥を以下のように読み替える（施行規則第 24 条の 2 の 2 第 5 項)。

⑥ 特定放射性同位元素を堅固な障壁によって区画することその他の特定放射性同位元素を容易に持ち出すことができないようにするための措置【1 つでも良い！】を講ずること。ただし，防護区域において二人以上の防護従事者で同時に詰替えのみをする場合は，この限りでない。

特定放射性同位元素の防護に必要な区分別の措置の概要を，表 2.18 にまとめた。

表 2.18　特定放射性同位元素の防護のために講ずべき措置（施行規則第 24 条の 2 の 2 第 2 項）

特定 RI 防護措置	区分(a)	区分(b)	区分(c)
① 防護区域の設置	・防護区域を定める		
② 防護区域への立入管理	・防護区域常時立入者及び一時立入者に対し，防護従事者が事前に身分及び立入の必要性を確認する ・一時立入者については，防護区域への立入りの際に防護従事者が同行し，必要な監督を行う		
③ 防護区域への侵入防止	・防護区域の出入口に鍵を異にする 2 種類以上の施錠を行う	・1 種類以上の施錠を行う	
④ 立入の正当性確認	・防護区域常時立入者の立入りの正当性を確認する 2 種類以上の措置を講ずる	・1 種類以上の確認措置を行う	
⑤ 監視装置の設置	・防護区域への人の侵入を監視するための警報･録画･通報機能付きの「監視装置」を設置する		
⑥ 特定 RI 持ち出し防止措置	・特定放射性同位元素を容易に持ち出すことができないようにする 2 種類以上の措置を講ずる		・1 種類以上の措置を講ずる
⑦ 特定 RI の管理	・監視装置により防護区域への人の侵入を常時監視する ・特定放射性同位元素は防護区域内に置き，管理･装置･設備に異常が認められた場合は直ちに組織的な対応し，防護従事者に，毎週 1 回以上，防護用設備及び装置の点検を行わせる		
⑧ 特定 RI の運搬	・特定放射性同位元素の事業所内運搬には，放射性輸送物に A 型輸送物に規定するシールの貼付け等をする		
⑨ 防護の情報	・防護に必要な情報を取り扱う電子計算機には，外部からの不正アクセスを遮断する措置を講ずる		
⑩ 防護設備・装置	・特定放射性同位元素の防護に必要な設備及び装置は，その機能を維持するため，保守を行う		
⑪ 特定 RI 盗取の連絡手段	・特定放射性同位元素の盗取に際し，関係機関への 2 種類以上の連絡手段を備え，その連絡を確実かつ速やかに行う	・1 種類以上の連絡手段を備える	
⑫ 防護措置の情報管理	・防護措置に関する詳細な事項は，当該事項を知る必要がある者以外に知られないよう管理する		
⑬ 防護体制の整備	・特定放射性同位元素の防護のために必要な体制を整備する		
⑭ 緊急時対応手順書の作成	・特定放射性同位元素の盗取に備え，確実かつ速やかに対応するための「緊急時対応手順書」を作成する		

2.9.2.2　特定放射性同位元素の一時的使用時に必要な防護措置

一時的な使用（法第10条第6項の規定により，使用の場所の変更について原子力規制委員会に届け出て，一時的に使用すること）の場合における特定放射性同位元素の防護のために必要な措置は，次の各号に定めるところによる（施行規則第24条の2の2第3項）。

区分（a）: 防護数量の1000倍以上のもの

①［(1)②に相当］一時的に使用する管理区域(一時的な使用においては「防護区域」は不要)に立ち入ることが必要な者であることを確認するとともに，その結果当該管理区域に立ち入ることを認めた者以外の者の立入りを禁止すること。

②［(1)⑤，⑥の但し書きに相当］一時的に使用する場所における作業については，二人以上の防護従事者に同時に作業を行わせること。

③［(1)⑦に相当］特定放射性同位元素の管理については，次に掲げる措置を講ずること。

イ．特定放射性同位元素は，一時的に使用する場所に係る管理区域内に置くこと。

ロ［(1)⑦ハに相当］．防護従事者に，特定放射性同位元素の管理に係る異常が認められた場合には，直ちに組織的な対応をとらせること。

④［(1)⑧に相当］一時的に使用する場所において特定放射性同位元素を運搬する場合には，放射性輸送物にシールの貼付け等の措置を講じること。ただし，二人以上の防護従事

表2.19　特定放射性同位元素の一時的な使用時に必要な措置（施行規則第24条の2の2第3項）

一時的使用に必要な防護措置	区分(a)	区分(b)・区分(c)
【以下，特定RI防護措置に相当する番号で表示：⑪～⑭は特定RI防護措置と同じ】		
② 管理区域立入の確認	・管理区域(一時的使用では「防護区域」は不要)に立入りが必要な者を確認し，それ以外の立入りを禁止する	
⑤/⑥ 防護従事者の作業	・一時的に使用する場所における作業については，2人以上の防護従事者に同時に作業を行わせる	
⑦ 特定RIの管理	・特定放射性同位元素は管理区域内に置き，管理に異常が認められた場合は直ちに組織的な対応をとらせる	
⑧ 特定RIの運搬	・一時的使用場所における特定放射性同位元素の運搬には，放射性輸送物にシールの貼付け等の措置を講じる	
⑪ 特定RI盗取の連絡手段	・特定放射性同位元素の盗取に際し，関係機関への2種類以上の連絡手段を備え，その連絡を確実かつ速やかに行う	・1種類以上の連絡手段を備える
⑫ 防護措置の情報管理	・防護措置に関する詳細な事項は，当該事項を知る必要がある者以外に知られないよう管理する	
⑬ 防護体制の整備	・特定放射性同位元素の防護のために必要な体制を整備する	
⑭ 緊急時対応手順書の作成	・「緊急時対応手順書」を作成する	

者に同時に運搬を行わせるときは，この限りでない。

⑤[(1)⑪と同じ]特定放射性同位元素が盗取されるおそれがあり，又は盗取された場合における関係機関への連絡については，二以上の連絡手段を備えることその他その連絡を確実かつ速やかに行うことができるようにすること。

⑥[(1)⑫と同じ]特定放射性同位元素の防護のために必要な措置に関する詳細な事項は，当該事項を知る必要がある者以外の者に知られることがないよう管理すること。

⑦[(1)⑬と同じ]特定放射性同位元素の防護のために必要な体制を整備すること。

⑧[(1)⑭と同じ]緊急時対応手順書を作成すること。

区分（b）及び区分（c）：防護数量以上 1000 倍未満のものに関しては，上記区分（a）の⑤を以下のように読み替える（施行規則第 24 条の 2 の 2 第 3 項，第 5 項）。

⑤[(1)⑪と同じ]特定放射性同位元素の盗取が行われるおそれがあり，又は行われた場合における関係機関への連絡については，連絡手段【1 つでも良い！】を備えることその他その連絡を確実かつ速やかに行うことができるようにすること。

特定放射性同位元素の一時的な使用においては区分(b)と区分(c)の防護措置に差異はない。一時的な使用に際し，必要な区分別の防護措置の概要を，表 2.19 にまとめた。

2.9.2.3　透過写真撮影用ガンマ線照射装置に装備される特定放射性同位元素に必要な防護措置

透過写真撮影用ガンマ線照射装置に装備される特定放射性同位元素（法第 10 条第 6 項の規定により，一時的に使用する場合を除く）が区分(c)の特定放射性同位元素である場合；区分(b)と同様の防護措置（施行規則第 24 条の 2 の 2 第 6 項）。

また，原子力規制委員会は，防護措置が原子力規制委員会規則の規定に違反していると認めるときは，許可届出使用者又は許可廃棄業者に対し，特定放射性同位元素の取扱方法の是正その他防護のために必要な措置を命ずることができる（法第 25 条の 3 第 2 項）。

2.9.3　特定放射性同位元素防護規程

許可届出使用者及び許可廃棄業者は，特定放射性同位元素を工場又は事業所において使用，保管，運搬又は廃棄（廃棄物埋設を除く）する場合においては，特定放射性同位元素を防護するため，原子力規制委員会規則で定めるところにより，特定放射性同位元素の取扱いを開始する前に，特定放射性同位元素防護規程を作成し，原子力規制委員会に届け出なければならない（法第 25 条の 4 第 1 項）。

特定放射性同位元素防護規程には，次の事項について定めるものとしている（施行規則第 24 条の 2 の 3）。

(1)　防護従事者[2.9.1.2]に関する職務及び組織に関すること。

(2)　特定放射性同位元素防護管理者[2.9.1.2]の代理者に関すること。

(3)　特定放射性同位元素の区分（2.9.2 の区分(a)～(c)）の別に関すること。

(4)　防護区域[2.9.1.3]の設定に関すること。

(5)　防護区域（一時的な使用の場合には，一時的に使用する管理区域[2.9.2.2]）の出入管理に関すること。

(6)　監視装置の設置に関すること。

(7)　特定放射性同位元素を容易に持ち出すことができないようにするための措置に関すること。

(8)　特定放射性同位元素の管理に関すること。

(9)　特定放射性同位元素の防護のために必要な設備又は装置の機能を常に維持するための措置に関すること。

(10)　関係機関との連絡体制の整備に関すること。

(11)　特定放射性同位元素の防護のために必要な措置に関する詳細な事項に係る情報の管理に関すること。

(12)　特定放射性同位元素の防護のために必要な教育及び訓練(以下「防護に関する教育訓練」)[2.9.6]に関すること。

(13)　緊急時対応手順書に関すること。

(14)　特定放射性同位元素の運搬[2.9.4]に関すること。

(15)　特定放射性同位元素に係る報告[2.9.5]に関すること。

(16)　特定放射性同位元素の防護に関する記帳及び保存[2.9.7]に関すること。

(17)　特定放射性同位元素の防護に関する業務の改善に関すること。

(18)　その他特定放射性同位元素の防護に関し必要な事項。

原子力規制委員会は，特定放射性同位元素を防護するために必要があると認めるときは，許可届出使用者又は許可廃棄業者に対し，特定放射性同位元素防護規程の変更を命ずることができる。また，許可届出使用者及び許可廃棄業者は，特定放射性同位元素防護規程を変更したときは，変更の日から30日以内に，原子力規制委員会に届け出なければならない（法第25条の4第2項，第3項)。

2.9.4　特定放射性同位元素の事業所外運搬に係る講ずべき措置等

許可届出使用者等[2.6.3.2]が特定放射性同位元素を工場又は事業所の外において運搬する場合（船舶又は航空機により運搬する場合を除く）は，事業所外運搬の規定[2.6.3.2]について，「放射線障害の防止」とあるのは「放射線障害の防止及び特定放射性同位元素の防護」と，「放射線障害を防止する」とあるのは「放射線障害を防止し，及び特定放射性同位元素を防護する」と読み替えて準用する。

許可届出使用者，届出販売業者，届出賃貸業者及び許可廃棄業者は，特定放射性同位元素を工場又は事業所の外において運搬する場合には，運搬が開始される前に，当該特定放射性同位元素の運搬について責任を有する者(本書では「運搬責任者」と記載する場合あり)を明らかにし，当該特定放射性同位元素の運搬に係る責任が移転される時期及び場所その他の原子力規制委員会規則で定める事項について，発送人，当該特定放射性同位元素の運搬責任者及び受取人の間で取決めが締結されるよう措置しなければならない。また，許可届出使用者，届出販売業者，届出賃貸業者及び許可廃棄業者は，当該の運搬が開始される前に，上記の取決めの締結について，原子力規制委員会に届け出なければならない（法第 25 条の 5，第 25 条の 6）。

2.9.5　特定放射性同位元素に係る報告

許可届出使用者，届出販売業者，届出賃貸業者及び許可廃棄業者は，密封された特定放射性同位元素について譲受け又は譲渡しをしたとき,その他の以下に列記する行為を行ったときは,指定の様式により，その数量，年月日，相手方の氏名又は名称及び住所などを，当該行為を行った日から 15 日以内に原子力規制委員会に報告しなければならない。ただし，許可届出使用者又は許可廃棄業者と届出販売業者又は届出賃貸業者との間における以下の行為（製造，輸入及び輸出を除く）であって，当該行為に係る許可届出使用者又は許可廃棄業者の事業所等と届出販売業者又は届出賃貸業者の販売所又は賃貸事業所が同一であるときは，その報告を省略することができる（法第 25 条の 7，施行規則第 24 条の 2 の 10）。

（1）　許可届出使用者：製造，輸入，受入れ，輸出又は払出し

（2）　届出販売業者及び届出賃貸業者：輸入，譲受け（回収，賃借及び保管の委託の終了を含む），輸出又は譲渡し（返還，賃貸及び保管の委託を含む）

（3）　許可廃棄業者：受入れ又は払出し

許可届出使用者，届出販売業者，届出賃貸業者及び許可廃棄業者は，上記報告を行った特定放射性同位元素の内容を変更したとき又は当該変更により当該特定放射性同位元素が特定放射性同位元素でなくなったときは，その旨及び当該特定放射性同位元素の内容を，変更の日から 15 日以内に原子力規制委員会に報告しなければならない。また，許可届出使用者及び許可廃棄業者は，毎年 3 月 31 日に所持している密封された特定放射性同位元素について，同日の翌日から起算して3月以内に原子力規制委員会に報告しなければならない(施行規則第24条の2の10)。

この特定放射性同位元素に係る報告は，旧放射線障害防止法においても施行規則第 39 条の「報告の徴収」の中で，「密封された放射性同元素であって人の健康に重大な影響を及ぼすおそれのあるものを定める告示(平成 21 年文部科学省告示第 168 号)」に該当する同位元素を「特定放射性同位元素」として定義し，事故等の報告が義務づけられていた。放射性同位元素等規制法では，新たに法第 31 条の 2 にこれが明記され，報告の中でも特定放射性同位元素に関係する条項が施行規則第 24 条の 2 の 10 に移行された。また防護数量告示[2.9.1.1]の施行に伴い，上記平成 21 年告示第 168 号は廃止された。

2.9.6　特定放射性同位元素の防護に関する教育訓練

許可届出使用者及び許可廃棄業者は，特定放射性同位元素を取り扱う場合においては，2.7.8 放射線障害の防止に関する教育訓練とは別に，特定放射性同位元素の防護に関する業務に従事する防護従事者に対して，特定放射性同位元素防護規程の周知を図るほか，特定放射性同位元素を防護するために必要な教育及び訓練（「防護に関する教育訓練」）を施さなければならない（法第 25 条の 8，施行規則第 24 条の 2 の 11）。

(1)　時　期

防護従事者：初めて特定放射性同位元素の防護に関する業務を開始する前及び特定放射性同位元素の防護に関する業務を開始した後は前回の防護に関する教育訓練を行った年度の翌年度の開始日から 1 年以内（本書では「翌年度内」という）。

(2)　防護に関する教育訓練の内容

防護に関する教育訓練は，「特定放射性同位元素の防護に関する概論」及び「特定放射性同位元素の防護に関する法令及び特定放射性同位元素防護規程」について行う（表 2.20）。なお，防護従事者の職務の内容に応じて，上記の項目の全部又は一部に関し十分な知識等を有していると認められる者に対しては，当該項目についての防護に関する教育訓練を省略することができる。

(3)　防護に関する教育訓練の時間数

防護従事者が初めて特定放射性同位元素の防護に関する業務を開始する前に実施する防護に関する教育訓練については，表 2.20 に掲げる時間数以上行わなければならない（「特定放射性同位元素の防護のために必要な教育及び訓練の時間数を定める告示（平成 30 年原子力規制委員会告示第 12 号）」）。

表 2.20　防護に関する教育訓練の内容及び時間数

防護に関する教育訓練の内容	特定放射性同位元素の防護に関する概論	特定放射性同位元素の防護に関する法令及び特定放射性同位元素防護規程
防護従事者	1 時間以上	1 時間以上

2.9.7　特定放射性同位元素の防護に関する記帳

許可届出使用者，届出販売業者，届出賃貸業者及び許可廃棄業者が，特定放射性同位元素を取り扱う場合には，2.7.11 放射線障害の防止に関する記帳のほか，帳簿を備え，以下の事項を記載しなければならない（法第 25 条の 9，施行規則第 24 条の 2 の 12）。

(a) 許可届出使用者及び許可廃棄業者が帳簿に記載しなければならない事項

(1) 防護区域常時立入者への証明書等[2.9.2]の発行の状況及びその担当者の氏名

(2) 防護区域の出入管理の状況及びその担当者の氏名（(1)を除く）

（3）監視装置による防護区域内の監視の状況及びその担当者の氏名

（4）特定放射性同位元素の点検の状況及びその担当者の氏名

（5）特定放射性同位元素の防護のために必要な設備及び装置の点検及び保守の状況並びにこれらの担当者の氏名

（6）防護に関する教育訓練[2.9.6]の実施状況

（7）特定放射性同位元素の運搬[2.9.4]に関する取決め

(b) 届出販売業者及び届出賃貸業者が帳簿に記載しなければならない事項

（1）特定放射性同位元素の運搬[2.9.4]に関する取決め

帳簿は1年ごと（毎年3月31日）に閉鎖し，閉鎖後5年間保存する。また，帳簿は，電磁的方法により保存することができる（施行規則第24条の2の12）。

2.9.8　特定放射性同位元素防護管理者

特定放射性同位元素防護管理者[2.9.1.2]は，特定放射性同位元素の取扱いの知識を有し，防護業務に管理的地位にある者から選任された者で，特定放射性同位元素の防護に関する業務を統一的に管理する役割を担う。前節で述べた放射線取扱主任者とは，業務は全く異なるものの，その義務や選任，代理者及び講習などについては，放射線取扱主任者制度を準用している。即ち下記2.8放射線取扱主任者の(3)～(7)の規定は，特定放射性同位元素防護管理者について準用する（法律第38条の3，施行規則第38条の7）。

（3）放射線取扱主任者の義務等（法律第36条）

（4）放射線取扱主任者定期講習（法律第36条の2）

（5）研修の指示（法律第36条の3）

（6）放射線取扱主任者の代理者（法律第37条）

（7）解任命令（法律第38条）

2.9.8.1　特定放射性同位元素防護管理者の選任

許可届出使用者及び許可廃棄業者は，特定放射性同位元素を工場又は事業所において使用，保管，運搬又は廃棄（廃棄物埋設を除く）する場合においては，特定放射性同位元素の防護に関する業務を統一的に管理させるため，特定放射性同位元素の取扱いの知識その他について以下の要件を備える者のうちから，特定放射性同位元素防護管理者を選任しなければならない（法律第38条の2，施行規則第38条の5）。

（1）事業所等において特定放射性同位元素の防護に関する業務を統一的に管理できる地位にある者であること。

（2）放射性同位元素の取扱いに関する一般的な知識を有する者であること。

（3）特定放射性同位元素の防護に関する業務に管理的地位にある者として一年以上従事した経験を有する者又はこれと同等以上の知識及び経験を有していると原子力規制委員会が認

めた者であること。

この内，(3)の「これと同等以上の知識及び経験を有していると原子力規制委員会が認めた者」は，原子力規制庁が実施する特定放射性同位元素防護管理者等育成プログラムを終了した者とされている（「原子力規制委員会が認めた者を定める告示(平成30年原子力規制委員会告示第13号)」)。

許可届出使用者及び許可廃棄業者が選任しなければならない特定放射性同位元素防護管理者の数は，1工場，1事業所又は1廃棄事業所につき少なくとも1人である。また，特定放射性同位元素の取扱いを開始するまでに選任しなければならない。選任した日又は解任した場合も同様に解任した日から30日以内に原子力規制委員会に届け出なければならない（法律第38条の2，施行規則第38条の4)。

特定放射性同位元素防護管理者(以下本書では単に「防護管理者」と記載する場合あり)が，旅行，疾病その他の事故で，その職務を行うことができない期間中に特定放射性同位元素を取り扱うときは，許可届出使用者及び許可廃棄業者は，防護管理者の要件を備える者の中から防護管理者の代理者を選任しなければならない。この場合，その職務を行えない期間が30日以上のときは，代理者を選任した日から30日以内に原子力規制委員会に届け出なければならない。解任したときも，同様とする。防護管理者の代理者が防護管理者の職務を代行する場合は，防護管理者と同等とみなす（法律第38条の3，施行規則第38条の8)。

2.9.8.2　特定放射性同位元素防護管理者の義務等

特定放射性同位元素防護管理者又はその代理者は，誠実にその職務を遂行しなければならない（法律第38条の3，施行規則第38条の8)。

(1) 使用施設等に立ち入る者は，防護管理者が放射性同位元素等規制法又は特定放射性同位元素防護規程の実施を確保するためにする指示に従わなければならない。

(2) 許可届出使用者及び許可廃棄業者は，特定放射性同位元素の防護に関し，防護管理者の意見を尊重しなければならない。

(3) 原子力規制委員会は，特定放射性同位元素の防護のために必要があるときは，許可届出使用者又は許可廃棄業者に対し，期間を定めて，防護管理者に原子力規制委員会の行う研修を受けさせるよう指示することができる。指示を受けた許可届出使用者又は許可廃棄業者は，指示された期間内に，選任した防護管理者に研修を受けさせなければならない。

原子力規制委員会は，防護管理者又はその代理者がその職務を誠実に遂行しなかった場合には，防護管理者又はその代理者の解任を命ずることができる（法律第38条の3)。

また，許可届出使用者及び許可廃棄業者は，特定放射性同位元素防護管理者に選任した者に，原子力規制委員会の登録を受けた「登録特定放射性同位元素防護管理者定期講習機関」の行う防護管理者の資質の向上を図るための「特定放射性同位元素防護管理者定期講習」(以下本書では「防護管理者定期講習」と記載する場合あり)を，選任された日から1年以内，その後は前回講習を受けた翌年度の開始日から3年以内（本書では「3年度内」という）に，受講させなければならない。防護管理者定期講習の課目と時間数は，表2.21に示すとおりである。

ただし，防護管理者定期講習を受けようとする日の属する年度の開始の日から過去3年以内に放射線取扱主任者定期講習(届出販売業者又は届出賃貸業者が選任した放射線取扱主任者が受講する主任者定期講習を除く)[2.8.3]を受けた者に対しては,「法に関する課目」若しくは「放射性同位元素等の取扱いに関する課目」又はその双方（密封された放射性同位元素を使用する許可届出使用者が選任した放射線取扱主任者が受講する主任者定期講習を受けた者であって，密封されていない放射性同位元素を取り扱う者にあっては，「法に関する課目」に限る）を省略することができる（法律第38条の3，施行規則第38条の7，別表第4，「特定放射性同位元素防護管理者定期講習の時間数等を定める告示(平成30年原子力規制委員会告示第11号)」)。

表2.21　特定放射性同位元素防護管理者定期講習の課目及び時間数

防護管理者定期講習の課目 ＼ 受講対象者	放射性同位元素等規制法	放射性同位元素の取扱い	特定放射性同位元素の防護	総時間数	防護管理者定期講習を受けさせる期間
特定放射性同位元素防護管理者	1時間以上	1時間以上	30分以上	3時間以上	選任後1年以内,以降3年度内

2.9.9　事業者の責務

許可届出使用者（表示付認証機器使用者を含む），届出販売業者，届出賃貸業者及び許可廃棄業者は，この法律の規定に基づき，原子力の研究，開発及び利用における安全に関する最新の知見を踏まえつつ，放射線障害の防止及び特定放射性同位元素の防護に関し，業務の改善，教育訓練の充実その他の必要な措置を講ずる責務を有する（法第38条の4)。

この条は，事業者が放射線リスクに対する安全性をより高めるために継続的な取り組みを講じる責務を有することを明確化するために令和元年の法改正で新設されたものであり，例えば業務の改善に関しては，特定許可使用者及び許可廃棄業者の放射線障害予防規程に放射線障害防止に関する業務の改善を行う体制・方法を定めることとなった[2.7.7]（施行規則第21条第1項）。

2.9.10　放射線障害の防止との比較

令和元年施行の放射性同位元素等規制法では，目的に「特定放射性同位元素の防護」が新たに盛り込まれ（法律第1条），人の健康に重大な影響を及ぼすおそれがある特定放射性同位元素[2.9.1.1]のセキュリティ対策が，規制事項として新たに加えられた。この「特定放射性同位元素の防護措置」も，従来からの「放射線障害の防止」に加え，法律の目的にも掲げられた重要事項である。まずは2.4～2.8で解説した「放射線障害の防止」に関する規制を理解した上で,「特定放射性同位元素の防護」に関する規制体系を把握すると理解しやすい。新たに導入された「特定放射性同位元素の防護」の用語及び規制を，従来の事業者の義務や放射線取扱主任者制度を準用した「放射線障害の防止」に係る規制体系と表 2.22 に比較してみた。

表 2.22　放射線障害の防止と特定放射性同位元素の防護に関する用語・規制の比較

【障害防止】／【特定 RI 防護】	放射線障害の防止	特定放射性同位元素の防護
放射性同位元素	放射性同位元素[2.4.2] (法 2) 放射線を放出する同位元素及びその化合物並びに含有物(機器装備も含む) **《下限数量及び濃度**(告示第 5 号)》	特定放射性同位元素[2.9.1.1] (法 2) 発散された放射線により人の健康に重大な影響を及ぼすおそれがある放射性同位元素 **《規制下限数量**（防護数量告示)》
管理区域／防護区域	管理区域[2.4.10] (則 1) (1)外部放射線量：実効線量で 1.3mSv/3 月間 (2)空気中の 3 月間の平均濃度：空気中濃度限度の 1/10 (3)汚染物の表面密度：表面密度限度の 1/10 を超えるおそれのある場所	防護区域[2.9.1.3] (則 1) 放射性同位元素の使用をする室等を含む特定放射性同位元素を防護するために講ずる措置の対象となる場所
従事者	放射線業務従事者[2.4.9] (則 1) 取扱等業務に従事する者で管理区域に立ち入る者	防護従事者[2.9.1.2] (則 1) 特定放射性同位元素の防護に関する業務に従事する者（特定放射性同位元素防護管理者を含む) 防護区域常時立入者(則 24 の 2 の 2) 業務上防護区域に常時立ち入る者で，身分及び当該防護区域への立入りの必要性を確認の上，立入りを認めた証明書等を所持する者
取扱主任者／防護管理者	放射線取扱主任者[2.8.2] (法 34) 放射線障害の防止について監督を行わせるため，第一種，第二種又は第三種放射線取扱主任者免状所持者のうちから選任された者	特定放射性同位元素防護管理者[2.9.8.1] (法 38 の 2) 特定放射性同位元素の防護に関する業務を統一的に管理させるため，特定放射性同位元素の取扱いの知識その他について原子力規制委員会規則で定める要件を備える者のうちから選任された者
定期講習	放射線取扱主任者定期講習[2.8.3] (法 36 の 2) 事業者が，放射線取扱主任者の資質の向上を図るため，選任後 1 年以内，その後は前回講習を受けた翌年度の開始日から 3 年以内 (3 年度内) (届出販売・賃貸業者では 5 年度内) に受講させる講習	特定放射性同位元素防護管理者定期講習[2.9.8.2] (法 38 の 7) 許可届出使用者及び許可廃棄業者が，防護管理者の資質の向上を図るため，選任後 1 年以内，その後は前回講習を受けた翌年度の開始日から 3 年以内 (3 年度内) に受講させる講習
規　程	放射線障害予防規程[2.7.7] (法 21) 許可届出使用者，届出販売業者，届出賃貸業者及び許可廃棄業者は，放射線障害を防止するため，使用若しくは業を開始する前に，放射線障害予防規程を作成し，原子力規制委員会に届け出なければならない	特定放射性同位元素防護規程[2.9.3] (法 25 の 4) 許可届出使用者及び許可廃棄業者は，特定放射性同位元素を防護するため，特定放射性同位元素の取扱いを開始する前に，特定放射性同位元素防護規程を作成し，原子力規制委員会に届け出なければならない

教育訓練	放射線障害の防止に関する教育訓練[2.7.8]（法22） (1) 時期；初めて管理区域に立ち入る前又は取扱等業務を開始する前及び管理区域に立ち入った又は取扱等業務を開始した後は前回の放射線障害防止に関する教育訓練を行った年度の翌年度の開始日から１年以内(1 年度毎) (2) 項目； 1. 放射線の人体に与える影響 2. 放射性同位元素等・放射線発生装置の安全取扱い 3. 放射線障害の防止に関する法令及び放射線障害予防規程	特定放射性同位元素の防護に関する教育訓練[2.9.6]（法 25 の 8） (1) 時期；初めて特定放射性同位元素の防護に関する業務を開始する前及び特定放射性同位元素の防護に関する業務を開始した後は前回の防護に関する教育訓練を行った年度の翌年度の開始日から１年以内(1 年度毎) (2) 項目； 1. 特定放射性同位元素の防護に関する概論 2. 特定放射性同位元素の防護に関する法令及び特定放射性同位元素防護規程
記　帳	放射線障害の防止に関する記帳[2.7.11]（則24） 許可届出使用者；1 年毎に閉鎖，5 年間保存 (1)受入れ同位元素等の種類，数量及び受入れの年月日及び相手方の氏名又は名称 (2)使用する同位元素の種類及び数量又は放射線発生装置の種類及び使用の年月日，目的，方法，場所及び従事者の氏名 (3)保管する同位元素及び放射化物の種類，数量及び保管の期間，方法，場所及び従事者の氏名 (4)同位元素等の事業所外運搬の年月日，方法及び荷受人・荷送人の氏名・名称並びに運搬従事者の氏名又は運搬の委託先の氏名・名称 (5)廃棄する同位元素等の種類，数量及び廃棄の年月日，方法，場所及び従事者の氏名 (6)海洋投棄する同位元素等を容器に封入・固型化したときは，当該容器の数量及び比重並びに封入・固型化した方法 (7)放射線施設又は管理区域の点検の実施年月日，点検の結果及びこれに伴う措置の内容並びに点検を行った者の氏名 (8)障害防止に関する教育訓練の実施年月日，項目，時間数並びに受講者の氏名 (9)放射線発生装置の運転を 7 日以上停止する場合の管理区域の外部放射線量，空気中同位元素濃度又は表面密度の確認方法及び確認した者の氏名並びに当該区域に立ち入った者の氏名	特定放射性同位元素の防護に関する記帳[2.9.7]（則 24 の 2 の 12） 許可届出使用者及び許可廃棄業者； 1 年毎に閉鎖，5 年間保存 (1)防護区域常時立入者への証明書等の発行の状況及びその担当者の氏名 (2)防護区域の出入管理の状況及びその担当者の氏名（(1)を除く） (3)監視装置による防護区域内の監視の状況及びその担当者の氏名 (4)特定放射性同位元素の点検の状況及びその担当者の氏名 (5)特定放射性同位元素の防護のために必要な設備及び装置の点検及び保守の状況並びにこれらの担当者の氏名 (6)防護に関する教育訓練の実施状況 (7)特定放射性同位元素の運搬に関する取決め

2.10　手　続

この節では，許可届出使用者が放射性同位元素等又は放射線発生装置を使用する場合，必要となる手続について説明する。届出販売業者，届出賃貸業者及び許可廃棄業者に必要な手続は，許可届出使用者が行う事務手続にほぼ準じているので，ここでは省略する。

2.10.1　使用開始前の手続

2.10.1.1　使用の許可

放射性同位元素でその種類ごとに密封されたものは下限数量の1000倍，非密封のものは下限数量を超えるものを使用しようとする者，又は放射線発生装置を使用しようとする者は，原子力規制委員会の許可を受けなければならない[2.4.5]（法律第3条第1項，施行令第3条第1項）。この許可は，工場又は事業所ごとに受ける必要がある（施行令第3条第2項）。許可を受けるには，次の事項を記載した申請書を原子力規制委員会に提出しなければならない（法律第3条第2項）。

(1)　氏名又は名称及び住所並びに法人では代表者の氏名
(2)　放射性同位元素の種類，密封の有無及び数量又は放射線発生装置の種類，台数及び性能
(3)　使用の目的及び方法
(4)　使用の場所
(5)　放射性同位元素又は放射線発生装置を使用する施設（「使用施設」）の位置，構造及び設備
(6)　放射性同位元素を貯蔵する施設（「貯蔵施設」）の位置，構造，設備及び貯蔵能力
(7)　放射性同位元素及び放射性汚染物を廃棄する施設（「廃棄施設」）の位置，構造及び設備

使用が許可された場合には，次の事項が記載された許可証が原子力規制委員会より交付される（法律第9条）。

(1)　許可の年月日及び許可の番号
(2)　氏名又は名称及び住所
(3)　使用の目的
(4)　放射性同位元素の種類，密封の有無及び数量又は放射線発生装置の種類，台数及び性能
(5)　使用の場所
(6)　貯蔵施設の貯蔵能力
(7)　許可の条件

なお，欠格条項として，次の者には許可を与えないことになっている（法律第5条）。

(1)　許可を取り消され，取消しの日から2年を経過していない者
(2)　放射性同位元素等規制法又は同法に基づく命令の規定に違反し，罰金以上の刑に処せら

れ，その執行を終わり，又は執行を受けることのなくなった後，2年を経過していない者

(3)　成年被後見人

(4)　法人であって，その業務を行う役員のうちに (1)～(3) のいずれかに該当する者のあるもの

2.10.1.2　使用の届出

密封された放射性同位元素であって1個又は1式所当たりの数量が下限数量を超えその1000倍以下のものを使用する場合には，許可を受ける必要はなく，あらかじめ，次の事項を原子力規制委員会に届け出るだけで使用することができる[2.4.5]（法律第3条の2第1項)。

(1)　氏名又は名称及び住所並びに法人では代表者の氏名

(2)　放射性同位元素の種類，密封の有無及び数量

(3)　使用の目的及び方法

(4)　使用の場所

(5)　貯蔵施設の位置，構造，設備及び貯蔵能力

この届出も，工場又は事業所ごとにしなければならない（施行法令第4条第1項)。

2.10.1.3　表示付認証機器の使用の届出

表示付認証機器を使用する場合には，使用開始の日から30日以内に，次の事項を原子力規制委員会に届け出なければならない[2.4.6]（法律第3条の3第1項)。

(1)　氏名又は名称及び住所並びに法人では代表者の氏名

(2)　表示付認証機器の認証番号及び台数

(3)　使用の目的及び方法

この届出は，使用の許可又は届出とは別の届出であり，工場又は事業所単位で認証番号が同じ表示付認証機器ごとにしなければならない（施行令第5条)。

2.10.1.4　放射線障害予防規程の作成･届出

放射線障害予防規程は，放射性同位元素若しくは放射線発生装置の使用を開始する前に作成し，原子力規制委員会に届け出なければならない（法律第21条第1項)。

放射線障害予防規程で定めなければなければならない事項は，前述の2.7.7で説明した。

2.10.1.5　放射線取扱主任者の選任・届出

放射線障害の防止に関する監督を行わせるため，放射性同位元素若しくは放射線発生装置の使用を開始する前に，放射線取扱主任者を選出しなければならない（法律第34条第1項，施行規則第30条)。また，選任した日から30日以内に原子力規制委員会に届け出なければならないことになっている（法律第34条第2項)。

放射線取扱主任者免状のしくみ[2.8.1]，選任する人数と要する資格の区分[2.8.2]，主任者の義務[2.8.3]等，放射線取扱主任者に関する事項は，前節2.8で説明したので参照されたい。

2.10.1.6　特定放射性同位元素防護規程の作成・届出

特定放射性同位元素を取り扱う許可届出使用者は，特定放射性同位元素の取扱いを開始する前に，特定放射性同位元素防護規程を作成し，原子力規制委員会に届け出なければならない（法第25条の4第1項）。

特定放射性同位元素防護規程で定めるべき事項は，2.9.3に説明した。

2.10.1.7　特定放射性同位元素防護管理者の選任・届出

特定放射性同位元素を取り扱う許可届出使用者は，特定放射性同位元素の防護に関する業務を統一的に管理させるため，特定放射性同位元素の取扱いを開始するまでに特定放射性同位元素防護管理者を選任しなければならない。また，選任した日から30日以内に原子力規制委員会に届け出なければならないことになっている（法律第38条の2，施行規則第38条の4）。

特定放射性同位元素防護管理者の要件と選任する人数は2.9.8.1，防護管理者の義務は2.9.8.2と，防護管理者に関する事項は，前節2.9.8で解説した。

2.10.1.8　特定放射性同位元素に係る報告

特定放射性同位元素を取り扱う許可届出使用者，届出販売業者，届出賃貸業者及び許可廃棄業者は，密封された特定放射性同位元素について製造，輸入，受入れ，譲受け，輸出，払出し又は譲渡しをしたときは，その数量，年月日，相手方の氏名又は名称及び住所などを，当該行為を行った日から15日以内に原子力規制委員会に報告しなければならない（法第25条の7，施行規則第24条の2の10)。

特定放射性同位元素に係る報告に関する事項は，前節2.9.5で説明した。

2.10.2　変更に際しての手続

許可届出使用者が放射性同位元素等を使用していく間に，許可を受けた事項又は届出をした事項に変更を生ずる場合がある。それらの際にも事務手続が必要となる場合が多い。

2.10.2.1　許可使用に係る氏名等の変更

許可使用者は，放射性同位元素又は放射線発生装置の使用許可を受けるに際して，申請書に記載した事項[2.10.1.1]のうち，「(1)氏名又は名称及び住所並びに法人では代表者の氏名」を変更したときは，変更の日から30日以内に許可証を添えて，原子力規制委員会に届け出て，許可証の訂正を受けなければならない（法律第10条第1項）。

2.10.2.2　許可使用に係る変更許可

許可使用者は，放射性同位元素等の使用許可を受けるに際して，申請書に記載した事項[2.10.1.1]のうち，（1）の氏名又は名称等を除く以下の事項を変更する場合には，次に述べる「軽微な変更」の場合[2.10.2.3]及び「使用場所の一時的変更」の場合[2.10.2.4]を除き，あらかじめ原子力規制委員会に変更の許可を受けなければならない（法律第10条第2項）。

(2)　放射性同位元素の種類，密封の有無及び数量又は放射線発生装置の種類，台数及び性能

（3）　使用の目的及び方法

（4）　使用の場所

（5）　使用施設の位置，構造及び設備

（6）　貯蔵施設の位置，構造，設備及び貯蔵能力

（7）　廃棄施設の位置，構造及び設備

また，変更許可申請の際には，許可証を原子力規制委員会に提出しなければならない（法律第 10 条第 4 項）。

2.10.2.3　許可使用に係る軽微な変更

許可使用者は，放射性同位元素等の使用の許可を受けた事項に係る変更のうち，次の「軽微な変更」を行う場合には，あらかじめ許可証を添えて原子力規制委員会に届け出なければならない（法律第 10 条第 2 項，第 5 項，施行規則第 9 条の 2，平成 17 年文部科学省告示第 81 号）。

（1）　貯蔵施設の貯蔵能力の減少

（2）　放射性同位元素の数量の減少

（3）　放射線発生装置の台数の減少

（4）　使用施設，貯蔵施設又は廃棄施設の廃止

（5）　放射性同位元素又は放射線発生装置の使用時間数の減少

（6）　放射線発生装置の最大使用出力の減少

（7）　工事を伴わない管理区域の拡大

（8）　放射線発生装置の最大出力の減少

2.10.2.4　許可使用に係る使用場所の一時的変更

許可使用者は，密封された放射性同位元素又は放射線発生装置を政令で定める目的のために一時的に使用場所を変更する場合は，あらかじめ，原子力規制委員会に届け出るだけでよい（法律第 10 条第 6 項）。

放射性同位元素については，「放射性同位元素等の工場又は事業所の外における運搬に関する技術上の基準に係る細目等を定める告示（運搬告示第 7 号）」[2.6.3]別表第 1 から別表第 4 及び別表第 6 の第 1 欄に掲げる種類に応じ，第 2 欄に掲げる数量（最大でも 3TBq）以下のもので，使用目的は以下のものに限定される（施行令第 9 条第 1 項，告示第 5 号第 3 条第 1 号）。

（1）　地下検層

（2）　河床洗掘調査

（3）　展覧，展示又は講習のためにする実演

（4）　機械，装置等の校正検査

（5）　物の密度，質量又は組成の調査で原子力規制委員会が指定するもの

［「使用の場所の一時的変更の届出に係る使用の目的を指定する告示（平成 3 年科学技術庁告示第 9 号）」により，

① ガスクロマトグラフによる空気中の有害物質等の質量の調査
② 蛍光エックス線分析装置による物質中の元素の質量の調査
③ ガンマ線密度計による物質の密度の調査
④ 中性子水分計による土壌中の水分の質量の調査
が指定されている］

放射線発生装置に関しては，次に掲げる装置を同項に定める使用目的で使用する場合に限られる（施行令第9条第2項，告示第5号第3条第2号）。

(1)　4MeV以下の放射線を発生する直線加速装置：橋梁又は橋脚の非破壊検査
(2)　原子力規制委員会が定めるエネルギー以下の放射線を発生するベータトロン：非破壊検査のうち原子力規制委員会が定めるもの［現在指定されていない］
(3)　15MeV以下の放射線を発生するコッククロフト・ワルトン型加速装置：地下検層

2.10.2.5　届出使用に係る氏名等の変更

届出使用者は，放射性同位元素の使用に際して届け出た事項[2.10.1.2]のうち，「(1) 氏名又は名称及び住所並びに法人にあっては代表者の氏名」を変更した場合には，変更した日から30日以内に原子力規制委員会に届け出なければならない（法律第3条の2第3項）。

2.10.2.6　届出使用に係る変更

届出使用者は，放射性同位元素の使用に際して届け出た事項[2.10.1.2]のうち，(1) の氏名又は名称等を除く以下の事項を変更する場合には，あらかじめ，原子力規制委員会に届け出なければならない（法律第3条の2第2項）。

(2)　放射性同位元素の種類，密封の有無及び数量
(3)　使用の目的及び方法
(4)　使用の場所
(5)　貯蔵施設の位置，構造，設備及び貯蔵能力

2.10.2.7　放射線障害予防規程の変更

使用者の施設，管理組織の変更や法令の改正に伴って，放射線障害予防規程に変更を加える場合がある。この場合には，変更の日から30日以内に原子力規制委員会に届け出なければならないことになっている（法律第21条第3項）。

2.10.2.8　放射線取扱主任者・代理者の変更（選任・解任）

放射線取扱主任者を変更した場合，法的には新しい主任者の選任と前任者の解任ということになる。この場合，選任あるいは解任した日から30日以内に原子力規制委員会に届け出なければならない（法律第34条第2項）。また，放射線取扱主任者が旅行，疾病その他の事故で，その職務を行うことができない場合には，放射線取扱主任者の代理者を選任しなければならない[2.8.2]が，この代理者を選任又は解任した場合も，選任あるいは解任した日から30日以内に原子力規制委員会に届け出る必要がある（法律第37条第3項）。

放射線取扱主任者に関する詳細は，前節 2.8 に説明した。

2.10.2.9　特定放射性同位元素防護規程の変更

特定放射性同位元素を取り扱う許可届出使用者は，特定放射性同位元素防護規程を変更したときは，変更の日から 30 日以内に，原子力規制委員会に届け出なければならない（法第 25 条の 4 第 2 項，第 3 項）。

2.10.2.10　特定放射性同位元素防護管理者・代理者の変更（選任・解任）

特定放射性同位元素防護管理者を変更した場合，選任あるいは解任した日から 30 日以内に原子力規制委員会に届け出なければならない（法律第 38 条の 2 第 2 項）。また，防護管理者が旅行，疾病その他の事故で，その職務を行うことができない場合には，防護管理者の代理者を選任しなければならない[2.9.8.1]が，この代理者を選任又は解任した場合も，選任あるいは解任した日から 30 日以内に原子力規制委員会に届け出る必要がある（法律第 38 条の 3）。

特定放射性同位元素防護管理者に関するしくみは，前節 2.9.8 に説明した。

2.10.2.11　特定放射性同位元素の内容の変更

密封された特定放射性同位元素に係る報告[2.10.1.8]を行った許可届出使用者は，報告を行った特定放射性同位元素の内容を変更したとき又は当該変更により当該特定放射性同位元素が特定放射性同位元素でなくなったときは，その旨及び当該特定放射性同位元素の内容を，変更の日から 15 日以内に原子力規制委員会に報告しなければならない。また，許可届出使用者及び許可廃棄業者は，毎年 3 月 31 日に所持している密封された特定放射性同位元素について，同日の翌日から起算して 3 月以内に原子力規制委員会に報告しなければならない（法第 25 条の 7，施行規則第 24 条の 2 の 10）。

特定放射性同位元素に係る報告に関する事項は，前節 2.9.5 で説明した。

2.10.3　使用の廃止に伴う手続

2.10.3.1　使用等の廃止 [2.7.12]

許可届出使用者は，その許可又は届出に係る放射性同位元素若しくは放射線発生装置のすべての使用を廃止したときは，遅滞なく廃止届を原子力規制委員会に届け出なければならない（法律第 27 条第 1 項，施行規則第 25 条第 1 項，第 2 項）。許可使用者にあっては，この届出により許可の効力を失うので，許可証を添える必要がある（法律第 27 条第 2 項，施行規則第 25 条第 3 項）。この「廃止」はこれまで使用していた放射性同位元素及び放射線発生装置をすべて廃止することを意味し，一時的な使用の停止などは含まれない。

2.10.3.2　使用の廃止等に伴う措置 [2.7.13]

使用の廃止を届け出た許可届出使用者（「許可取消使用者等」に含まれる）は，以下に掲げる廃止措置を講じなければならない（法律第 28 条第 1 項，施行規則第 26 条）。

(1)　所有する放射性同位元素を輸出し，許可届出使用者，届出販売業者，届出賃貸業者若しくは許可廃棄業者に譲り渡し又は廃棄すること。

(2)　借り受けている放射性同位元素を輸出し，又は許可届出使用者，届出販売業者，届出賃貸業者若しくは許可廃棄業者に返還すること。

(3)　放射性同位元素による汚染を除去すること。

(4)　放射性汚染物を許可使用者若しくは許可廃棄業者に譲り渡し又は廃棄すること。

(5)　放射線業務従事者の線量測定の結果及び健康診断の結果の記録を原子力規制委員会の指定する機関に引き渡すこと。

許可取消使用者等は，以下の事項を含む廃止措置に関する計画（「廃止措置計画」）をあらかじめ定め，原子力規制委員会に届け出なければならない（法律第28条第2項，施行規則第26条第2項）。

(1)　放射性同位元素の輸出，譲渡し，返還又は廃棄の方法

(2)　放射性同位元素による汚染の除去の方法

(3)　放射性汚染物の譲渡し又は廃棄の方法

(4)　汚染の広がりの防止その他の放射線障害の防止に関し講ずる措置

(5)　計画期間

上記の廃止措置は，廃止措置計画に記載した計画期間内に終了しなければならず（施行規則第26条第3項），また許可取消使用者等は廃止措置計画に記載した措置を終了したときは，遅滞なく，その旨及び措置の内容を原子力規制委員会に報告しなければならない（法律第28条第5項）。

本章で解説した許可届出使用者が放射性同位元素等又は放射線発生装置を使用する場合，必要な手続を使用者の区分ごとに表2.23にまとめた。表中事項欄の[ ]内は特定放射性同位元素を取り扱う使用者に関連する項目であり，必要な手続きは㊕で示した。

表 2.23　使用に伴う手続

事　項 [ ]内は特定放射性同位元素防護関連	説　明	特定許可使用者	許可使用者[1]	届出使用者	表示付認証機器届出使用者[2]
使用開始前					
使用許可申請	使用前にあらかじめ申請	○	○		
使用届	使用前にあらかじめ届出			○	
表示付認証機器使用届	使用開始日から 30 日以内に届出				○
施設検査申請	施設を使用する前に申請	○			
放射線障害予防規程[特定放射性同位元素防護規程]届	あらかじめ作成し，使用開始前に届出	○ ㊕	○ ㊕	○	
放射線取扱主任者[特定放射性同位元素防護管理者]の選任届	使用開始前にあらかじめ選任し，選任した日から 30 日以内に届出	○ ㊕	○ ㊕	○	
[密封された特定放射性同位元素に係る報告]	受入・譲受した日から 15 日以内に報告	㊕	㊕		
変更					
変更許可申請	あらかじめ許可証を添えて申請	○	○		
届出使用に係る変更届	変更する前にあらかじめ届出			○	
表示付認証機器使用変更届	変更した日から 30 日以内に届出				○
氏名等の変更届	変更した日から 30 日以内に届出	○	○	○	○
軽微な変更に係る変更届	あらかじめ許可証を添えて届出	○	○		
使用の場所の一時的変更届	あらかじめ届出	○	○		
定期検査・定期確認申請	定められた期間ごとに申請	○			
放射線障害予防規程[特定放射性同位元素防護規程]変更届	変更した日から 30 日以内に届出	○ ㊕	○ ㊕	○	
放射線取扱主任者[特定放射性同位元素防護管理者]選任・解任届	選任・解任の日から 30 日以内に届出	○ ㊕	○ ㊕	○	
放射線取扱主任者[特定放射性同位元素防護管理者]代理者の選任・解任届	選任・解任の日から 30 日以内に届出	○ ㊕	○ ㊕	○	
[密封された特定放射性同位元素に係る報告の内容の変更]	変更した日から 15 日以内に報告	㊕	㊕		
[密封された特定放射性同位元素の所持（毎年 3 月 31 日）]	翌日から 3 月以内に報告	㊕	㊕		
使用の廃止					
使用の廃止届	廃止したとき遅滞なく届出	○	○	○	
表示付認証機器使用廃止届	廃止したとき遅滞なく届出				○
使用の廃止に伴う廃止措置計画	廃止措置を講ずる前に定めてあらかじめ届出	○	○	○	
廃止措置計画に記載した措置の報告	終了したとき遅滞なく報告	○	○	○	
[密封された特定放射性同位元素が特定放射性同位元素でなくなったとき]	当該日から 15 日以内に報告	㊕	㊕		

1) 特定許可使用者を除く

2) 許可届出使用者を除く（同時に許可届出使用者であっても必要）

㊕ 特定放射性同位元素を取り扱う許可届出使用者及び許可廃棄業者が必要な手続

2.11 付　表

2.11.1 放射性同位元素の下限数量及び濃度

付表 2.1 主な放射性同位元素と下限数量及び濃度

核　種	半減期**	壊変形式	主な放射線のエネルギー（MeV）		告示第 5 号別表第 1 [1×10^{N}]		
			α線又はβ線	γ　線	数量 (kBq)	濃度 (Bq/g)	化学形
^{3}H *	12.32 y	β^-	0.0186		6	6	
^{11}C *	20.39 m	β^+, EC	0.960	0.511 (β^+)	3	1	一酸化物・二酸化物除く
^{14}C *	5700 y	β^-	0.157		4	4	一酸化物・二酸化物除く
^{13}N *	9.965 m	β^+, EC	1.198	0.511 (β^+)	6	2	
^{15}O *	122 s	β^+, EC	1.732	0.511 (β^+)	6	2	
^{18}F *	109.8 m	β^+, EC	0.634	0.511 (β^+)	3	1	
^{22}Na *	2.602 y	β^+, EC	0.546	0.511 (β^+), 1.275	3	1	
^{32}P *	14.26 d	β^-	1.711		2	3	
^{35}S *	87.51 d	β^-	0.167		5	5	蒸気以外のもの
^{40}K	1.251×10^{9} y	β^-, EC	1.311	1.461	3	2	
^{45}Ca *	162.7 d	β^-	0.257		4	4	
^{51}Cr *	27.70 d	EC		0.320	4	3	
^{54}Mn	312.0 d	EC		0.835	3	1	
^{59}Fe *	44.50 d	β^-	0.274, 0.466	1.099, 1.292	3	1	
^{60}Co *	5.271 y	β^-	0.318	1.173, 1.333	2	1	
^{67}Ga *	78.3 h	EC		0.0933, 0.185, 0.300	3	2	
^{75}Se *	119.8 d	EC		0.136, 0.265, 0.280	3	2	
^{81m}Kr *	13.10 s	IT		0.190	7	3	
^{89}Sr *	50.53 d	β^-	1.495	0.909 (^{89m}Y)	3	3	
^{90}Sr *	28.79 y	β^-	0.546		1	2	放射平衡中子孫核種(^{90}Y)含め
^{90}Y *	64.00 h	β^-	2.280		2	3	
^{99m}Tc *	6.015 h	IT		0.141	4	2	
^{111}In *	2.805 d	EC		0.171, 0.245	3	2	
^{123}I *	13.22 h	EC		0.159	4	2	
^{125}I *	59.40 d	EC		0.0355	3	3	
^{131}I *	8.021 d	β^-	0.248, 0.334, 0.606	0.284, 0.365, 0.637	3	2	
^{133}Xe *	5.248 d	β^-	0.346	0.081	1	3	
^{137}Cs	30.17 y	β^-	0.514, 1.176	0.662	1	1	放射平衡中子孫核種(^{137m}Ba)含め
^{147}Pm	2.623 y	β^-	0.225		4	4	
^{192}Ir *	73.83 d	β^-, EC	0.259, 0.539, 0.675	0.308, 0.317, 0.468	1	1	
^{198}Au *	2.695 d	β^-	0.961	0.412	3	2	
^{201}Tl *	72.91 h	EC		0.135, 0.167	3	2	
^{210}Po	138.4 d	α	5.304		1	1	
^{222}Rn *	3.824 d	α	5.490		5	1	放射平衡中子孫核種(4 核種)含め
^{226}Ra *	1600 y	α	4.601, 4.784	0.186	1	1	放射平衡中子孫核種(5 核種)含め
^{228}Th	1.912 y	α	5.340, 5.423	0.0844	0	−1	(α線放出核種)
^{239}Pu	2.411×10^{4} y	α	5.106, 5.144, 5.157		0	−1	(α線放出核種)
^{241}Am	432.2 y	α	5.443, 5.486	0.0595	1	0	

*「放射性医薬品の製造及び取扱規則」に掲げられている核種
** 時間の単位；s: 秒，m: 分，h: 時，d: 日，y: 年
半減期・放射線エネルギー；日本アイソトープ協会編：アイソトープ手帳　11 版(2011).
下限数量・濃度：告示第 5 号別表第 1(1×10^{N} の N として記載，数量の単位を kBq に変更).

2.11.2　告示第 5 号別表

付表 2.2　告示第 5 号別表第 1～別表第 7 の例示

告示第 5 号別表第 1（第 1 条関係）

放射線を放出する同位元素の数量及び濃度

第一欄		第二欄	第三欄
放射線を放出する同位元素の種類		数量	濃度
核　種	化　学　形　等	(Bq)	(Bq/g)
^{3}H		1×10^{9}	1×10^{6}
^{7}Be		1×10^{7}	1×10^{3}
^{10}Be		1×10^{6}	1×10^{4}
^{11}C	一酸化物及び二酸化物	1×10^{9}	1×10^{1}
^{11}C	一酸化物及び二酸化物以外のもの	1×10^{6}	1×10^{1}
^{14}C	一酸化物	1×10^{11}	1×10^{6}
^{14}C	二酸化物	1×10^{11}	1×10^{7}
^{14}C	一酸化物及び二酸化物以外のもの	1×10^{7}	1×10^{4}
^{13}N		1×10^{9}	1×10^{2}
^{15}O		1×10^{9}	1×10^{2}
^{18}F		1×10^{6}	1×10^{1}

（以下，略）

告示第 5 号別表第 2（第 7 条，第 14 条及び第 19 条関係）

放射性同位元素の種類が明らかで，かつ，1 種類である場合の空気中濃度限度等

第一欄		第二欄	第三欄	第四欄	第五欄	第六欄
放射性同位元素の種類		吸入摂取した場合の実効線量係数 (mSv/Bq)	経口摂取した場合の実効線量係数 (mSv/Bq)	空気中濃度限度 (Bq/cm^{3})	排気中又は空気中の濃度限度 (Bq/cm^{3})	排液中又は排水中の濃度限度 (Bq/cm^{3})
核　種	化　学　形　等					
^{3}H	元素状水素	1.8×10^{-12}		1×10^{4}	7×10^{1}	
^{3}H	メタン	1.8×10^{-10}		1×10^{2}	7×10^{-1}	
^{3}H	水	1.8×10^{-8}	1.8×10^{-8}	6×10^{-1}	5×10^{-3}	6×10^{1}
^{3}H	有機物（メタンを除く）	4.1×10^{-8}	4.2×10^{-8}	5×10^{-1}	3×10^{-3}	2×10^{1}
^{3}H	上記を除く化合物	2.8×10^{-8}	1.9×10^{-8}	7×10^{-1}	3×10^{-3}	4×10^{1}
^{7}Be	酸化物，ハロゲン化物及び硝酸塩以外の化合物	4.3×10^{-8}	2.8×10^{-8}	5×10^{-1}	2×10^{-3}	3×10^{1}
^{7}Be	酸化物，ハロゲン化物及び硝酸塩	4.6×10^{-8}	2.8×10^{-8}	5×10^{-1}	2×10^{-3}	3×10^{1}
^{10}Be	酸化物，ハロゲン化物及び硝酸塩以外の化合物	6.7×10^{-6}	1.1×10^{-6}	3×10^{-3}	1×10^{-5}	7×10^{-1}
^{10}Be	酸化物，ハロゲン化物及び硝酸塩	1.9×10^{-5}	1.1×10^{-6}	1×10^{-3}	4×10^{-6}	7×10^{-1}

（以下，略）

告示第5号別表第3（第7条及び第14条関係）

放射性同位元素の種類が明らかで，かつ，当該放射性同位元素の種類が別表第2に掲げられていない場合の空気中濃度限度等

第一欄		第二欄	第三欄	第四欄
放射性同位元素の区分		空気中濃度限度 (Bq/cm³)	排気中又は空気中の濃度限度 (Bq/cm³)	排液中又は排水中の濃度限度 (Bq/cm³)
アルファ線放出の区分	物理的半減期の区分			
アルファ線を放出する放射性同位元素	物理的半減期が10分未満のもの	4×10^{-4}	3×10^{-6}	4×10^{0}
	物理的半減期が10分以上，1日未満のもの	3×10^{-6}	3×10^{-8}	4×10^{-2}
	物理的半減期が1日以上，30日未満のもの	2×10^{-6}	8×10^{-9}	5×10^{-3}
	物理的半減期が30日以上のもの	3×10^{-8}	2×10^{-10}	2×10^{-4}
アルファ線を放出しない放射性同位元素	物理的半減期が10分未満のもの	3×10^{-2}	1×10^{-4}	5×10^{0}
	物理的半減期が10分以上，1日未満のもの	6×10^{-5}	6×10^{-7}	1×10^{-1}
	物理的半減期が1日以上，30日未満のもの	4×10^{-6}	2×10^{-8}	5×10^{-3}
	物理的半減期が30日以上のもの	1×10^{-5}	4×10^{-8}	7×10^{-4}

告示第5号別表第4（第8条関係）

表面密度限度

区　　分	密度（Bq/cm²）
アルファ線を放出する放射性同位元素	4
アルファ線を放出しない放射性同位元素	40

告示第5号別表第5（第26条関係）

自由空気中の空気カーマが1グレイである場合の実効線量

第一欄	第二欄
エックス線又はガンマ線のエネルギー(MeV)	実効線量 (Sv)
0.010	0.00653
0.015	0.0402
0.020	0.122
0.030	0.416
0.040	0.788
0.050	1.106
0.060	1.308
0.070	1.407
0.080	1.433
0.100	1.394
0.150	1.256
0.200	1.173

第一欄	第二欄
エックス線又はガンマ線のエネルギー(MeV)	実効線量 (Sv)
0.300	1.093
0.400	1.056
0.500	1.036
0.600	1.024
0.800	1.010
1.000	1.003
2.000	0.992
4.000	0.993
6.000	0.993
8.000	0.991
10.000	0.990

該当値がないときは，補間法によって計算する。

告示第５号別表第６（第26条関係）

自由空気中の中性子フルエンスが 1cm² 当たり 10^{12} 個である場合の実効線量

第一欄 中性子のエネルギー(MeV)	第二欄 実効線量(Sv)
1.0×10^{-9}	5.24
1.0×10^{-8}	6.55
2.5×10^{-8}	7.60
1.0×10^{-7}	9.95
2.0×10^{-7}	11.2
5.0×10^{-7}	12.8
1.0×10^{-6}	13.8
2.0×10^{-6}	14.5
5.0×10^{-6}	15.0
1.0×10^{-5}	15.1
2.0×10^{-5}	15.1
5.0×10^{-5}	14.8
1.0×10^{-4}	14.6
2.0×10^{-4}	14.4
5.0×10^{-4}	14.2
1.0×10^{-3}	14.2
2.0×10^{-3}	14.4
5.0×10^{-3}	15.7
1.0×10^{-2}	18.3
2.0×10^{-2}	23.8
3.0×10^{-2}	29.0
5.0×10^{-2}	38.5
7.0×10^{-2}	47.2
1.0×10^{-1}	59.8

第一欄 中性子のエネルギー(MeV)	第二欄 実効線量(Sv)
1.5×10^{-1}	80.2
2.0×10^{-1}	99.0
3.0×10^{-1}	133
5.0×10^{-1}	188
7.0×10^{-1}	231
9.0×10^{-1}	267
1.0×10^{0}	282
1.2×10^{0}	310
2.0×10^{0}	383
3.0×10^{0}	432
4.0×10^{0}	458
5.0×10^{0}	474
6.0×10^{0}	483
7.0×10^{0}	490
8.0×10^{0}	494
9.0×10^{0}	497
1.0×10^{1}	499
1.2×10^{1}	499
1.4×10^{1}	496
1.5×10^{1}	494
1.6×10^{1}	491
1.8×10^{1}	486
2.0×10^{1}	480

該当値がないときは，補間法によって計算する。

告示第5号別表第7（第27条関係）

濃度確認に係る放射能濃度

第一欄	第二欄	第三欄
濃度確認対象物	評価対象放射性同位元素の種類	放射能濃度（Bq/g）
1 放射性同位元素によって汚染された物であって 金属くず，コンクリート破片，ガラスくず又は燃え殻若しくはばいじん	^{3}H	100
	^{14}C	1
	^{18}F	10
	^{22}Na	0.1
	^{32}P	1000
（途中略，全53核種）		
2 放射線発生装置から発生した放射線により生じた放射線を放出する同位元素によって汚染された物であって金属くず又はコンクリート破片	^{3}H	100
	^{7}Be	10
	^{14}C	1
	^{22}Na	0.1
	^{36}Cl	1

（以下略，全37核種）

告示第5号別表のまとめ

	第一欄	第二欄	第三欄	第四欄	第五欄	第六欄
別表第1	同位元素の種　類	［下限］数　量 [2.4.2]	濃　度 [2.4.2]			
別表第2	同位元素の種　類	吸入摂取実効線量係数 [2.7.6.2]	経口摂取実効線量係数 [2.7.6.2]	空気中濃度限度 [2.4.15]	排気中濃度限度 [2.4.16]	排水中濃度限度 [2.4.16]
別表第3	同位元素の区　分	空気中濃度限度 [2.4.15]	排気中濃度限度 [2.4.16]	排水中濃度限度 [2.4.16]		
別表第4	同位元素の区　分	表面密度限度 [2.4.17]				
別表第5	X･γ線のエネルギー	実効線量換算係数 [2.4.10]				
別表第6	中性子のエネルギー	実効線量換算係数 [2.4.10]				
別表第7	濃度確認対象物	同位元素の種類 [2.7.20]	放射能濃度 [2.7.20]			

[　　]内は，本書の参照すべき項目番号

2.11.3　特定放射性同位元素の防護数量告示第 10 号別表

付表 2.3　防護数量告示第 10 号別表第 1～別表第 2 の例示

防護数量告示第 10 号別表第 1（第 2 条～第 4 条関係）

非放散性（密封された又は粉末でなく揮発性・可燃性・水溶性でない固体状の密封されていない）特定放射性同位元素の種類及び数量

第一欄		第二欄
放射性同位元素の種類		数量（TBq）
核　種	備　考	
^{55}Fe		8×10^{2}
^{57}Co		7×10^{-1}
^{60}Co		3×10^{-2}
^{63}Ni		6×10^{1}
^{68}Ge	放射平衡中の子孫核種を含む	7×10^{-2}
^{75}Se		2×10^{-1}
^{90}Sr	放射平衡中の子孫核種を含む	1×10^{0}
^{106}Ru	放射平衡中の子孫核種を含む	3×10^{-1}
^{103}Pd	放射平衡中の子孫核種を含む	9×10^{1}
^{109}Cd		2×10^{1}
^{124}Sb		4×10^{-2}
^{137}Cs	放射平衡中の子孫核種を含む	1×10^{-1}
^{147}Pm		4×10^{1}
^{153}Gd		1×10^{0}
^{170}Tm		2×10^{1}
^{169}Yb		3×10^{-1}
^{192}Ir		8×10^{-2}
^{198}Au		2×10^{-1}
^{204}Tl		2×10^{1}
^{210}Po		6×10^{-2}
^{226}Ra	放射平衡中の子孫核種を含む	4×10^{-2}
^{241}Am		6×10^{-2}
^{244}Cm		5×10^{-2}
^{252}Cf		2×10^{-2}

防護数量告示第10号別表第2（第2条，第3条関係）

放散性（粉末でなく揮発性・可燃性・水溶性でない固体状を除く密封されていない）特定放射性同位元素の種類及び数量

第一欄		第二欄
同位元素の種類		数量
核　種	備考	(TBq)
^{3}H		2×10^{3}
^{7}Be		1×10^{3}
^{10}Be		3×10^{1}
^{14}C		5×10^{1}
^{22}Na		2×10^{1}
^{26}Al		5×10^{0}
^{32}Si	①	7×10^{0}
^{32}P		2×10^{1}
^{33}P		2×10^{2}
^{35}S		6×10^{1}
^{35}Cl		2×10^{1}
^{39}Ar		3×10^{4}
^{45}Ca		1×10^{2}
^{47}Ca	①	1×10^{1}
^{46}Sc		4×10^{1}
^{47}Sc		8×10^{1}
^{44}Ti		9×10^{0}
^{48}V		3×10^{1}
^{49}V		2×10^{3}
^{51}Cr		5×10^{3}
^{52}Mn		2×10^{1}
^{54}Mn		4×10^{1}
^{55}Fe		8×10^{2}
^{59}Fe		1×10^{1}
^{60}Fe	①	1×10^{1}
^{56}Co		2×10^{1}
^{57}Co		4×10^{2}
^{58}Co		7×10^{1}
^{60}Co		3×10^{1}
^{59}Ni		1×10^{3}
^{63}Ni		6×10^{1}
^{67}Cu		3×10^{2}
^{65}Zn		3×10^{2}
^{67}Ga		4×10^{2}
^{68}Ge	①	2×10^{1}
^{71}Ge		1×10^{3}
^{73}As		1×10^{2}
^{74}As		3×10^{1}
^{76}As		1×10^{1}
^{75}Se		2×10^{2}

第一欄		第二欄
同位元素の種類		数量
核　種	備考	(TBq)
^{79}Se		2×10^{2}
^{77}Br		7×10^{2}
^{81}Kr		7×10^{2}
^{85}Kr		3×10^{3}
^{83}Rb		5×10^{1}
^{84}Rb		2×10^{1}
^{86}Rb		2×10^{1}
^{82}Sr		5×10^{0}
^{85}Sr		7×10^{1}
^{89}Sr		2×10^{1}
^{90}Sr	①	1×10^{0}
^{87}Y	①	2×10^{2}
^{88}Y		2×10^{1}
^{90}Y		1×10^{1}
^{91}Y		2×10^{1}
^{88}Zr	①	3×10^{1}
^{95}Zr	①	1×10^{1}
^{93m}Nb		3×10^{2}
^{94}Nb		3×10^{1}
^{95}Nb		6×10^{1}
^{93}Mo	①	3×10^{2}
^{99}Mo	①	2×10^{1}
^{95m}Tc		6×10^{1}
^{96}Tc		3×10^{1}
^{97m}Tc		4×10^{1}
^{98}Tc		1×10^{1}
^{99}Tc		3×10^{1}
^{97}Ru		5×10^{2}
^{103}Ru		3×10^{1}
^{106}Ru	①	1×10^{1}
^{99}Rh		1×10^{2}
^{101}Rh		1×10^{2}
^{102}Rh		3×10^{1}
^{102m}Rh		4×10^{1}
^{103}Pd	①	1×10^{2}
^{105}Ag		1×10^{2}
^{108m}Ag		2×10^{1}
^{110m}Ag		2×10^{1}
^{111}Ag		3×10^{1}
^{109}Cd		

第一欄		第二欄
同位元素の種類		数量
核　種	備考	(TBq)
^{113m}Cd		4×10^{1}
^{115}Cd	①	2×10^{1}
^{115m}Cd		2×10^{1}
^{111}In		1×10^{2}
^{114m}In		1×10^{0}
^{113}Sn	①	5×10^{1}
^{117m}Sn		4×10^{1}
^{119m}Sn		1×10^{2}
^{121m}Sn	①	7×10^{1}
^{123}Sn		2×10^{1}
^{125}Sn		8×10^{0}
^{126}Sn	①	7×10^{0}
^{122}Sb		2×10^{1}
^{124}Sb		1×10^{1}
^{125}Sb	①	3×10^{1}
^{126}Sb		2×10^{1}
^{121}Te		3×10^{1}
^{121m}Te	①	8×10^{0}
^{123m}Te		9×10^{0}
^{125m}Te		1×10^{1}
^{127m}Te	①	3×10^{0}
^{129m}Te	①	2×10^{0}
^{132}Te	①	8×10^{-1}
^{124}I		4×10^{-1}
^{125}I		2×10^{-1}
^{126}I		2×10^{-1}
^{131}I		2×10^{-1}
^{127}Xe		2×10^{1}
^{131m}Xe		7×10^{2}
^{133}Xe		2×10^{2}
^{131}Cs		2×10^{3}
^{132}Cs		1×10^{2}
^{134}Cs		3×10^{1}
^{136}Cs		2×10^{1}
^{137}Cs	①	2×10^{1}
^{131}Ba	①	1×10^{2}
^{133}Ba		7×10^{1}
^{140}Ba	①	1×10^{1}
^{137}La		5×10^{2}
^{139}Ce		2×10^{2}

［次頁へ続く］

第一欄		第二欄
同位元素の種類		数量 (TBq)
核　種	備考	
^{141}Ce		2×10^{1}
^{144}Ce		9×10^{0}
^{143}Pr		3×10^{1}
^{147}Nd	①	4×10^{1}
^{143}Pm		2×10^{2}
^{144}Pm		3×10^{1}
^{145}Pm		4×10^{2}
^{147}Pm		4×10^{1}
^{148m}Pm		3×10^{1}
^{149}Pm		2×10^{1}
^{145}Sm		2×10^{2}
^{151}Sm		5×10^{2}
^{147}Eu		1×10^{2}
^{148}Eu		3×10^{1}
^{149}Eu		5×10^{2}
^{150}Eu	②	3×10^{1}
^{152}Eu		3×10^{1}
^{154}Eu		2×10^{1}
^{155}Eu		1×10^{2}
^{156}Eu		3×10^{1}
^{146}Gd	①	8×10^{0}
^{148}Gd		4×10^{-1}
^{153}Gd		8×10^{1}
^{157}Tb		1×10^{3}
^{158}Tb		5×10^{1}
^{160}Tb		3×10^{1}
^{159}Dy		5×10^{2}
^{166}Dy	①	2×10^{1}
^{166m}Ho		3×10^{1}
^{169}Er		2×10^{2}
^{167}Tm		2×10^{2}
^{170}Tm		2×10^{1}
^{171}Tm		4×10^{2}
^{169}Yb		3×10^{1}
^{175}Yb		1×10^{2}
^{172}Lu		6×10^{1}
^{173}Lu		2×10^{2}
^{174}Lu		1×10^{2}
^{174m}Lu		6×10^{1}

第一欄		第二欄
同位元素の種類		数量 (TBq)
核　種	備考	
^{177}Lu		1×10^{2}
^{172}Hf	①	6×10^{0}
^{175}Hf		3×10^{1}
^{181}Hf		1×10^{1}
^{179}Ta		6×10^{2}
^{182}Ta		3×10^{1}
^{178}W		6×10^{2}
^{178}W		2×10^{3}
^{178}W		1×10^{2}
^{178}W	①	8×10^{0}
^{184}Re		3×10^{1}
^{184m}Re	①	2×10^{1}
^{186}Re		1×10^{1}
^{185}Os		7×10^{1}
^{191}Os		9×10^{1}
^{194}Os	①	9×10^{0}
^{189}Ir		2×10^{2}
^{190}Ir		6×10^{1}
^{192}Ir		2×10^{1}
^{188}Pt	①	9×10^{1}
^{191}Pt		3×10^{2}
^{193}Pt		3×10^{3}
^{193m}Pt		4×10^{2}
^{195m}Pt		3×10^{2}
^{195}Au		1×10^{2}
^{198}Au		3×10^{1}
^{199}Au		3×10^{2}
^{194}Hg	①	9×10^{0}
^{197}Hg		3×10^{1}
^{203}Hg		2×10^{0}
^{201}Tl		1×10^{3}
^{202}Tl		2×10^{2}
^{204}Tl		2×10^{1}
^{202}Pb	①	6×10^{1}
^{202}Pb		2×10^{2}
^{202}Pb	①	3×10^{-1}
^{205}Bi		7×10^{1}
^{205}Bi		5×10^{1}
^{205}Bi		4×10^{1}

第一欄		第二欄
同位元素の種類		数量 (TBq)
核　種	備考	
^{205}Bi	①	8×10^{0}
^{210m}Bi		3×10^{-1}
^{210}Po		6×10^{-2}
^{222}Rn		9×10^{4}
^{223}Ra	①	1×10^{-1}
^{224}Ra	①	3×10^{-1}
^{225}Ra	①	1×10^{-1}
^{226}Ra	①	7×10^{-2}
^{228}Ra	①	4×10^{-2}
^{225}Ac		9×10^{-2}
^{227}Ac	①	4×10^{-2}
^{230}Pa	①	9×10^{-1}
^{231}Pa	①	6×10^{-2}
^{233}Pa		8×10^{0}
^{235}Np		2×10^{2}
^{236}Np	③	7×10^{-3}
^{237}Np		7×10^{-2}
^{239}Np	①	6×10^{1}
^{241}Am		6×10^{-2}
^{242m}Am	①	3×10^{-1}
^{243}Am	①	2×10^{-1}
^{240}Cm		3×10^{-1}
^{241}Cm	①	7×10^{0}
^{242}Cm		4×10^{-2}
^{243}Cm		2×10^{-1}
^{244}Cm		5×10^{-2}
^{245}Cm		9×10^{-2}
^{246}Cm		2×10^{-1}
^{247}Cm		1×10^{-3}
^{248}Cm		7×10^{-2}
^{247}Bk		8×10^{-2}
^{249}Bk		4×10^{1}
^{248}Cf	①	1×10^{-1}
^{248}Cf		1×10^{-1}
^{248}Cf		1×10^{-1}
^{248}Cf		1×10^{-1}
^{248}Cf		1×10^{-1}
^{248}Cf		4×10^{-1}
^{254}Cf		2×10^{-3}

備考欄：① 放射平衡中の子孫核種を含む
② 物理的半減期が 34.2 年のものに限る
③ 物理的半減期が 1.15×10^{5} 年のもの（放射平衡中の子孫核種を含む）に限る

2.11.4　規制体系

付表 2.4　放射性同位元素等規制法の規制体系

規制の区分 [ ]内は特定放射性同位元素関連	特定放射性同位元素を取り扱う許可届出使用者及び許可廃棄業者	許可届出使用者		
		許可使用者		届出使用者
		特定許可使用者		
許可・届出	許可	許可		届出
取扱い線源・機器と行為 / 放射性同位元素 / 密封	防護数量告示別表第1の数量以上のものの使用,保管,運搬又は廃棄	10TBq 以上のものの使用	下限数量の 1000 倍を超えるものの使用	下限数量を超え,1000 倍以下のものの使用
取扱い線源・機器と行為 / 放射性同位元素 / 非密封	防護数量告示別表第1(非放散性)/別表第2(放散性)の数量以上のものの使用,保管,運搬又は廃棄	下限数量の 10 万倍以上のもの(複数核種では下限数量に対する割合の和が 10 万倍以上のもの)の使用	下限数量を超えるもの(複数核種では下限数量に対する割合の和が 1 を超えるもの)の使用	
取扱い線源・機器と行為 / 機　器		放射線発生装置の使用		
取扱いの基準の適用 / 使用の基準	適用	適用		適用
取扱いの基準の適用 / 保管の基準	適用	適用		適用
取扱いの基準の適用 / 運搬の基準	適用	適用		適用
取扱いの基準の適用 / 廃棄の基準	適用	適用		適用
放射線取扱主任者 [特定放射性同位元素防護管理者]	防護管理者（防護管理者定期講習：選任後 1 年以内,その後 3 年度内）	1 種主任者（主任者定期講習：選任後 1 年以内,その後 3 年度内）	非密封使用者：1種主任者 下限数量の 1000 倍超、10TBq 未満の密封線源のみの使用者：2 種主任者（主任者定期講習：同左 ）	3 種主任者（主任者定期講習：同左）
放射線障害予防規程 [特定放射性同位元素防護規程]	防護規程	予防規程		予防規程
教育訓練	防護に関する教育訓練	障害防止に関する教育訓練		障害防止教育訓練
施設検査,定期検査・定期確認	非密封：3 年に 1 回 密封・放射線発生装置：　5 年に 1 回	非密封：3 年に 1 回 密封・放射線発生装置：5 年に 1 回	−	−
該当するものの例	大量の放射性同位元素	大量の放射性同位元素,放射線発生装置	非破壊検査装置,非密封放射性同位元素	設計認証を受けなかった機器
備　　考		表示付認証機器・表示付特定認証機器の認証条件に従った使用を除く 販売・賃貸のために直接取り扱う場合にも必要 密封線源の数量は線源 1 個又は 1 式で判断し加算せず 下限数量の 0.01 倍を下回る核種の数量・被ばく評価は不要		

表示付認証機器 届出使用者	表示付特定認証機器 の使用者	届出販売業者・ 届出賃貸業者	許可廃棄業者
届出 （使用の届出とは別の届出）	−	届出	許可
表示付認証機器の認証条件に従った使用	表示付特定認証機器の使用	放射性同位元素を業として販売又は賃貸(表示付特定認証機器の販売又は賃貸を除く)	放射性同位元素又は放射性汚染物を業として廃棄
−		−	−
−		適用 （許可届出使用者に委託）	適用
−		適用	適用
適用　（許可届出使用者・ 許可廃棄業者に委託）		適用（許可届出使用者・ 許可廃棄業者に委託）	適用
−		3 種主任者：法人ごとに少なくとも 1 人選任(主任者定期講習：選任後 1 年以内，その後 5 年度内)	1 種主任者 （主任者定期講習： 選任後 1 年以内， その後 3 年度内）
−		予防規程	予防規程
−		−	障害防止教育訓練
−		−	3 年に 1 回
ガスクロマト用 ECD， 放射線計測器校正用線源	煙感知器，レーダー受信部 切替放電管		
認証条件に従った使用をしない場合は数量に応じて許可又は届出		所持の制限により運搬の場合を除き所持できない	廃棄物埋設処分の規定整備

第3章　医療法施行規則

3.1　医療法・医薬品医療機器等法の構成

医療法は，放射線，放射性物質の取扱いに関連した法令の中でも，前章で取り上げた放射性同位元素等規制法の定義から除かれる放射性医薬品及びその原料，治験薬，病院等において調剤される薬物，診療用の放射線発生装置・機器等を規制するものである。

3.1.1　医療法の法体系

我が国の診療用に使用されている放射性同位元素や放射線照射装置等を規制する医療法の法体系は，以下の通りである。このうち，診療用放射線の防護の具体的な規制については，医療法施行規則の第4章に詳細に定められている。この章では，単に法律，施行令，施行規則，告示という場合には，以下の法令を示すこととする。

（1）　法律　　　医療法（昭和23年法律第205号）

（2）　施行令　　医療法施行令（昭和23年政令第326号）

（3）　施行規則　医療法施行規則（昭和23年厚生省令第50号）

（4）　告示　　　放射線診療従事者等が被ばくする線量の測定方法並びに実効線量及び等価線量の算定方法（平成12年厚生省告示第398号）

上記の告示「被ばく線量の測定方法及び算定方法」[3.10]は，放射性同位元素等規制法の告示「放射線を放出する同位元素の数量等を定める件」に相当する規制に関する具体的数値を定めており，重要である。告示には他にも「医療法施行規則第24条第6号の規定に基づき厚生労働大臣が定める放射性同位元素装備診療機器（昭和63年厚生省告示第243号）」[3.3.2]，「医療法施行規則第1条の11第2項第3号の2ハ①の規定に基づき厚生労働大臣の定める放射線診療に用いる医療機器（平成31年厚生労働省告示第61号）」[3.6.16] などがある（図3.1）。

3.1.2　医療法の目的

医療法の目的として，医療法第1条には「この法律は，(略)医療の安全を確保するために必要な事項，病院，診療所及び助産所の開設及び管理に関し必要な事項並びにこれらの施設の整備並びに医療提供施設相互間の機能の分担及び業務の連携を推進するために必要な事項を定めること等により，医療を受ける者の利益の保護及び良質かつ適切な医療を効率的に提供する体制の確保を図り，もって国民の健康の保持に寄与することを目的とする」と記されている。

3.1.3　医療法施行規則の構成

前節で述べた医療法の目的を達成するために，同法第23条には，「病院，診療所又は助産所の構造設備について，換気，採光，照明，防湿，保安，避難及び清潔その他衛生上遺憾のないように必要な基準を厚生労働省令で定める」こととしており，この規定に基づき，放射線を診療に用いる場合の構造設備基準等の「診療用放射線の防護」については医療法施行規則第4章に，「診療用放射線の安全管理」については第1章の3に定められている。医療法施行規則の構成は次のとおりである。

第1章　総則（第1条，第1条の2）
第1章の2　医療に関する選択の支援等（第1条の2の2～第1条の10）
第1章の3　医療の安全の確保（第1条の10の2～第1条の13の10）
第1章の4　病院，診療所及び助産所の開設（第1条の14～第7条）
第2章　病院，診療所及び助産所の管理（第7条の2～第15条の4）
第3章　病院，診療所及び助産所の構造設備（第16条～第23条）
第4章　診療用放射線の防護（第24条～第30条の27）
　第1節　届出（第24条～第29条）
　第2節　エックス線装置等の防護（第30条～第30条の3）
　第3節　エックス線診療室等の構造設備（第30条の4～第30条の12）
　第4節　管理者の義務（第30条の13～第30条の25）
　第5節　限度（第30条の26～第30条の27）
第4章の2　基本方針（第30条の27の2）
第4章の2の2　医療計画（第30条の28～第30条の33）
第4章の2の3　地域における病床の機能の分化及び連携の推進
（第30条の33の2～第30条の33の10）
第4章の3　医療従事者の確保等に関する施策等
（第30条の33の11～第30条の33の15）
第5章　医療法人（第30条の34～第39条）
第6章　地域医療連携推進法人（第39条の2～第39条の30）
第7章　雑則（第40条～第43条の4）
附　則

「診療用放射線の防護」と「診療用放射線の安全管理」の詳細は次節3.2以降にまとめ，記載されている条項を付記した。なお，この章で単に「第24条」と記載したものは，「医療法施行規則第24条」を示している。また，遮蔽（放射性同位元素等規制法では「遮蔽」と漢字表記だが，医療法では「しゃへい」，電離則・人事院規則では「遮へい」と表記）などの用語も法令に基づいた表記を使用した。

3.1.4　医療法施行規則第4章

「診療用放射線の防護」に対する規制を理解するためには，医療法施行規則第 4 章を知る必要がある。施行規則第4章には，先に示した5つの節を設けて，「第1節　届出」では手続きとその対象となる装置等の定義を定め，「第 2 節　エックス線装置等の防護」では装置等の基準を，「第3節　エックス線診療室等の構造設備」には使用室等の構造設備基準を定めている。また，「第 4 節　管理者の義務」には，放射性同位元素等規制法の事業者の義務と同様に，規制対象物の使用等に伴う遵守事項を医療施設の責任者として管理者に義務づけたものである。医療法施行規則では，これら各節で守るべき基準として扱われる濃度や線量等の限度値を「第5節　限度」でまとめて記述されている。

3.2～3.7 に，医療法施行規則第 4 章の内容の詳細をまとめた。また，第 1 章の 3 第 1 条の 11 に新たに定められた「診療用放射線の安全管理」に関しては，3.8 に解説した。本文中の表現は，できる限り条文の表現に基づきながら，他の条項を引用している箇所には，その内容を補って記載した。特に，その規制の基準となる限度値などは，引用されている条項のまとめを，その都度，解説の後に枠囲みで付記した。

医療法施行規則第1章の3のうち第1条の 11 と第4章の条文を 3.9 に，告示「被ばく線量の測定方法及び算定方法」は 3.10 に掲載した。医療法では，放射線防護に関するほとんどの用語は，法令中に初めて記載された場所で定義づけられており，3.2 以降でも（「下限数量」という）などの形式で明示した。3.9 の医療法施行規則の条文中で定義された用語には，下線を付した。

3.1.5　医薬品医療機器等法

医療法とは別に医薬品や医薬部外品，化粧品だけでなく，医療機器，再生医療等製品など，医療に用いられる広範な医療資材に関する法律に「医薬品，医療機器等の品質，有効性及び安全性の確保等に関する法律」がある。この中でも，放射性医薬品の規制に関連する法体系は，以下の通りである。

(1) 法律	医薬品，医療機器等の品質，有効性及び安全性の確保等に関する法律（医薬品医療機器等法／薬機法，昭和 35 年法律第 145 号）［旧「薬事法」が改正に伴って名称を変更した］
(2) 施行令	医薬品医療機器等法施行令（昭和 36 年政令第 11 号）
(3) 施行規則	医薬品医療機器等法施行規則（昭和 36 年厚生省令第 1 号） 薬局等構造設備規則（昭和 36 年厚生省令第 2 号） 放射性医薬品の製造及び取扱規則（昭和 36 年厚生省令第 4 号）
(4) 告示	放射性物質の数量等に関する基準（平成 12 年厚生省告示第 399 号） 放射性物質等の運搬に関する基準（平成 17 年厚生省告示第 491 号） 放射性医薬品基準（放薬基，平成 25 年厚生労働省告示第 83 号）

このうち，同法施行規則とは別に診療用放射線防護の規制について，医薬品を扱う施設等薬局，医薬品・医療機器の販売業，医薬品・医薬部外品・化粧品・医療機器の製造所等の構造設備に係る基準は「薬局等構造設備規則」に，放射性医薬品を取扱う製造業者が遵守すべき事項は主に「放射性医薬品の製造及び取扱規則」に定められている（図 3.1）。医薬品医療機器等法は，専ら密封されていない放射性医薬品を規制対象としており，密封線源は規制対象外である。

放射性同位元素等規制法施行令第 1 条第 1 項には，「放射性同位元素」の定義から除かれるものとして，「医薬品医療機器等法第 2 条第 1 項に規定する医薬品及びその原料又は材料であって同法第 13 条第 1 項の許可を受けた製造所に存するもの」が掲げられており［2.4.2］，医薬品製造業許可を受けた製造所に存在するあるいは医療機関に輸送されている放射性医薬品及びその原料又は材料は，上記「放射性医薬品の製造及び取扱規則」や告示で規制されている。告示の中でも，「放射性物質の数量等に関する基準（平成 12 年厚生労働省告示第 399 号）」は，放射性同位元素等規制法の「放射線を放出する同位元素の数量等を定める件（平成 12 年科学技術庁告示第 5 号）」［2.2.5］と同様に規制に関する多くの重要な具体的数値を定めており，医薬品医療機器等法告示の根幹をなす。

また，「放射性医薬品基準（「放薬基」とも略される）」は，医薬品医療機器等法第 42 条第 1 項に基づき定められた「保健衛生上特別の注意を要する医薬品」に対する基準であり，診断又は治療を目的として体内に投与する，本邦で承認された放射性医薬品の製法，性状，品質，貯法などを取りまとめたものである（図 3.1）。平成 25 年 3 月には新基準が制定され，旧基準は廃止された（厚生労働省告示第 83 号）。

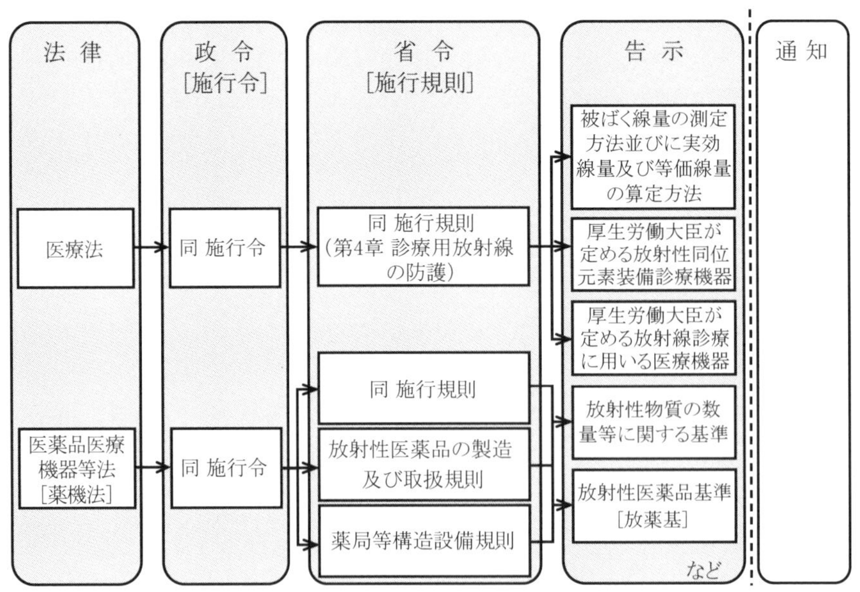

図 3.1　医療法及び関連法令の法体系

3.2　放射性同位元素の数量及び濃度：第24条

3.2.1　放射性同位元素：第24条第3号

医療法施行規則において放射性同位元素とは，放射線を放出する同位元素若しくはその化合物又はこれらの含有物であって別表第2に定める数量（「下限数量」という）及び濃度を超えるものをいう［密封・非密封の区別なし］。

放射性同位元素の種類が2種類以上の場合については，別表第2に掲げる種類の放射性同位元素のそれぞれの数量又は濃度に対する割合の和が1となるような放射性同位元素の数量又は濃度とする。

3.2.2　診療用放射性同位元素及び陽電子断層撮影診療用放射性同位元素

放射性同位元素の中でも，放射性医薬品や治験薬などの密封されていない放射性同位元素は，陽電子断層撮影診療に用いるものかどうかで「診療用放射性同位元素」又は「陽電子断層撮影診療用放射性同位元素」のどちらかに区分される。「陽電子断層撮影診療用放射性同位元素」が「診療用放射性同位元素」に含まれるわけでないことに注意を要する（図3.2）。

3.2.2.1　診療用放射性同位元素：第24条第8号の2

密封されていない放射性同位元素であって，陽電子放射断層撮影装置による画像診断に用いないもののうち，次の3.2.2.2 (1)～(3)に掲げるものを「診療用放射性同位元素」という。

3.2.2.2　陽電子断層撮影診療用放射性同位元素：第24条第8号

密封されていない放射性同位元素であって，陽電子放射断層撮影装置による画像診断に用いるもののうち，以下の(1)～(3)に加えて(4)に掲げるものを「陽電子断層撮影診療用放射性同位元素」という。

(1)　医薬品，医療機器等の品質，有効性及び安全性の確保等に関する法律（医薬品医療機器等法，昭和35年法律第145号）[3.1.5] に規定する医薬品のうち，その製造販売についての厚生労働大臣の承認（変更の承認を含む）を受けている医薬品（以下本書では「承認医薬品」と記載する場合あり）

(2)　医薬品医療機器等法に規定する体外診断用医薬品のうち，その製造販売についての厚生労働大臣の承認（変更の承認を含む）若しくは厚生労働大臣が基準を定めて指定する体外診断用医薬品の認証（変更の認証を含む）を受けている体外診断用医薬品，又は製造販売業者が，前記以外の体外診断用医薬品を製造販売するときに，あらかじめ，品目ごとに，厚生労働大臣に届け出ることによる届出（変更の届出を含む）が行われている体外診断用医薬品

(3)　製造販売業者が，医薬品医療機器等法に基づき，医薬品の品目ごとにその製造販売につ

いての厚生労働大臣の承認を受けていない医薬品のうち，次に掲げるもの（以ト①～④を本書では「治験薬等」と記載する場合あり）

① 治験（医薬品医療機器等法の規定により，(1)，(2) の製造販売承認を受けるための申請書に添付する資料のうち臨床試験の試験成績に関する資料の収集を目的とする試験の実施をいう）に用いるもの（以下「治験薬」と記載する場合あり）

② 臨床研究法（平成29年法律第16号）第2条第2項に規定する特定臨床研究に用いるもの

③ 再生医療等の安全性の確保等に関する法律（平成25年法律第85号）第2条第1号に規定する再生医療等に用いるもの

④ 厚生労働大臣の定める先進医療及び患者申出療養並びに施設基準（平成20年厚生労働省告示第129号）第2各号若しくは第3各号に掲げる先進医療又は第4に掲げる患者申出療養に用いるもの（以下「先進医療薬」と記載する場合あり）

(4) 治療又は診断のために医療を受ける者に対し投与される医薬品であって，当該治療又は診断を行う病院又は診療所に設置されたサイクロトロンなどによって調剤されるもの((1) から (3) までに該当するものを除く)

なお，(1) の承認医薬品，(3) ①の治験薬及び (4) の陽電子断層撮影診療用放射性同位元素，いわゆる院内調整される PET 薬剤は，放射性同位元素等規制法の「放射性同位元素」の定義から除外されるもの[2.4.2]のうち，

(2) 医薬品医療機器等法（昭和35年法律第145号）第2条第1項に規定する医薬品及びその原料又は材料であって同法第13条第1項の許可を受けた製造所に存するもの

(3) 医療法（昭和23年法律第205号）第1条の5第1項に規定する病院又は第2項に規定する診療所（以下「病院等」）において行われる医薬品医療機器等法第2条第17項に規定する治験の対象とされる薬物

(4) 陽電子放射断層撮影装置による画像診断に用いられる薬物その他の治療又は診断のために医療を受ける者又は獣医療を受ける飼育動物に対し投与される薬物であって，当該治療又は診断を行う病院等又は獣医師が飼育動物の診療を行う診療施設において調剤されるもののうち，原子力規制委員会が厚生労働大臣又は農林水産大臣と協議して指定するもの

に該当し，医療用として患者に投与されるものとして，従来から医療法で規制されていた。

今回の法改正により，上記 (3) ①の治験薬に加え，これまで放射性同位元素規制法の規制下にあった ② 特定臨床研究に用いる未承認薬，③ 再生医療等に用いる未承認薬，④ 先進医療薬なども人体に投与する放射性同位元素であることから，新たに医療法の規制対象に加わった。この ② ～ ④ を医政局長通知では特に「未承認放射性医薬品」と定義している（平成31年3月15日医政発 0315 第4号厚生労働省医政局長通知)。

医薬品医療機器等法第2条には，「医薬品」「医薬部外品」「化粧品」「医療機器」「再生医療等製品」などの定義が定められている。上記放射性同位元素等規制法の「放射性同位元素」の定義の除外規定（2）に「医薬品医療機器等法第2条第1項に規定する医薬品及びその原料又は材料であって同法第13条第1項の許可を受けた製造所に存するもの」とあるが，この「医薬品医療機器等法第2条第1項に規定する医薬品」とは以下に掲げるものをいう。

（1）日本薬局方に収められている物

（2）人又は動物の疾病の診断，治療又は予防に使用されることが目的とされている物であって，機械器具等（機械器具，歯科材料，医療用品，衛生用品並びにプログラム（電子計算機に対する指令であって，一の結果を得ることができるように組み合わされたものをいう）及びこれを記録した記録媒体をいう）でないもの（医薬部外品及び再生医療等製品を除く。）

（3）人又は動物の身体の構造又は機能に影響を及ぼすことが目的とされている物であって，機械器具等でないもの（医薬部外品，化粧品及び再生医療等製品を除く。）

この第2号の「人又は動物の疾病の診断，治療又は予防に使用されることが目的とされている物であって，機械器具等でないもの」に，今回新たに医療法の規制対象に加えられた「未承認放射性医薬品」が含まれている。

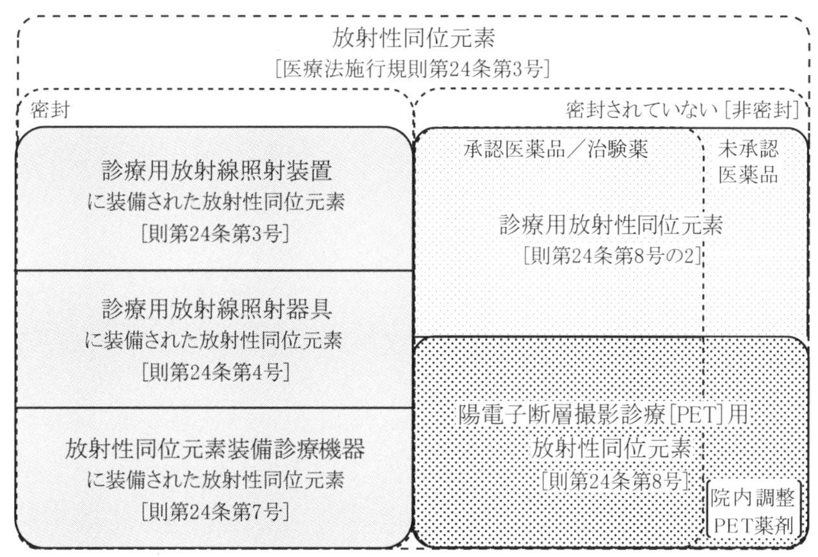

図3.2　医療法における放射性同位元素の分類

3.3　装置等の定義及び届出：第24条～第29条

3.3.1　第1節　届　出（表3.3，3.3M）

病院又は診療所等の医療施設に，以下の装置や放射性同位元素を備えようとする場合あるいは備えたときには，それぞれ定められた事項を都道府県知事に届け出なければならない（法律第15条，施行規則第24条～第29条）。

届出の時期に関しては，装置や放射性同位元素を備えたときには，「あらかじめ」都道府県知事に届け出なければならない（第24条～第28条）が，エックス線装置のみ「設置後10日以内に」届け出ればよい（第24条の2）。また，届出事項に変更があった場合でも，他の装置や放射性同位元素に関するものは，「あらかじめ」届け出なければならないのに対し，エックス線装置のみは「変更後10日以内に」届け出ればよい（第29条）。放射性同位元素に関しては，毎年12月20日までに翌年に使用する同位元素の種類，形状及び数量を都道府県知事に届け出なければならない（第28条）。一方，これらを備えなくなった場合の廃止の届出は，エックス線装置を含めたすべての装置及び放射性同位元素について10日以内にその旨を届け出ればよいが，対象が放射性同位元素の場合にはそれに加えて，30日以内に第30条の24に規定された汚染の除去，汚染物の廃棄などの廃止後の措置[3.6.13]の概要を提出しなければならない（第29条）。

3.3.2　装置等の定義（表3.3，3.3M）

また，各条項において届出の対象となるそれぞれの装置等を定義付けているが，これらの手続きの対象となる装置や放射性同位元素に関する定義は，特に重要である。

（1）　エックス線装置（以下本書では「X線装置」と記載する場合あり）
　　定格出力の管電圧が10kV以上でエネルギーが1MeV未満の診療用のエックス線装置

（2）　診療用高エネルギー放射線発生装置（以下「発生装置」と記載する場合あり）
　　1MeV以上のエネルギーを有する診療用の電子線又はエックス線の発生装置

（3）　診療用粒子線照射装置（以下「粒子線装置」と記載する場合あり）
　　陽子線又は重イオン線を照射する診療用の装置

（4）　診療用放射線照射装置（以下「照射装置」と記載する場合あり）
　　下限数量の1000倍を超える密封された放射性同位元素を装備した診療用の照射機器

（5）　診療用放射線照射器具（以下「照射器具」と記載する場合あり）
　　下限数量の1000倍以下の密封された放射性同位元素を装備した診療用の照射機器

（6）　放射性同位元素装備診療機器（以下「装備機器」と記載する場合あり）
　　密封された放射性同位元素を装備した診療用の機器のうち，厚生労働大臣が定めるもの

(7)　診療用放射性同位元素（以下「同位元素」と記載する場合あり）

医薬品又は治験薬等である密封されていない放射性同位元素で陽電子断層撮影診療に用いないもの[3.2.2.1]

(8)　陽電子断層撮影診療用放射性同位元素（以下「陽電子同位元素」と記載する場合あり）

医薬品又は治験薬等である密封されていない放射性同位元素で陽電子断層撮影装置による画像診断に用いるもの（院内 PET 製剤を含む）[3.2.2.2]

これらの定義において，すべての装置が「診療用（診断用又は治療用）」であり，また密封されていない放射性同位元素はともに「医薬品又は治験薬等」であることが医療法の規制対象として不可欠な条件となっている。定義されている装置等の種類や使用室・施設には長い名称のものが多いので，正式なフルネームを理解した後には，網掛けした言葉で覚えると便利である。

特に（1）エックス線装置に関しては，その用途から撮影用エックス線装置，透視用エックス線装置，治療用エックス線装置及び輸血用血液照射エックス線装置に区分され，さらに撮影用エックス線装置は直接撮影用エックス線装置，断層撮影エックス線装置，ＣＴエックス線装置，胸部集検用間接撮影エックス線装置，口内法撮影用エックス線装置，歯科用パノラマ断層撮影装置及び骨塩定量分析エックス線装置に区別されていることがある（表 3.1）（平成 31 年 3 月 15 日医政発 0315 第 4 号厚生労働省医政局長通知）。医療法施行規則においては，3.4.1 エックス線装置等の防護や 3.6.10 エックス線装置等の測定，3.6.12 記帳において，この区分が使われている。

表 3.1　エックス線装置の種類

エックス線装置	
撮影用エックス線装置	直接撮影用エックス線装置
	断層撮影エックス線装置
	ＣＴエックス線装置
	胸部集検用間接撮影エックス線装置
	口内法撮影用エックス線装置
	歯科用パノラマ断層撮影装置
	骨塩定量分析エックス線装置
	乳房撮影用エックス線装置※
透視用エックス線装置	
治療用エックス線装置	
輸血用血液照射エックス線装置	

※「3.4.1 エックス線装置等の防護」で用いられている区分

上記（3）診療用粒子線照射装置は，平成 20 年の施行規則改正で新たに加えられた装置の区分である。また（6）放射性同位元素装備診療機器には，昭和 63 年厚生省告示第 243 号[3.1.1]により「骨塩定量分析装置：0.11TBq 以下の ^{125}I，^{153}Gd，^{241}Am を装備したもの」「ガスクロマトグラフ用エレクトロン・キャプチャ・ディテクタ（GC 用 ECD）：740MBq 以下の ^{63}Ni を装備したもの」「輸血用血液照射装置：200TBq 以下の ^{137}Cs を装備したもの」が定められている。なお，(7) と(8) は，「診療用放射性同位元素又は陽電子断層撮影診療用放射性同位元素」と併記されることが多く，この本では[陽電子]を付けて「[陽電子]診療用放射性同位元素」と記載した。

これらの「エックス線装置，診療用高エネルギー放射線発生装置，診療用粒子線照射装置，診療用放射線照射装置，診療用放射線照射器具，放射性同位元素装備診療機器，診療用放射性同位元素又は陽電子断層撮影診療用放射性同位元素」を「エックス線装置等」ということもあり，エックス線装置等の取扱い，管理又はこれに付随する業務に従事する者であって管理区域に立ち入る者を「放射線診療従事者等」という[3.6.7]。

ここで，放射性同位元素等規制法では単に「放射線発生装置」と定義されていたものが (1) エックス線装置，(2) 診療用高エネルギー放射線発生装置と (3) 診療用粒子線照射装置に，「放射性同位元素」のうち密封されたものが (4) 診療用放射線照射装置，(5) 診療用放射線照射器具，(6) 放射性同位元素装備診療機器に，密封されていないものとしては (7) 診療用放射性同位元素と (8) 陽電子断層撮影診療用放射性同位元素に区分されているように，放射線のエネルギーや放射性同位元素の数量，用途によって区別されていることに注意しなければならない。これらの関係をまとめると表 3.2 のようになる。

表 3.2　放射性同位元素等規制法及び医療法における装置・同位元素の区分の比較

<table>
<tr><th colspan="2">放射性同位元素等規制法</th><th>医療法</th></tr>
<tr><td colspan="2" rowspan="3">放射線発生装置</td><td>エックス線装置[表 3.1]</td></tr>
<tr><td>診療用高エネルギー放射線発生装置</td></tr>
<tr><td>診療用粒子線照射装置</td></tr>
<tr><td rowspan="5">放射性同位元素</td><td rowspan="3">密封されたもの</td><td>診療用放射線照射装置</td></tr>
<tr><td>診療用放射線照射器具</td></tr>
<tr><td>放射性同位元素装備診療機器
骨塩定量分析装置，輸血用血液照射装置</td></tr>
<tr><td>放射性同位元素装備機器</td><td>ガスクロマトグラフ用エレクトロン・キャプチャ・ディテクタ（GC 用 ECD）</td></tr>
<tr><td>密封されていないもの
［放射性医薬品・治験薬等を除く］</td><td></td></tr>
<tr><td rowspan="2"></td><td rowspan="2">［放射性医薬品・治験薬等］</td><td>診療用放射性同位元素</td></tr>
<tr><td>陽電子断層撮影診療用放射性同位元素</td></tr>
</table>

なお，以下の表3.3～表3.14の表題「→表3.3M」のように参照した「表3.3M」は，暗記用としてさらに内容をまとめた表である。暗記用の表の中で，セル全体に網掛けした箇所は，全体に共通している内容あるいは基準となる内容であることを示している。記憶するにあたっては，まず網掛けの内容を覚え，その他の箇所については，そことの相違点に注意して覚えるとよい。例えば，表3.3Mの最初の行は「届出の方法」だが，X線装置以外は「あらかじめ都道府県知事に届出」ることになっているが，X線装置のみが「設置後10日以内に都道府県知事に届出」である。また，上から3行目では，「届出内容」として，「装置等の制作者名，型式及び台数（又は個数）」が基準であり，X線装置及び発生装置・粒子線装置はこれだけでよいが，照射装置，照射器具，装備機器では，この内容に「＋」で示した「同位元素の種類及び数量（Bq）（「Bq単位をもって表した数量」の意）」を加えなければならず，さらに照射器具では，［　］に記したように「制作者名」は不要である。その他，補足や参照は［　］内に示した。

表 3.3　装置等の届出［装置等の種類と定義］　**→表 3.3M**

<table>
<tr><td></td><td>エックス線装置(第 24 条の 2)</td><td>診療用高エネルギー放射線発生装置(第 24 条第 1 号, 第 25 条)</td><td>診療用粒子線照射装置（第 24 条第 2 号，第 25 条の 2)</td><td>診療用放射線照射装置(第 24 条第 3 号，第 26 条)</td></tr>
<tr><td>定義</td><td>定格出力の管電圧が 10kV 以上でエネルギーが 1MeV 未満の診療用エックス線装置

［X 線撮影装置，X 線 CT 装置，X 線透視装置など］</td><td>1MeV 以上のエネルギーを有する診療用の電子線又はエックス線の発生装置
［リニアック，サイクロトロン, サイバーナイフなど］</td><td>陽子線又は重イオン線を照射する診療用の装置

［陽子線照射装置，重粒子線照射装置など］</td><td>下限数量の 1000 倍を超える密封された放射性同位元素を装備した診療用の照射機器

［テレコバルト，ラルス，ガンマナイフなど］</td></tr>
<tr><td>方法</td><td>備えてから 10 日以内に都道府県知事に届出</td><td colspan="3">あらかじめ都道府県知事に届出</td></tr>
<tr><td rowspan="3">届出内容</td><td rowspan="3">(1) 病院又は診療所の名称及び所在地
(2) エックス線装置の制作者名，型式及び台数
(3) エックス線高電圧発生装置の定格出力
(4) エックス線装置及びエックス線診療室のエックス線障害の防止に関する構造設備及び予防措置の概要
(5) エックス線診療に従事する医師，歯科医師，放射線技師又は診療エックス線技師の氏名及びエックス線診療に関する経歴</td><td colspan="2">(1) 病院又は診療所の名称及び所在地
(2) 診療用高エネルギー放射線発生装置／診療用粒子線照射装置の制作者名，型式及び台数
(3) 診療用高エネルギー放射線発生装置／診療用粒子線照射装置の定格出力</td><td rowspan="3">(1) 病院又は診療所の名称及び所在地
(2) 診療用放射線照射装置の制作者名，型式及び個数並びに装備する放射性同位元素の種類及びベクレル単位をもって表した数量
(3) 診療用放射線照射装置，診療用放射線照射装置使用室，貯蔵施設及び運搬容器並びに診療用放射線照射装置により治療を受けている患者を収容する病室の障害防止に関する構造設備及び予防措置の概要
(4) 診療用放射線照射装置を使用する医師，歯科医師又は放射線技師の氏名及び放射線診療に関する経歴
(5) 予定使用開始時期</td></tr>
<tr><td>(4) 診療用高エネルギー放射線発生装置及び診療用高エネルギー放射線発生装置使用室の放射線障害の防止に関する構造設備及び予防措置の概要（放射化物保管設備又は放射化物のみを保管廃棄する保管廃棄設備を備える場合はその旨を記載[3.3.3])</td><td>(4) 診療用粒子線照射装置及び診療用粒子線照射装置使用室の放射線障害の防止に関する構造設備及び予防措置の概要</td></tr>
<tr><td colspan="2">(5) 診療用高エネルギー放射線発生装置／診療用粒子線照射装置を使用する医師，歯科医師又は放射線技師の氏名及び放射線診療に関する経歴
(6) 予定使用開始時期</td></tr>
<tr><td>変更等届出（第 29 条）</td><td>1. (2)-(5)に掲げる項を変更したときは 10 日以内に都道府県知事に届出

2. エックス線装置を備えなくなったときは，10 日以内にその旨を都道府県知事に届出</td><td colspan="2">1. (2)-(5)に掲げる項を変更しようとする場合はあらかじめ都道府県知事に届出

2. 診療用高エネルギー放射線発生装置／診療用粒子線照射装置を備えなくなったときは，10 日以内にその旨を都道府県知事に届出</td><td>1. (2)-(4)に掲げる項を変更しようとする場合はあらかじめ都道府県知事に届出

2. 診療用放射線照射装置を備えなくなったときは，10 日以内にその旨を都道府県知事に届出</td></tr>
</table>

表題で「→表 3.3M」として参照している「表 3.3M」は，「表 3.3」の内容を暗記用としてさらにまとめた表である。

<table>
<tr><td>診療用放射線照射器具(第24条第4号，第27条)</td><td>放射性同位元素装備診療機器(第24条第7号，第27条の2)</td><td>診療用放射性同位元素(第24条第8号の2，第28条)</td><td>陽電子断層撮影診療用放射性同位元素(第24条第8号，第28条)</td></tr>
<tr><td>下限数量の1000倍以下の密封された放射性同位元素を装備した診療用の照射機器

［密封小線源：^{125}Iシード，^{192}Irワイヤ，^{198}Auグレイン，^{226}Ra針・管など］</td><td>密封された放射性同位元素を装備した診療用の機器のうち，厚生労働大臣が定めるもの
［骨塩定量分析装置，GC用ECD，輸血用血液照射装置］(装備機器告示第243号)</td><td>医薬品又は治験薬等である密封されていない放射性同位元素(「陽電子同位元素」を除く)
［SPECT用放射性医薬品，治験薬など］</td><td>医薬品又は治験薬等である陽電子断層撮影に用いる密封されていない放射性同位元素
［PET用放射性医薬品，治験薬など］</td></tr>
<tr><td colspan="4">あらかじめ都道府県知事に届出</td></tr>
<tr><td>(1) 病院又は診療所の名称及び所在地
(2) 診療用放射線照射器具の型式及び個数並びに装備する放射性同位元素の種類及びベクレル単位をもって表した数量
(3) 診療用放射線照射器具使用室，貯蔵施設及び運搬容器並びに診療用放射線照射器具により治療を受けている患者を収容する病室の放射線障害防止に関する構造設備及び予防措置の概要
(4) 診療用放射線照射器具を使用する医師，歯科医師又は診療放射線技師の氏名及び放射線診療に関する経歴
(5) 予定使用開始時期
2. 装備する放射性同位元素の物理的半減期が30日以下のものを備えようとするときは，(1)，(3)，(4)のほか，その年に使用する診療用放射線照射器具の(2)及びベクレル単位をもって表した診療用放射性同位元素の種類ごとの最大貯蔵予定数量及び1日の最大使用予定数量についてあらかじめ都道府県知事に届出
3. 装備する放射性同位元素の物理的半減期が30日以下のものを備えているときは，毎年12月20日までに，翌年において使用を予定する診療用放射線照射器具について(1)及び(2)の事項を都道府県知事に届出</td><td>(1) 病院又は診療所の名称及び所在地
(2) 放射性同位元素装備診療機器の制作者名，型式及び台数並びに装備する放射性同位元素の種類及びベクレル単位をもって表した数量
(3) 放射性同位元素装備診療機器使用室の放射線障害防止に関する構造設備及び予防措置の概要
(4) 放射線を人体に対して照射する放射性同位元素装備診療機器[骨塩定量分析装置]を使用する医師，歯科医師，放射線技師の氏名及び放射線診療に関する経歴
(5) 予定使用開始時期</td><td colspan="2">(1) 病院又は診療所の名称及び所在地
(2) その年に使用する[陽電子]診療用放射性同位元素の種類，形状及びベクレル単位をもって表した数量
(3) ベクレル単位をもって表した[陽電子]診療用放射性同位元素の種類ごとの最大貯蔵予定数量，1日の最大使用予定数量及び3月間の最大使用予定数量
(4) [陽電子]診療用放射性同位元素使用室，貯蔵施設，運搬容器及び廃棄施設並びに[陽電子]診療用同位元素により治療を受けている患者を収容する病室の放射線障害防止に関する構造設備及び予防措置の概要
(5) [陽電子]診療用放射性同位元素を使用する医師又は歯科医師の氏名及び放射線診療に関する経歴
2. 毎年12月20日までに，翌年において使用を予定する[陽電子]診療用放射性同位元素について(1)及び(2)の事項を都道府県知事に届出</td></tr>
<tr><td>1. (2)-(4)に掲げる項を変更しようとする場合はあらかじめ都道府県知事に届出</td><td>1. (2)-(4)に掲げる項を変更しようとする場合はあらかじめ都道府県知事に届出</td><td colspan="2">1. (3)-(5)に掲げる項を変更しようとする場合はあらかじめ都道府県知事に届出</td></tr>
<tr><td>2. 診療用放射線照射器具を備えなくなったときは，10日以内にその旨を都道府県知事に届出</td><td>2. 放射性同位元素装備診療機器を備えなくなったときは，10日以内にその旨を都道府県知事に届出</td><td colspan="2">2. [陽電子]診療用放射性同位元素を備えなくなったときは，10日以内にその旨を都道府県知事に届出，30日以内に第30条の24に掲げる廃止後の措置[3.6.13]の概要を都道府県知事に届出</td></tr>
</table>

表 3.3M　装置等の届出［装置等の種類と定義］のまとめ

<table>
<tr><th></th><th>X線装置</th><th>診療用高エネルギー放射線発生装置／診療用粒子線照射装置</th><th>診療用放射線照射装置</th><th>診療用放射線照射器具</th><th>放射性同位元素装備診療機器</th><th>診療用放射性同位元素／陽電子断層撮影診療用放射性同位元素</th></tr>
<tr><td>方法</td><td>設置後 10 日以内に都道府県知事に届出</td><td colspan="5">あらかじめ都道府県知事に届出</td></tr>
<tr><td rowspan="7">届出内容</td><td colspan="6">病院又は診療所の名称及び所在地</td></tr>
<tr><td colspan="2">装置等の制作者名，型式及び台数(個数)</td><td>＋同位元素の種類及び数量(Bq)</td><td>＋同位元素の種類及び数量(Bq)
［制作者名なし］</td><td>＋同位元素の種類及び数量(Bq)</td><td>その年に使用する[陽電子]同位元素の種類，形状及び数量(Bq)［制作者名，型式及び個数なし］</td></tr>
<tr><td colspan="2">定格出力</td><td>［なし］</td><td>半減期が 30 日以下：核種ごとの最大貯蔵予定数量及び 1 日の最大使用予定数量(Bq)（第 2 項)</td><td>［なし］</td><td>核種ごとの最大貯蔵予定数量，1 日の最大使用予定数量及び3月間の最大使用予定数量(Bq)</td></tr>
<tr><td>装置，診療室の障害防止概要</td><td>装置等，使用室の障害防止概要</td><td>＋貯蔵施設，運搬容器，治療病室</td><td>＋貯蔵施設，運搬容器，治療病室
［装置なし］</td><td>［装置なし］</td><td>＋貯蔵施設，運搬容器，廃棄施設，治療病室
［装置なし］</td></tr>
<tr><td>［放射線技師又は診療X線技師の氏名］</td><td colspan="3">使用する医師，歯科医師又は放射線技師の氏名及び放射線診療に関する経歴</td><td>［骨塩定量分析装置を使用］</td><td>［放射線技師の氏名なし］</td></tr>
<tr><td>［なし］</td><td colspan="4">予定使用開始時期</td><td>［なし］</td></tr>
<tr><td></td><td></td><td></td><td>装備する同位元素の半減期が 30 日以下のときは，翌年に使用を予定する診療用放射線照射器具について病院又は診療所の名称，所在地及び照射器具の型式，個数，装備する同位元素の種類及び数量(Bq)を毎年 12 月 20 日までに都道府県知事に届出(第 3 項)</td><td></td><td>翌年に使用を予定する[陽電子]同位元素について病院又は診療所の名称，所在地及びその年に使用する同位元素の種類，形状及び数量(Bq)を毎年 12 月 20 日までに都道府県知事に届出(第 2 項)</td></tr>
<tr><td>変更</td><td>変更後 10 日以内に都道府県知事に届出</td><td colspan="5">あらかじめ都道府県知事に届出</td></tr>
<tr><td>廃止</td><td colspan="5">10 日以内にその旨を都道府県知事に届出</td><td>＋30 日以内に廃止後の措置の概要</td></tr>
</table>

3.3.3　放射化物の管理

厚生労働省は「医療法施行規則の一部を改正する省令の施行について」(平成31年3月15日医政発0315第4号医政局長通知)の中で「放射線診療室に放射線診療と無関係な機器を設置し，放射線診療に関係ない診療を行うこと及び放射線診療室を一般の機器及び物品の保管場所として使用することは認めない」としており，装置から取り外された放射化物は放射線診療室以外の場所に保管する必要がある（図3.3(A))。一方，放射性同位元素等規制法改正により，放射化物が規制対象とされ[2.1.2]，放射化物の保管や廃棄方法が規定された[2.5.1.8]。しかし，医療機関の実態を踏まえると，放射化物を保管するための放射化物保管設備や放射化物専用の保管廃棄設備を個別に設けることは難しいことから，診療用高エネルギー放射線発生装置使用室に放射化物保管設備又は放射化物のみを保管廃棄する保管廃棄設備の設置が認められた（平成26年3月31日医政発0331第16号医政局長通知)(図3.3(B))。この場合，診療用高エネルギー放射線発生装置使用室に放射化物保管設備又は放射化物のみを保管廃棄する保管廃棄設備を備える旨を，あらかじめ病院又は診療所の所在地の都道府県知事に届け出なければならない[3.3.1(表3.3)]。

(A) これまでの原則に基づいた施設

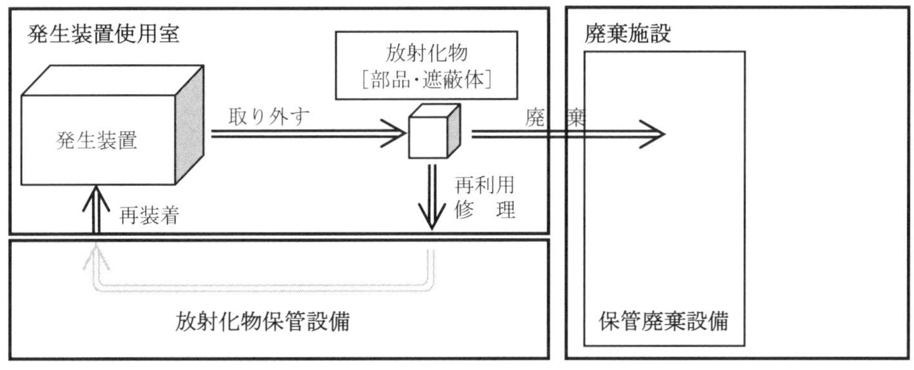

(B) 平成 26 年 3 月 31 日医政発 0331 第 16 号医政局長通知で認められた施設

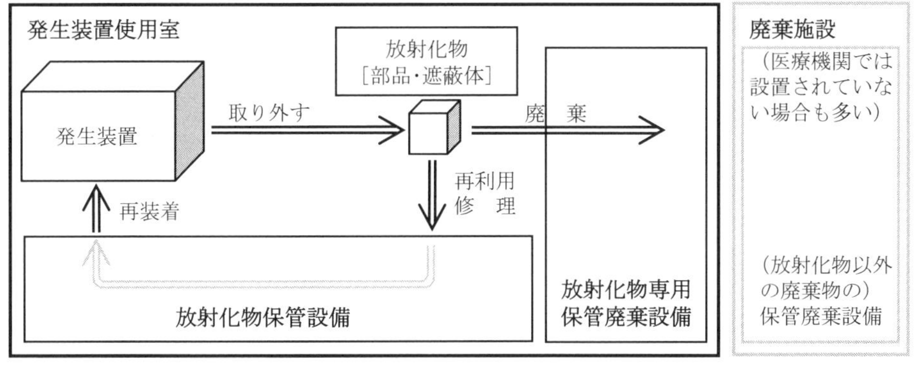

図 3.3　放射線発生装置から取り外された放射化物の管理と医政局長通知で認められた施設

3.4　エックス線装置等の防護：第 30 条～第 30 条の 3

3.4.1　第 2 節　エックス線装置等の防護（表 3.4，3.4M）

エックス線装置，診療用高エネルギー放射線発生装置，診療用粒子線照射装置及び診療用放射線照射装置に関する放射線防護上の装置の基準が定められている（第 30 条～第 30 条の 3）。ここで，エックス線装置に関しては，その用途から透視用エックス線装置，撮影用エックス線装置，胸部集検用間接撮影エックス線装置，治療用エックス線装置及び輸血用血液照射エックス線装置に区分され，さらに撮影用エックス線装置には，直接撮影用エックス線装置，断層撮影エックス線装置，ＣＴエックス線装置，口内法撮影用エックス線装置，歯科用パノラマ断層撮影装置及び骨塩定量分析エックス線装置が含まれる（表 3.1）[3.3.2]。さらに，移動型及び携帯型エックス線装置（移動型透視用エックス線装置及び移動型ＣＴ装置を含む）に対する基準が区別して規定されている。

表 3.4　エックス線装置等の防護　→**表 3.4M**

装置名	障害防止の方法
エックス線装置(第 30 条第 1 項)	エックス線装置は，次に掲げる障害防止の方法を講じたものでなければならない。 1. エックス線管の容器及び照射筒は利用線錐以外のエックス線量が次に掲げる自由空気中の空気カーマ率(以下「空気カーマ率」という)になるようにしゃへいすること。 (1) 定格管電圧が 50kV 以下の治療用エックス線装置にあっては，エックス線装置の接触可能表面から 5cm の距離において 1.0mGy 毎時以下 (2) 定格管電圧が 50kV を超える治療用エックス線装置にあっては，エックス線管焦点から 1m の距離において 10mGy 毎時以下かつエックス線装置の接触可能表面から 5cm の距離において 300mGy 毎時以下 (3) 定格管電圧が 125kV 以下の口内法撮影用エックス線装置にあってはエックス線管焦点から 1m の距離において 0.25mGy 毎時以下 (4) (1)から(3)までに掲げるエックス線装置以外のエックス線装置にあっては，エックス線管焦点から 1m の距離において，1.0mGy 毎時以下 (5) コンデンサ式エックス線高電圧装置にあっては，充電状態であって，照射時以外のとき，接触可能表面から 5cm の距離において，20μGy 毎時以下 2. エックス線装置には，次に掲げる利用線錐の総濾過となるような附加濾過板を付すること。 (1) 定格管電圧が 70kV 以下の口内法撮影用エックス線装置にあっては，アルミニウム当量 1.5mm 以上 (2) 定格管電圧が 50kV 以下の乳房撮影用エックス線装置にあっては，アルミニウム当量 0.5mm 以上又はモリブデン当量 0.03mm 以上 (3) 輸血用血液照射エックス線装置，治療用エックス線装置及び(1)及び(2)に掲げるエックス線装置以外のエックス線装置にあっては，アルミニウム当量 2.5mm 以上
透視用エックス線装置(第 30 条第 2 項)	透視用エックス線装置は，前項に規定するもののほか，次に掲げる障害防止の方法を講じたものでなければならない。 1. 透視中の患者への入射線量率は，患者の入射面の利用線錐の中心における空気カーマ率が，50mGy 毎分以下になるようにすること。ただし，操作者の連続した手動操作のみで作動し，作動中連続した警告音等を発するようにした高線量率透視制御を備えた装置にあっては，125mGy 毎分以下になるようにすること。 2. 透視時間を積算することができ，かつ，透視中において一定時間が経過した場合に警告音等を発することができるタイマーを設けること。 ［次頁へ続く］

[前頁より続く]

		3. 透視時のエックス線管焦点皮膚間距離が 30cm 以上になるような装置又は当該皮膚焦点間距離未満で照射することを防止するインターロックを設けること。ただし，手術中に使用するエックス線装置のエックス線管焦点皮膚間距離については，20cm 以上にすることができる。 4. 利用するエックス線管焦点受像器間距離において，受像面を超えないようにエックス線照射野を絞る装置を備えること。ただし，受像面が円形でエックス線照射野が矩形の場合において，受像面に外接する大きさを超えないとき，及び，照射方向に垂直な受像面上で直交する 2 本の直線と照射野の縁との交点と受像面の縁との交点間の距離(以下「交点間距離」という)の和が焦点受像器間距離の 3%を超えず，かつ，交点間距離の総和が焦点受像器間距離の 4%を超えないときは，受像面を超えるエックス線照射野を許容するものとする。 5. 利用線錐中の蛍光板，イメージインテンシファイア等の受像器を通過したエックス線の空気カーマ率が，利用線錐中の蛍光板，イメージインテンシファイア等の受像器の接触可能表面から 10cm の距離において，150μGy 毎時以下になるようにすること。 6. 透視時の最大受像面を 3.0cm 超える部分を通過したエックス線の空気カーマ率が，当該部分の接触可能表面から 10cm の距離において，150μGy 毎時以下になるようにすること。 7. 利用線錐以外のエックス線を有効にしゃへいするための適切な手段を講じること。
エックス線装置	撮影用エックス線装置(第 30 条第 3 項)	撮影用エックス線装置(胸部集検用間接撮影エックス線装置を除く)は，第 1 項に規定するもののほか，次に掲げる障害防止の方法(CT エックス線装置にあっては第 1 号に掲げるものを，骨塩定量分析エックス線装置にあっては第 2 号に掲げるものを除く)を講じたものでなければならない。 1. 利用するエックス線管焦点受像器間距離において，受像面を超えないようにエックス線照射野を絞る装置を備えること。ただし，受像面が円形でエックス線照射野が矩形の場合において，受像面に外接する大きさを超えないとき，及び，照射方向に垂直な受像面上で直交する 2 本の直線の交点間距離の和が焦点受像器間距離の 3%を超えず，かつ，交点間距離の総和が焦点受像器間距離の 4%を超えないときは，受像面を超えるエックス線照射野を許容するものとし，口内法撮影用エックス線装置にあっては，照射筒の端における照射野の直径が 6.0cm 以下になるように，乳房撮影用エックス線装置にあっては，患者の胸壁に近い患者指示器の縁を超える照射野の広がりが 5mm を超えず，かつ，受像面の縁を超える広がりが焦点受像器間距離の 2%を超えないようにすること。 2. エックス線管焦点皮膚間距離は，次に掲げるものとすること。ただし，拡大撮影を行う場合((6)を除く)にあっては，この限りでない。 (1) 定格管電圧が 70kV 以下の口内法撮影用エックス線装置にあっては，15cm 以上 (2) 定格管電圧が 70kV を超える口内法撮影用エックス線装置にあっては，20cm 以上 (3) 歯科用パノラマ断層撮影装置にあっては，15cm 以上 (4) 移動型及び携帯型エックス線装置にあっては，20cm 以上 (5) CT エックス線装置にあっては，15cm 以上 (6) 乳房撮影用装置(拡大撮影に限る)にあっては，20cm 以上 (7) (1)から(6)までに掲げるエックス線装置以外のエックス線装置にあっては，45cm 以上 3. 移動型及び携帯型エックス線装置及び手術中に使用するエックス線装置にあっては，エックス線管焦点及び患者から 2m 以上離れた位置において操作できる構造とすること。
	胸部集検用間接撮影エックス線装置(第 30 条第 4 項)	胸部集検用間接撮影エックス線装置は，第 1 項に規定するもののほか，次に掲げる障害防止の方法を講じたものでなければならない。 1. 利用線錐が角錐型となり，かつ，利用するエックス線管焦点受像器間距離において，受像面を超えないようにエックス線照射野を絞る装置を備えること。ただし，照射方向に垂直な受像面上で直交する 2 本の直線の交点間距離の和が焦点受像器間距離の 3%を超えず，かつ，交点間距離の総和が焦点受像器間距離の 4%を超えないときは，受像面を超えるエックス線照射野を許容するものとする。 2. 受像器の 1 次防護しゃへい体は，装置の接触可能表面から 10cm の距離における自由空気中の空気カーマ(以下「空気カーマ」という)が，1 ばく射につき 1.0μGy 以下になるようにすること。 3. 被照射体の周囲には，箱状のしゃへい物を設けることとし，そのしゃへい物から 10cm の距離における空気カーマが，1 ばく射につき 1.0μGy 以下になるようにすること。ただし，エックス線装置の操作その他の業務に従事する者が照射時に室外へ容易に退避することができる場合にあっては，この限りでない。
	治療用エックス線装置(第 30 条第 5 項)	治療用エックス線装置(近接照射治療装置を除く)は第 1 項に規定する障害防止の方法を講ずるほか，濾過板が引き抜かれたときは，エックス線の発生を遮断するインターロックを設けたものでなければならない。

[次頁へ続く]

［前頁より続く］

診療用高エネルギー放射線発生装置（第30条の2）／診療用粒子線照射装置（第30条の2の2）	1. 発生管／照射管の容器は利用線錐以外の放射線量が利用線錐の放射線量の1,000分の1以下になるようにしゃへいすること。 2. 照射終了直後の不必要な放射線からの被ばくを低減するための適切な防護措置を講ずること。 3. 放射線発生時／照射時にその旨を自動的に表示する装置を付すること。 4. 診療用高エネルギー放射線発生装置使用室／診療用粒子線照射装置使用室の出入口が解放されているときは，放射線の発生／照射を遮断するインターロックを設けること。
診療用放射線照射装置（第30条の3）	1. 放射線の収納容器は，照射口が閉鎖されているときにおいて，1mの距離における空気カーマ率が70μGy毎時以下になるようにしゃへいすること。 2. 放射線障害の防止に必要な場合にあっては，照射口に適当な2次電子濾過板を設けること。 3. 照射口は，診療用放射線照射装置使用室の室外から遠隔操作によって開閉できる構造のものとすること。ただし，診療用放射線照射装置の操作その他の業務に従事する者を防護するための適当な装置を設けた場合は，この限りでない。

装置等の防護をまとめた以下の表3.4Mでは，網掛けしたX線装置の規定が基準となり，その他の「透視用」「撮影用」「胸部集検用」「治療用」の各X線装置の防護には，網掛けしたX線装置の規定に加えて，各項目に記載した防護措置が必要となる。

表3.4M　エックス線装置等の防護のまとめ

装置名	障害防止の方法			
X線装置	X線管容器，照射筒のしゃへい： 利用線錐以外の空気カーマ率(K/t) K/t (5cm/10cm):接触可能表面から5cm/10cmの距離における空気カーマ率 K/t (1m):X線管焦点から1mの空気カーマ率		X線装置の附加濾過板の設置： 利用線錐の総濾過を規定 （総濾過：装置の自己(固有)濾過＋附加濾過）	
	治療用 50kV以下 治療用 50kV超 口内法撮影用125kV以下 上記以外 コンデンサ式高電圧装置(充電状態，照射時以外)	K/t (5cm)≦ 1.0 mGy/h K/t (1m) ≦ 10 mGy/h K/t (5cm)≦ 300 mGy/h K/t (1m) ≦ 0.25 mGy/h K/t (1m) ≦ 1.0 mGy/h K/t (5cm)≦ 20μGy/ h	口内法撮影用 70kV以下 乳房撮影用 50kV以下 輸血用血液照射，治療用及び上記以外	≧ 1.5 mm Al ≧ 0.5 mm Al, ≧ 0.03 mm Mo ≧ 2.5 mm Al
透視用X線装置	［X線装置の規定］に加え， 透視中の患者の入射線量率：K/t (患者の入射面の利用線錐中心)≦ 50 mGy/m 手動操作の高線量率透視制御装備装置：K/t (患者の入射面の利用線錐中心)≦ 125 mGy/m 受像器及び最大受像面の3.0cm超を通過したX線：K/t (10cm)≦ 150μGy/h X線管焦点皮膚間距離： 透視時：≧30cm又はインターロック設置 手術中：≧20cm		X線管焦点受像器間距離：受像面を超えないようX線照射野を絞る装置（受像面が円形で照射野が矩形：照射野は受像面に外接する大きさを超えないとき，及び，[3%/4%]を超えないときは受像面を超える照射野を許容） 透視時間を積算でき，一定時間経過後に警報音等を発するタイマー設置 利用線錐以外のX線管を有効にしゃへいするための適切な手段	

［次頁へ続く］

［前頁より続く］

撮影用 Ｘ線装置	［Ｘ線装置の規定］に加え， Ｘ線管焦点皮膚間距離： 口内法撮影用 70kV 以下：≧15cm 口内法撮影用 70kV 超：≧20cm 歯科用パノラマ断層撮影：≧15cm 移動型及び携帯型：≧20cm CT 装置：≧15cm 乳房撮影用(拡大撮影)：≧20cm 上記以外：≧45cm	Ｘ線管焦点受像器間距離：受像面を超えないようＸ線照射野を絞る装置（受像面が円形で照射野が矩形：照射野は受像面に外接する大きさを超えないとき，及び，[3%/4%]を超えないときは受像面を超える照射野を許容) 口内法撮影用：照射筒端における照射野直径が 6.0cm 以下， 乳房撮影用：患者指示器の縁における照射野の広がりが5mm以下かつ受像面の縁を超える広がりが焦点受像器間距離の 2%以下) 移動型，携帯型及び手術中：Ｘ線管焦点及び患者から2m以上離れた位置で操作できる構造
胸部集検用間接撮影 Ｘ線装置	［Ｘ線装置の規定］に加え， 受像器一次防護しゃへい体:接触可能表面から10cmの空気カーマK(10cm)≦1.0μGy/1曝射 被照射体周囲のしゃへい物:しゃへい物から10cmの空気カーマ K(10cm)≦1.0μGy/1 曝射	利用線錐が角錐型であり，利用するＸ線管焦点受像器間距離：受像面を超えないようにＸ線照射野を絞る装置を設置([3%/4%]を超えないときは受像面を超える照射野を許容)
治療用 Ｘ線装置	［Ｘ線装置の規定］に加え，	濾過板が引き抜かれた時，Ｘ線の発生を遮断するインターロックの設置

[3%/4%]を超えない＝「照射方向に垂直な受像面上で直交する２本の直線の交点間距離の和が焦点受像器間距離の 3%を超えず，かつ，交点間距離の総和が焦点受像器間距離の 4%を超えない」

装置名	障害防止の方法	
診療用高エネルギー放射線発生装置／診療用粒子線照射装置	発生管／照射管の容器：利用線錐以外の放射線量が利用線錐の放射線量の 1/1000 以下にしゃへい	不必要な放射線からの被ばく低減のための適切な防護措置 放射線発生時／照射時に自動的に表示する装置の設置 診療用高エネルギー放射線発生装置使用室／診療用粒子線照射装置使用室の出入口の解放時に，放射線の発生／照射を遮断するインターロックの設置
診療用放射線照射装置	放射線の収納容器： 照射口閉鎖時 K/t (1m)≦70μGy/h にしゃへい	放射線障害の防止に必要な照射口への２次電子濾過板の設置 照射口：診療用放射線照射装置使用室の室外から遠隔操作により開閉できる構造

3.5　構造設備基準：第 30 条の 4～第 30 条の 12

3.5.1　第 3 節　エックス線診療室等の構造設備（表 3.5，3.6，3.5M）

第 3 節には，8 種類の使用室及び貯蔵施設，運搬容器，廃棄施設，放射線治療病室それぞれに関する放射線防護上の構造設備の基準が定められている（第 30 条の 4～第 30 条の 12）。装置，器具，機器使用室の構造設備基準を表 3.5 に，診療用放射性同位元素に関連する使用室，施設の構造設備基準を表 3.6 に掲げ，両表の要点を表 3.5M としてひとつにまとめた。

3.5.2　使用室，施設等の定義（表 3.5，3.6，3.5M）

規制の対象となる使用室や施設に関して，以下のように定義される。

(1)　エックス線診療室：エックス線装置を使用する室（第 30 条の 4）[エックス線装置使用室ではない点に注意！]

(2)　診療用高エネルギー放射線発生装置使用室：診療用高エネルギー放射線発生装置を使用する室（第 30 条の 5）

(3)　診療用粒子線照射装置使用室：診療用粒子線照射装置を使用する室（第 30 条の 5 の 2）

(4)　診療用放射線照射装置使用室：診療用放射線照射装置を使用する室（第 30 条の 6）

(5)　診療用放射線照射器具使用室：診療用放射線照射器具を使用する室（第 30 条の 7）

(6)　放射性同位元素装備診療機器使用室：放射性同位元素装備診療機器を使用する室（第 30 条の 7 の 2）

(7)　診療用放射性同位元素使用室：診療用放射性同位元素を使用する室。この中では，診療用放射性同位元素の調剤等を行う室（以下「準備室」）と診療用放射性同位元素を用いて診療を行う室とに区画することが必要である（第 30 条の 8）。

(8)　陽電子断層撮影診療用放射性同位元素使用室：陽電子断層撮影診療用放射性同位元素を使用する室。ここでは，陽電子診療用放射性同位元素の調剤等を行う室（以下「陽電子準備室」），これを用いる診療室（医政局長通知では「陽電子診療室」）及び陽電子断層撮影診療用放射性同位元素が投与された患者等が待機する室（医政局長通知では「陽電子待機室」）に区画する必要がある（第 30 条の 8 の 2，平成 31 年 3 月 15 日医政発 0315 第 4 号厚生労働省医政局長通知）。

(9)　貯蔵施設：診療用放射線照射装置，診療用放射線照射器具，診療用放射性同位元素又は陽電子断層撮影診療用放射性同位元素を貯蔵する施設（第 30 条の 9）

(10)　運搬容器：診療用放射線照射装置，診療用放射線照射器具，診療用放射性同位元素又は陽電子断層撮影診療用放射性同位元素を運搬する容器（第 30 条の 10）

(11)　廃棄施設：診療用放射性同位元素，陽電子断層撮影診療用放射性同位元素又は放射性同

位元素によって汚染された物（「医療用放射性汚染物」という）を廃棄する施設（第30条の11）。この中には，廃棄する医療用放射性汚染物の状況に応じて，必要な設備を設置し，排水口における排液中の放射性同位元素の濃度及び排気口における排気中の放射性同位元素の濃度をそれぞれ第30条の26第1項に定める濃度限度[3.5.3]以下としなければならない。

① 排水設備（排水管，排液処理槽その他液体状の医療用放射性汚染物を排水し，又は浄化する一連の設備）：液体状の医療用放射性汚染物を排水・浄化する場合に設置

② 排気設備（排風機，排気浄化装置その他気体状の医療用放射性汚染物を排気し，又は浄化する一連の設備）：気体状の医療用放射性汚染物を排気・浄化する場合に設置

③ 焼却設備（焼却炉，廃棄作業室，汚染検査室（人体又は作業衣，履物，保護具等人体に着用している物の表面の放射性同位元素による汚染の検査を行う室））：医療用放射性汚染物を焼却する場合に設置

④ 保管廃棄設備：医療用放射性汚染物を保管廃棄する場合に設置

特に，1日最大使用数量が厚生労働大臣の定める数量（^{11}C，^{13}N，^{15}O:1TBq，^{18}F: 5TBq）以下の陽電子断層撮影診療用放射性同位元素又は陽電子断層撮影診療用放射性同位元素によって汚染された物を保管廃棄する場合には，それ以外の放射性汚染物が混入，付着しないように封及び表示をし，当該陽電子断層撮影診療用放射性同位元素の原子数が1を下回ることが確実な期間として7日間を超えて管理区域内に保管廃棄した後は，医療用放射性汚染物でなくなるとされている（第30条の11第1項第6号，第4項）。

⑿ 放射線治療病室：診療用放射線照射装置，診療用放射線照射器具，診療用放射性同位元素又は陽電子断層撮影診療用放射性同位元素により治療を受けている患者を入院させる病室（第30条の12）

これらの使用室や施設の中で，(1) エックス線診療室，(2) 診療用高エネルギー放射線発生装置使用室，(3) 診療用粒子線照射装置使用室，(4) 診療用放射線照射装置使用室，(5) 診療用放射線照射器具使用室，(6) 放射性同位元素装備診療機器使用室，(7) 診療用放射性同位元素使用室，(8) 陽電子断層撮影診療用放射性同位元素使用室，(9) 貯蔵施設，(11) 廃棄施設及び(12) 放射線治療病室を総称して「放射線取扱施設」といい，放射線障害の防止に必要な注意事項を掲示しなければならないとしている[3.6.2]。また，医政局長通知では，(1)～(8) の使用室を「放射線診療室」と定義している（平成31年3月15日医政発0315第4号厚生労働省医政局長通知）。

表 3.5　装置，器具使用室の構造設備基準　→**表 3.5M**

使用室	エックス線診療室(第 30 条の 4)	診療用高エネルギー放射線発生装置使用室(第30条の5)	診療用粒子線照射装置使用室(第30条の5の2)
画壁等	1. 天井，床及び周囲の画壁(以下「画壁等」という)は，その外側における実効線量が 1 週間につき 1mSv 以下になるようにしゃへいすることができるものとする。ただし，その外側が，人が通行し，又は停在することのない場所である画壁等についてはこの限りでない。		
構造設備基準	2. エックス線診療室の室内には，エックス線装置を操作する場所を設けないこと。ただし，胸部集検用間接撮影エックス線装置の防護(第 30 条第 4 項第 3 号)に規定する箱状の遮蔽物を設けたとき，又は近傍透視撮影を行うとき，若しくは乳房撮影を行う等の場合であって必要な防護物を設けたときは，この限りでない。	2. 人が常時出入りする出入口は，1 箇所とし，当該出入り口には，放射線発生時／照射時に自動的にその旨を表示する装置を設けること。	
	3. エックス線診療室である旨を示す標識を付すること。	3. 診療用高エネルギー放射線発生装置使用室／診療用粒子線照射装置使用室である旨を示す標識を付すること。	

表 3.5M　装置，器具，同位元素使用室及び施設の構造設備基準のまとめ

使用室等：放射線取扱施設	エックス線診療室	発生装置使用室／粒子線装置使用室	照射装置使用室	照射器具使用室	装備機器使用室	同位元素使用室	陽電子同位元素使用室
画壁等	画壁等の外側における実効線量が 1mSv/w 以下にしゃへい						
主要構造部等			耐火構造／不燃材料		耐火構造／不燃材料		
常時出入口		1 箇所，放射線発生時の自動表示装置		1 箇所			
扉　等					閉鎖設備・器具		
標　識	室・施設を示す標識						
注意事項掲示	放射線障害の防止に必要な注意事項を掲示（第 30 条の 13 [3.6.2 参照]）						
その他の構造設備基準	・室内にX線装置の操作場所を設けない(必要な防護物を設けたときを除く)	・放射化物保管設備／放射化物用保管廃棄設備の設置について[3.3.3 参照]			・間仕切等の放射線障害予防措置	・準備室と診療を行う室を区画	・陽電子準備室，陽電子診療室及び患者等が待機する陽電子待機室に区画 ・陽電子同位元素使用室内に陽電子断層撮影装置の操作場所を設けない
						・壁，床等は，突起物，くぼみ及び隙間の少ない構造で，表面は，平滑で，気体又は液体が浸透しにくく，腐食しにくい材料 ・出入口の付近に汚染検査に必要な放射線測定器，汚染除去に必要な機材及び洗浄設備並びに更衣施設を設置 ・洗浄設備は，排水設備に連結 ・[陽電子]準備室にフード等が設置されている時は，排気設備に連結	

診療用放射線照射装置使用室(第30条の6)	診療用放射線照射器具使用室(第30条の7)	放射性同位元素装備診療機器使用室(第30条の7の2)
2. 主要構造部等(主要構造部並びに当該使用室を区画する壁及び柱をいう。以下同じ)は耐火構造又は不燃材料を用いた構造とすること。 3. 人が常時出入りする出入口は，1箇所とし，当該出入り口には，放射線発生時に自動的にその旨を表示する装置を設けること。	2. 人が常時出入りする出入口は，1箇所とすること。	1. 主要構造部等は耐火構造又は不燃材料を用いた構造とすること。 2. 扉等外部に通ずる部分には，かぎその他閉鎖のための設備又は器具を設けること。
4. 診療用放射線照射装置使用室である旨を示す標識を付すること。	3. 診療用放射線照射器具使用室である旨を示す標識を付すること。	3. 放射性同位元素装備診療機器使用室である旨を示す標識を付すること。 4. 間仕切等を設けることその他の適切な放射線障害の防止に関する予防措置を講ずること。

貯蔵施設	廃棄施設	放射線治療病室
画壁等の外側における実効線量が1mSv/w以下にしゃへい		
耐火構造・特定防火設備に該当する防火戸		
1箇所		
かぎ等閉鎖設備・器具		
・貯蔵室，貯蔵箱等外部と区画された構造 ・貯蔵箱等は耐火性構造 ・貯蔵施設には，次に適合する貯蔵容器を備える (1) 貯蔵時に距離1mの実効線量率が100μSv/h以下 (2) 空気を汚染する同位元素を入れる貯蔵容器は気密な構造 (3) 液体状の同位元素を入れる貯蔵容器は，こぼれにくい構造，液体が浸透しにくい材料 (4) 貯蔵容器の標識を付し，照射装置・器具に装備する同位元素及び貯蔵する照射装置・同位元素の種類及び数量を表示 ・受け皿，吸収材等汚染のひろがりを防止する設備又は器具	保管廃棄設備： ・外部と区画された構造 ・耐火性構造の容器を備え，容器の表面に保管廃棄容器を示す標識	・壁，床等は，突起物，くぼみ及び隙間の少ない構造で，表面は平滑で，気体又は液体が浸透しにくく，腐食しにくい材料 ・出入口の付近に汚染検査に必要な放射線測定器，汚染除去に必要な機材及び洗浄設備並びに更衣施設を設置

表 3.6　診療用放射性同位元素及び陽電子断層撮影診療用

<table>
<tr><th></th><th>診療用放射性同位元素使用室(第 30 条の 8)</th><th>陽電子断層撮影診療用放射性同位元素使用室(第 30 条の 8 の 2)</th><th>貯蔵施設(第 30 条の 9)</th><th>運搬容器(第 30 条の 10)</th></tr>
<tr><td rowspan="5">構造設備基準</td><td colspan="2">1. 主要構造部等は，耐火構造又は不燃材料を用いた構造とすること。</td><td rowspan="5">診療用放射線照射装置，診療用放射線照射器具，診療用放射性同位元素又は陽電子断層撮影診療用放射性同位元素を貯蔵する施設(以下「貯蔵施設」という)の構造設備の基準は，次のとおりとする。
1. 貯蔵室，貯蔵箱等外部と区画された構造のものとすること。
2. 貯蔵施設の外側における実効線量が 1 週間につき 1mSv 以下になるようにしゃへいすることができるものとすること。ただし，貯蔵施設の外側が人が通行し，又は停在することのない場所である画壁等についてはこの限りでない。
3. 貯蔵室は，その主要構造部等を耐火構造とし，その開口部には，特定防火設備に該当する防火戸を設けること。ただし診療用放射線照射器具を耐火性の構造の容器に入れて貯蔵する場合はこの限りでない。
4. 貯蔵箱等は耐火性の構造とすること。ただし，診療用放射線照射装置又は診療用放射線照射器具を耐火性の構造の容器に入れて貯蔵する場合はこの限りでない。
5. 人が常時出入りする出入口は，1 箇所とすること。
6. 扉，ふた等外部に通ずる部分には，かぎその他閉鎖のための設備又は器具を設けること。
7. 貯蔵施設である旨を示す標識を付すること。
8. 貯蔵施設には，次に定める所に適合する貯蔵容器を備えること。ただし，扉，ふた等を開放した場合において 1m の距離における実効線量率が 100μSv 毎時以下になるようにしゃへいされている貯蔵箱等に診療用放射線照射器具を貯蔵する場合はこの限りでない。
(1) 貯蔵時において 1m の距離における実効線量率が 100μSv 毎時以下になるようにしゃへいすることができるものとすること。
(2) 空気を汚染するおそれのある状態にある[陽電子]診療用放射性同位元素を入れる貯蔵容器は，気密な構造とすること。
(3) 液体状の[陽電子]診療用放射性同位元素を入れる貯蔵容器は，こぼれにくい構造であり，かつ液体が浸透しにくい材料を用いること。
(4) 貯蔵容器である旨を示す標識を付し，かつ，貯蔵する診療用放射線照射装置若しくは診療用放射線照射器具に装備する放射性同位元素又は貯蔵する診療用放射線照射装置又は[陽電子]診療用放射性同位元素の種類及びベクレル単位で表した数量を表示すること。
9. 受け皿，吸収材その他の放射性同位元素による汚染のひろがりを防止するための設備又は器具を設けること。</td><td rowspan="5">診療用放射線照射装置，診療用放射線照射器具，診療用放射性同位元素又は陽電子断層撮影診療用放射性同位元素を運搬する容器(以下「運搬容器」という)の構造の基準については，前条第 8 号 1 から 4(貯蔵施設参照)までの規定を準用する。</td></tr>
<tr><td>2. 診療用放射性同位元素の調剤等を行う室(以下「準備室」という)とこれを用いて診療を行う室とに区画すること。</td><td>2. 陽電子診療用放射性同位元素の調剤等を行う室(以下「陽電子準備室」という)，これを用いて診療を行う室(「陽電子診療室」)及び陽電子断層撮影診療用放射性同位元素が投与された患者等が待機する室(「陽電子待機室」)に区画すること。</td></tr>
<tr><td colspan="2">3. 画壁等は，その外側における実効線量が 1 週間につき 1mSv 以下になるようにしゃへいすることができるものとすること。ただし，その外側が，人が通行し，又は停在することのない場所である画壁等についてはこの限りでない。
4. 人が常時出入りする出入口は，1 箇所とすること。
5. [陽電子]診療用放射性同位元素使用室である旨を示す標識を付すること。</td></tr>
<tr><td>(6. なし)</td><td>6. 陽電子断層撮影診療用放射性同位元素使用室の室内には，陽電子放射断層撮影装置を操作する場所を設けないこと。</td></tr>
<tr><td colspan="2">7. 内部の壁，床その他放射性同位元素によって汚染されるおそれのある部分は，突起物，くぼみ及び仕上材の目地等の隙間の少ないものとすること。
8. 内部の壁，床その他放射性同位元素によって汚染されるおそれのある部分の表面は，平滑であり，気体又は液体が浸透しにくく，かつ，腐食しにくい材料で仕上げること。
9. 出入口の付近に放射性同位元素による汚染の検査に必要な放射線測定器，放射性同位元素による汚染の除去に必要な機材及び洗浄設備並びに更衣施設を設けること。
10. [陽電子]準備室には洗浄設備を設けること。
11. 9 及び 10 に規定する洗浄設備は，排水設備に連結すること。
12. [陽電子]準備室に気体状の放射性同位元素又は放射性同位元素によって汚染された空気の広がりを防止するフード，グローブボックス等の装置が設けられているときは，その装置は，排気設備に連結すること。</td></tr>
</table>

※「診療用放射性同位元素又は陽電子断層撮影診療用放射性同位元素」＝[陽電子]診療用放射性同位元素

放射性同位元素使用施設に関する構造設備基準　→**表 3.5M**

<table>
<tr><td colspan="4">廃棄施設(第30条の11)</td><td>放射線治療病室
(第30条の12)</td></tr>
<tr><td colspan="4">診療用放射性同位元素，陽電子断層撮影診療用放射性同位元素又は放射性同位元素によって汚染された物(以下「医療用放射性汚染物」という)を廃棄する施設(以下「廃棄施設」という)の構造設備の基準は，廃棄施設の外側における実効線量が１週間につき1mSv以下になるように遮蔽することができるものとすること。ただし，その外側が，人が通行し，又は停在することのない場所である画壁等についてはこの限りでない。</td><td rowspan="3">診療用放射線照射装置，診療用放射線照射器具，診療用放射性同位元素又は陽電子断層撮影診療用放射性同位元素により治療を受けている患者を入院させる病室(以下「放射線治療病室」という)の構造設備の基準は，次のとおりとする。
1. 画壁等の外側の実効線量が１週間につき1mSv以下になるように画壁等その他必要な遮蔽物を設けること。ただし，その外側が人が通行し，若しくは停在することのない場所であるか又は放射線治療病室である画壁等についてはこの限りでない。
2. 放射線治療病室である旨を示す標識を付すること。
3. 同位元素使用室7から9までに定めるところに適合すること。ただし，7の規定は，診療用放射線照射装置又は診療用放射線照射器具により治療を受けている患者のみを入院させる放射線治療病室については，適用しない。</td></tr>
<tr><td>排水設備</td><td>排気設備</td><td>焼却設備</td><td>保管廃棄設備</td></tr>
<tr><td>液体状の医療用放射性汚染物を排水し，又は浄化する場合には，次の定めるところにより排水設備を設けること。
(1) 排水口における排液中の放射性同位元素の濃度を第30条の26第1項に定める排水中濃度限度以下とする能力又は排水監視施設を設けて排水中の放射性同位元素の濃度を監視することにより，病院又は診療所の境界における排水中の放射性同位元素の濃度を排水中濃度限度以下とする能力を有するものであること。
(2) 排液のもれにくい構造とし，排液が浸透しにくく，かつ，腐食しにくい材料を用いること。
(3) 排液処理槽は，排液を採取することができる構造又は排液中における放射性同位元素の濃度が測定できる構造とし，かつ，排液の流出を調節する装置を設けること。
(4) 排液処理槽上部の開口部は，ふたのできる構造とするか，又はその周囲に人がみだりに立ち入らないようにするためのさくその他の施設を設けること。
(5) 排水管及び排液処理槽には，排水設備である旨を示す標識を付すること。</td><td>気体状の医療用放射性汚染物を排気し，又は浄化する場合には，次の定めるところにより排気設備を設けること。ただし，作業の性質上排気設備を設けることが著しく困難である場合であって，気体状の放射性同位元素を発生し，又は放射性同位元素によって空気を汚染する恐れのない時は，この限りでない。
(1) 排気口における排気中の放射性同位元素の濃度を第30条の26第1項に定める排気中濃度限度以下とする能力又は排気監視設備を設けて排気中の放射性同位元素の濃度を監視することにより，病院又は診療所の境界の外の空気中の放射性同位元素の濃度を排気中濃度限度以下とする能力を有するものであること。
(2) 人が常時立ち入る場所における空気中の放射性同位元素の濃度を第30条の26第2項に定める濃度限度以下とする能力を有するものとすること。
(3) 気体の漏れにくい構造とし，腐食しにくい材料を用いること。
(4) 故障が生じた場合において放射性同位元素によって汚染された空気の広がりを急速に防止することができる装置を設けること。
(5) 排気浄化装置，排気管及び排気口には，排気設備である旨を示す標識を付すること。</td><td>1. 焼却炉
(1) 気体が漏れにくく，かつ，灰が飛散しにくい構造であること。
(2) 排気設備に連結された構造であること。
(3) 焼却炉の焼却残さの搬出口が廃棄作業室に連結していること。
2. 廃棄作業室（同位元素使用室の7,8,11,5）
(1) 廃棄作業室の内部の壁，床その他放射性同位元素によって汚染される恐れのある部分が突起物，くぼみ及び仕上材の目地のすきまの少ない構造であること。
(2) 廃棄作業室の内部の壁，床その他放射性同位元素によって汚染される恐れのある部分の表面が平滑であり，気体又は液体が浸透しにくく，かつ腐食しにくい材料で仕上げられていること。
(3) 廃棄作業室に気体状の医療用放射性汚染物の広がりを防止するフード，グローブボックス等の装置が設けられているときには，その装置が排気設備に連結していること。
(4) 廃棄作業室である旨を示す標識が付されていること。
3. 汚染検査室
(1) 人が通常出入りする廃棄施設の出入口の付近等，放射性同位元素による汚染の検査を行うのに最も適した場所に設けられていること。
(2) 汚染検査室の内部の壁，床その他放射性同位元素によって汚染される恐れのある部分が廃棄作業室の(1)及び(2)に掲げる用件を満たしていること。
(3) 洗浄設備及び更衣設備が設けられ，汚染検査のための放射線測定器及び汚染の除去に必要な機材が備えられていること。
(4) (3)の洗浄設備の排水管が排水設備に連結していること。
(5) 汚染検査室である旨を示す標識が付されていること。</td><td>(1) 外部と区画された構造とすること。
(2) 保管廃棄設備の扉，ふた等外部に通ずる部分には，かぎその他閉鎖のための設備又は器具を設けること。
(3) 保管廃棄設備には耐火性の構造である容器を備え，当該容器の表面に保管廃棄容器である旨を示す標識を付すること。
(4) 保管廃棄設備である旨を示す標識を付すること。</td></tr>
</table>

3.5.3　空気中，排水中，排気中の濃度限度：第30条の26

構造設備基準に係る表3.6中，廃棄施設の排気設備及び排水設備の項にある空気中濃度限度，排水中濃度限度，排気中濃度限度は，「第5節 限度」に以下の通り定義されている。

「空気中濃度限度」とは，放射線施設内の人が常時立ち入る場所における人が呼吸する空気に含まれる放射性同位元素の濃度限度であり，1週間の平均濃度が次の(1)～(4)に掲げる濃度とする（施行規則第30条の26第2項）。

(1) 放射性同位元素の種類が明らかで，かつ，1種類の場合には，医療法施行規則別表（以下単に「別表」と記す）第3第2欄の濃度

(2) 放射性同位元素の種類が明らかで，かつ，空気中に2種類以上の放射性同位元素がある場合には，それぞれの放射性同位元素の濃度の(1)の濃度に対する割合の和が1となるような濃度（複合については，2.4.2.3の例を参照）

(3) 放射性同位元素の種類が明らかでない場合には，別表第3第2欄に示す濃度（当該空気中に含まれていないことが明らかである放射性物質の種類を除く）のうち，最も低いもの

(4) 放射性同位元素の種類が明らかで，かつ，別表第3に示されていない場合には，別表第4第1欄に示す放射性同位元素の区分に応じて第2欄の濃度

「排水中又は排気中濃度限度」とは，廃棄施設に排水設備及び排気設備を設けた場合の病院又は診療所の敷地の境界における排水中又は排気中の放射性同位元素の濃度限度であり，3月間の平均濃度が次の(1)～(4)に示す濃度とする（施行規則第30条の26第1項）。

(1) 放射性同位元素の種類が明らかで，かつ，1種類の場合には，排水中の濃度は別表第3第3欄，排気中の濃度は第4欄に示す濃度

(2) 放射性同位元素の種類が明らかで，かつ，排水中又は排気中に2種類以上の放射性同位元素が含まれる場合には，それぞれの放射性同位元素の濃度の(1)の濃度に対する割合の和が1となるような濃度（複合については，2.4.2.3を参照）

(3) 放射性同位元素の種類が明らかでない場合には，別表第3第3欄又は第4欄に示す濃度（当該排水中又は排気中に含まれていないことが明らかである放射性物質の種類を除く）のうち，最も低いもの

(4) 放射性同位元素の種類が明らかで，かつ，別表第3に示されていない場合には，別表第4第1欄に示す放射性同位元素の区分に応じて排水中の濃度は第3欄，排気中の濃度は第4欄の濃度

医療法施行規則別表は3.9の最後に例示した。

空気中濃度限度及び排水中又は排気中の放射性同位元素濃度限度と医療法施行規則別表との関係をまとめると表 3.7 のようになる。

表 3.7　空気中，排水中及び排気中濃度限度

放射性同位元素の種類	明らか	明らか	不明	明らか
	1種類	2種類以上	明らかにないものを除く	別表第3にない
空気中濃度	別表第3第2欄の濃度（別表3-2）	別表3-2に対する割合の和が1	別表3-2のうち最も低いもの	別表第4第2欄の濃度
排気中濃度	別表第3第3欄の濃度（別表3-3）	別表3-3に対する割合の和が1	別表3-3のうち最も低いもの	別表第4第3欄の濃度
排水中濃度	別表第3第4欄の濃度（別表3-4）	別表3-4に対する割合の和が1	別表3-4のうち最も低いもの	別表第4第4欄の濃度

3.6　管理者の義務：第30条の13〜第30条の25

3.6.1　第4節　管理者の義務

第4節には，医療施設の責任者としての病院又は診療所の管理者が遵守しなければならない義務として，以下の事項が定められている（第30条の13〜第30条の25）。

(1)　注意事項の掲示

放射線取扱施設内の目につきやすい場所に，放射線障害防止に必要な注意事項を掲示しなければならない。

(2)　使用場所等の制限

装置等は原則としてそれぞれの使用室等で使用しなければならないが，表3.8に示した一定の条件を満たした場合の例外規定が重要である。

(3)　患者の入院制限

診療用放射線照射装置，診療用放射線照射器具，診療用放射性同位元素又は陽電子断層撮影診療用放射性同位元素により治療を受けている患者は放射線治療病室以外に入院させてはならず，それ以外の患者を放射線治療病室に入院させてはならない。

(4)　管理区域

外部放射線の線量，空気中放射性同位元素の濃度又は放射性同位元素により汚染された物の表面の放射性同位元素の密度が，一定限度を超えるおそれのある場所を管理区域とし，標識を付す等の防護措置を講じなければならない。

(5)　敷地の境界等における線量

医療施設内の居住区域及び敷地の境界における線量については，一定の線量限度以下としなければならない。

(6)　放射線診療従事者等の被ばく防止

放射線診療従事者等の被ばく線量を一定の線量限度以下としなければならない。

(7)　患者の被ばく防止

診療による被ばくを除き，患者の被ばく線量を一定限度以下としなければならない。

(8)　取扱者の遵守事項

医療用放射性汚染物[3.5.2(11)]を取り扱う者及び放射線診療を行う医師又は歯科医師に遵守させるべき事項が定められている。

(9)　エックス線装置等の測定

治療用エックス線装置，診療用高エネルギー放射線発生装置，診療用粒子線照射装置及び診療用放射線照射装置について，その放射線量を一定期間ごとに測定しなければならない。

⑽　放射線障害が発生するおそれのある場所の測定

使用室，排水設備の排水口や排気設備の排気口，管理区域等について，一定期間ごとに放射線量及び放射性同位元素による汚染の状況を測定しなければならない。

⑾　記帳

装置等の一週間当たりの延べ使用時間を帳簿に記載し，これを1年ごとに閉鎖し，閉鎖後2年間保存しなければならないが，その室の画壁等の外側における実効線量率が一定以下にしゃへい（放射性同位元素等規制法の表記は「遮蔽」，電離則・人事院規則では「遮へい」）されているときはこの義務が免除される。また，診療用放射線照射装置，診療用放射線照射器具，診療用放射性同位元素又は陽電子断層撮影診療用放射性同位元素の入手，使用及び廃棄に関して必要事項を記載し，これを1年ごとに閉鎖し，閉鎖後5年間保存しなければならない。

⑿　廃止後の措置

病院又は診療所に診療用放射性同位元素又は陽電子断層撮影診療用放射性同位元素を備えなくなったときに講じなければならない措置が定められている。

⒀　事故の場合の措置

災害又は事故により放射線障害が発生し，又は発生するおそれがある場合は，ただちに関係機関に通報するとともに放射線障害の防止につとめなければならない。

いずれの条文も「病院又は診療所の管理者は」で始まることが特徴的である。以下に，各条項ごとに解説する。

3.6.2　注意事項の掲示：第30条の13（表3.5M）

病院又は診療所の管理者は，エックス線診療室，診療用高エネルギー放射線発生装置使用室，診療用粒子線照射装置使用室，診療用放射線照射装置使用室，診療用放射線照射器具使用室，放射性同位元素装備診療機器使用室，診療用放射性同位元素使用室，陽電子断層撮影診療用放射性同位元素使用室，貯蔵施設，廃棄施設及び放射線治療病室(「放射線取扱施設」という)の目につきやすい場所に放射線障害の防止に必要な注意事項を掲示しなければならない。

この条項は，同時に医療法における「放射線取扱施設」が8つの使用室と貯蔵施設，廃棄施設及び放射線治療病室を表すことを規定している。医療法では，多くの場合，このように初めてその内容が扱われる箇所で法律用語を定義している。

3.6.3　使用場所等の制限：第30条の14（表3.8，3.8M）

病院又は診療所の管理者は，表3.8の左欄に掲げる業務を，それぞれ同表の中欄に掲げる室若しくは施設において行い，又は同欄に掲げる器具を用いて行わなければならない。ただし，同表の右欄に掲げる場合に該当する場合は，この限りでない。

表 3.8　装置等の使用場所及び使用場所の特例

装置等の業務	使用場所	使用場所の特例
エックス線装置の使用	エックス線診療室	・特別の理由により移動型又は携帯型X線装置を移動して使用する場合 ・特別の理由により発生装置使用室，粒子線装置使用室，照射装置使用室，照射器具使用室，[陽電子]同位元素使用室[＝装備機器使用室以外の使用室]で使用する場合 (いずれも適切な防護措置を講じた場合に限る)
診療用高エネルギー放射線発生装置の使用	診療用高エネルギー放射線発生装置使用室	・特別の理由により移動して手術室で使用する場合(適切な防護措置を講じた場合に限る)
診療用粒子線照射装置の使用	診療用粒子線照射装置使用室	[特例は存在しない]
診療用放射線照射装置の使用	診療用放射線照射装置使用室	・特別の理由によりX線診療室(使用核種は ^{32}P，^{90}Y，^{90}Sr/^{90}Y)又は[陽電子]同位元素使用室で使用する場合(適切な防護措置を講じた場合に限る)
診療用放射線照射器具の使用	診療用放射線照射器具使用室	・特別の理由によりX線診療室，照射装置使用室又は[陽電子]同位元素使用室で使用する場合 ・手術室で一時的に使用する場合 ・移動が困難な患者に放射線治療病室で使用する場合 ・集中強化治療室(ICU)又は心疾患強化治療室(CCU)で一時的に使用する場合 (いずれも適切な防護措置を講じた場合に限る)
放射性同位元素装備診療機器の使用	放射性同位元素装備診療機器使用室	・装備機器使用室の構造設備の基準に適合する室において使用する場合
診療用放射性同位元素の使用	診療用放射性同位元素使用室	・手術室で一時的に使用する場合 ・移動が困難な患者に放射線治療病室で使用する場合 ・集中強化治療室(ICU)又は心疾患強化治療室(CCU)で一時的に使用する場合 ・特別の理由により陽電子同位元素使用室で使用する場合 (いずれも適切な防護措置及び汚染防止措置を講じた場合に限る)
陽電子断層撮影診療用放射性同位元素の使用	陽電子断層撮影診療用放射性同位元素使用室	[特例は存在しない]
診療用放射線照射装置，診療用放射線照射器具又は[陽電子]診療用放射性同位元素の貯蔵	貯蔵施設	[特例は存在しない]
診療用放射線照射装置，診療用放射線照射器具又は[陽電子]診療用放射性同位元素の運搬	運搬容器	[特例は存在しない]
医療用放射性汚染物の廃棄	廃棄施設	[特例は存在しない]

平成 20 年の法改正時に加えられた「診療用粒子線照射装置」の規制内容は，診療用高エネルギー放射線発生装置と同じであるが，届出内容（表 3.3）とこの使用場所の特例のみが異なる。

これらの装置等の使用場所の特例を装置・器具・機器・同位元素の種類毎に使用場所との対応をまとめると表 3.8M のようになる。

表 3.8M　装置等の使用場所及び使用場所の特例のまとめ

<table>
<tr><th></th><th>X 線装置</th><th>発生装置</th><th>粒子線装置</th><th>照射装置</th><th>照射器具</th><th>装備機器</th><th>同位元素</th><th>陽電子同位元素</th></tr>
<tr><td>エックス線診療室</td><td>◎</td><td></td><td rowspan="2">[特例なし]</td><td>○</td><td>○</td><td rowspan="5">装備機器使用室と同基準の室</td><td></td><td rowspan="7">[特例なし]</td></tr>
<tr><td>発生装置使用室</td><td>○</td><td>◎</td><td></td><td></td><td></td></tr>
<tr><td>粒子線装置使用室</td><td>○</td><td></td><td>◎</td><td></td><td></td><td></td></tr>
<tr><td>照射装置使用室</td><td>○</td><td></td><td rowspan="9">[特例なし]</td><td>◎</td><td>○</td><td></td></tr>
<tr><td>照射器具使用室</td><td>○</td><td></td><td></td><td>◎</td><td></td></tr>
<tr><td>装備機器使用室</td><td>移動して
[携帯型]</td><td></td><td></td><td></td><td>◎</td><td></td></tr>
<tr><td>同位元素使用室</td><td>○</td><td></td><td>○</td><td>○</td><td rowspan="6">装備機器使用室と同基準の室</td><td>◎</td></tr>
<tr><td>陽電子同位元素使用室</td><td>○</td><td></td><td>○</td><td>○</td><td>○</td><td>◎</td></tr>
<tr><td>手術室</td><td rowspan="4">移動して
[携帯型]</td><td>移動して</td><td></td><td>一時的</td><td>一時的</td><td rowspan="4">[特例なし]</td></tr>
<tr><td>ICU 又は CCU</td><td></td><td></td><td>一時的</td><td>一時的</td></tr>
<tr><td>放射線治療病室</td><td></td><td></td><td>○</td><td>○</td></tr>
<tr><td>一般病室・在宅など</td><td></td><td></td><td></td><td></td></tr>
</table>

◎；本来の使用場所，○；使用場所の特例，「移動して」；移動して使用，「一時的」；一時的に使用

3.6.4　患者の入院制限：第 30 条の 15

病院又は診療所の管理者は，診療用放射線照射装置若しくは診療用放射線照射器具を持続的に体内に挿入して治療を受けている患者又は診療用放射性同位元素若しくは陽電子断層撮影診療用放射性同位元素により治療を受けている患者を放射線治療病室以外の病室に入院させてはならない。ただし，適切な防護措置及び汚染防止措置を講じた場合にあってはこの限りでない。

また，病院又は診療所の管理者は，放射線治療病室に，前項に規定する患者以外の患者を入院させてはならない。

特に治療患者からの漏えい線量が高い診療用放射線照射器具を持続的に体内に挿入して治療を受けている患者に関しては，厚生労働省課長通知「診療用放射線照射器具を永久的に挿入された患者の退出及び挿入後の線源の取扱いについて」によって，一般公衆及び患者を訪問する子供の線量限度（実効線量で 1 mSv/年以下）並びに介護者の線量拘束値（1 行為あたり実効線量で 5 mSv 以下）を確保するため，^{125}I 又は ^{198}Au などの診療用放射線照射器具を永久的に挿入された患者に対する病院内の放射線治療病室等からの退出に適用する退出基準を定めていたが，

近年表 3.9 のように改訂された。すなわち，摘用量または体内残存放射能が ^{125}I は 2000 MBq 以下，^{198}Au では 700 MBq 以下であるか，^{125}I 又は ^{198}Au を挿入された患者の体表面から 1 m の地点における 1 cm 線量当量率がそれぞれ 2.8 μSv/h，48 μSv/h 以下ならば，患者は診療用放射線照射器具使用室あるいは放射線治療病室からの退出が認められることとなった（平成 30 年 7 月 10 日医政発 0710 第 1 号厚生労働省医政局地域医療計画課長通知）。

一方，診療用放射性同位元素により治療を受けている患者については，厚生労働省課長通知「放射性医薬品を投与された患者の退出について」で，同様に公衆に対して 1 mSv/年以下，介護者には 1 件あたり 5 mSv 以下の実効線量を基準として，放射性医薬品の投与量または体内残留放射能が ^{89}Sr は 200 MBq 以下，^{90}Y は 1184 MBq 以下，^{131}I では 500 MBq 以下であるか，^{131}I を投与された患者の体表面から 1 m の地点における 1 cm 線量当量率が 30 μSv/h 以下ならば，診療用放射性同位元素使用室あるいは放射線治療病室からの患者の退出・帰宅が許される（表 3.10）。さらに最近では，^{131}I による甲状腺癌全摘術後のアブレーション治療や ^{223}Ra による前立腺癌治療などの内用療法に対しては，学会が作成した実施要領の遵守を条件に，表 3.10 の最大投与量以下であれば，外来での治療が可能になった（平成 28 年 5 月 11 日医政発 0511 第 1 号厚生労働省医政局地域医療計画課長通知）。

表 3.9　診療用放射線照射器具を永久的に挿入された患者の退出基準

診療用放射線照射器具	投与量または体内残留放射能	患者体表面から 1 m の点における 1 cm 線量当量率
^{125}I	2000 MBq 以下	2.8 μSv/h 以下
^{198}Au	700 MBq 以下	48 μSv/h 以下

平成 30 年厚生労働省課長通知「診療用放射線照射器具を永久的に挿入された患者の退出及び挿入後の線源の取扱いに関する指針」

表 3.10　放射性医薬品を投与された患者の退出基準

治療用核種	投与量または体内残留放射能	患者体表面から 1 m の点における 1 cm 線量当量率
^{89}Sr	200 MBq 以下	–
^{90}Y	1184 MBq 以下	–
^{131}I	500 MBq 以下	30 μSv/h 以下

治療用核種	適用範囲	投与量
^{131}I	遠隔転移のない分化型甲状腺癌で甲状腺全摘術後の残存甲状腺破壊（アブレーション）治療[1]	1110 MBq 以下
^{223}Ra	骨転移のある去勢抵抗性前立腺癌治療[1]	12.1 MBq 以下[2] 72.6 MBq 以下[3]

平成 28 年厚生労働省課長通知「放射性医薬品を投与された患者の退出に関する指針」

[1] 学会作成した実施要領にしたがって実施する場合に限る

[2] 1 投与あたりの最大投与量，[3] 1 治療(最大 6 回投与)あたりの最大投与量

3.6.5　管理区域：第30条の16，第30条の14の3

病院又は診療所の管理者は，病院又は診療所内であって，外部放射線の線量，空気中の放射性同位元素の濃度又は放射性同位元素によって汚染される物の表面の放射性同位元素の密度が第30条の26第3項の定める線量，濃度又は密度を超えるおそれのある場所を管理区域とし，当該区域に管理区域である旨を示す標識を付さなければならない。また，管理区域内に人がみだりに立ち入らない措置を講じなければならない。

第30条の26第3項では，管理区域に関する限度を以下のように規定している。

(1) 外部放射線の線量については，実効線量が3月間につき1.3mSv

(2) 空気中の放射性同位元素の濃度については，3月間についての平均濃度が空気中濃度限度[3.5.3]の10分の1

(3) 放射性同位元素によって汚染される物の表面の放射性同位元素の密度については，下記別表第5に規定する表面密度限度の10分の1

(4) 外部放射線に被ばくするおそれがあり，かつ，空気中の放射性同位元素を吸入摂取するおそれがあるときは，実効線量の(1)に規定する線量に対する割合と空気中放射性同位元素濃度の(2)に規定する濃度に対する割合の和が1となる実効線量及び空気中放射性同位元素濃度

別表第5（第30条の26関係）表面密度限度

区　分	密度(Bq/cm^2)
アルファ線を放出する放射性同位元素	4
アルファ線を放出しない放射性同位元素	40

3.6.6　敷地の境界等における線量：第30条の17（表3.9）

病院又は診療所の管理者は，放射線取扱施設又はその周辺に適当なしゃへい物を設ける等の措置を講ずることにより，病院又は診療所内の人が居住する区域及び病院又は診療所の敷地の境界における線量を第30条の26第4項に定める線量限度（実効線量が3月間につき250μSv，表3.12）以下としなければならない。

3.6.7　放射線診療従事者等の被ばく防止：第30条の18

「放射線診療従事者等」とは，エックス線装置，診療用高エネルギー放射線発生装置，診療用粒子線照射装置，診療用放射線照射装置，診療用放射線照射器具，放射性同位元素装備診療機器，診療用放射性同位元素又は陽電子断層撮影診療用放射性同位元素（「エックス線装置等」という）の取扱い，管理又はこれに付随する業務に従事する者であって管理区域に立ち入る者をいう。

3.6.7.1　**線量限度**：第 30 条の 18 第 1 項（表 3.11）

病院又は診療所の管理者は，第 1 号から第 3 号まで（以下の(1)～(3)）に掲げる措置のいずれか及び第 4 号から第 6 号まで（以下の(4)～(6)）に掲げる[すべての]措置を講ずるとともに，放射線診療従事者等が被ばくする線量が第 30 条の 27 に定める実効線量限度及び等価線量限度（表 3.11）を超えないようにしなければならない。ただし，医療法では経過措置として，しゃへいその他の適切な放射線防護措置を講じても眼の水晶体に受ける等価線量が 5 年間につき 100 mSv を超えるおそれがあり，その行う診療に高度の専門的な知識経験を必要とし，後任者を容易に得ることができない医師を「経過措置対象医師」として，事業者は，経過措置対象医師の眼の水晶体に受ける等価線量が，令和 3 年 4 月 1 日から令和 5 年 3 月 31 日までの間，1 年間につき 50 mSv を超えないようにし，かつ，令和 5 年 4 月 1 日から令和 8 年 3 月 31 日までの間，3 年間につき 60 mSv 及び 1 年間につき 50 mSv を超えないようにしなければならない。

(1)　しゃへい壁その他のしゃへい物を用いることにより放射線のしゃへいを行うこと。

(2)　遠隔操作装置又は鉗子を用いることその他の方法により，エックス線装置等と人体との間に適当な距離を設けること。

(3)　人体が放射線に被ばくする時間を短くすること。

(4)　診療用放射性同位元素使用室，陽電子断層撮影診療用放射性同位元素使用室，貯蔵施設，廃棄施設又は放射線治療病室において放射線診療従事者等が呼吸する空気に含まれる放射性同位元素の濃度が第 30 条の 26 第 2 項に定める濃度限度を超えないようにすること。

(5)　診療用放射性同位元素使用室，陽電子断層撮影診療用放射性同位元素使用室，貯蔵施設，廃棄施設又は放射線治療病室の人が触れるものの放射性同位元素の表面密度が，第 30 条の 26 第 6 項に定める表面密度限度を超えないようにすること。

(6)　放射性同位元素を経口摂取するおそれのある場所での飲食又は喫煙を禁止すること。

表 3.11　放射線診療従事者等の実効線量限度及び等価線量限度（第 30 条の 27）

区　分	従事者等の区分	実効線量限度及び等価線量限度
実効線量	放射線診療従事者等	100 mSv /5 年(平成 13 年 4 月 1 日以後) 50 mSv /年度(4 月 1 日を始期)
	緊急放射線診療従事者等	100 mSv
	女子*	5 mSv /3 月(4･7･10･1 月 1 日を始期)
	妊娠中の女子の内部被ばく	1 mSv /妊娠の申出等から出産までの間
等価線量	眼の水晶体	100 mSv /5 年(令和 3 年 4 月 1 日以後) 50 mSv /年度(4 月 1 日を始期)
	皮膚	500 mSv /年度(4 月 1 日を始期)
	妊娠中の女子の腹部表面	2 mSv /妊娠の申出等から出産までの間
	緊急放射線診療従事者等	眼の水晶体：300 mSv，皮膚：1 Sv

*女子：妊娠の可能性がないと診断された者，妊娠の意思がない旨を病院又は診療所の管理者に書面で申し出た者及び妊娠中の者を除く。

3.6.7.2　線量の算定：第 30 条の 18 第 2 項

前項の実効線量及び等価線量は，外部放射線に被ばくすること（以下「外部被ばく」という）による線量及び人体内部に摂取した放射性同位元素からの放射線に被ばくすること（以下「内部被ばく」という）による線量について次に定めるところにより測定した結果に基づき算定しなければならない。

（1）外部被ばくによる線量の測定は，1cm 線量当量，3mm 線量当量及び 70μm 線量当量のうち，実効線量及び等価線量の別に応じて，放射線の種類及びその有するエネルギーの値に基づき，当該外部被ばくによる線量を算定するために適切と認められるものを放射線測定器を用いて測定することにより行うこと。ただし，放射線測定器を用いて測定することが，著しく困難である場合には，計算によってこれらの値を算出することができる。

（2）外部被ばくによる線量は，胸部（女子*にあっては腹部）について測定すること。ただし，体幹部（人体部位のうち，頭部，けい部，胸部，上腕部，腹部及び大たい部をいう）を頭部及びけい部，胸部及び上腕部並びに腹部及び大たい部に 3 区分した場合において，被ばくする線量が最大となるおそれのある区分が胸部及び上腕部（女子*にあっては腹部及び大たい部）以外であるときは，当該区分についても測定し，また被ばくする線量が最大となるおそれのある人体部位が体幹部以外の部位であるときは，当該部位についても測定すること。

（3）外部被ばくによる線量の測定は，管理区域に立ち入っている間継続して行うこと。

（4）内部被ばくによる線量の測定は，放射性同位元素を誤って吸入摂取し又は経口摂取した場合はその都度，診療用放射性同位元素使用室，陽電子断層撮影診療用放射性同位元素使用室その他の放射性同位元素を吸入摂取又は経口摂取するおそれのある場所に立ち入る場合には，3 月を超えない期間ごとに 1 回（妊娠中である女子にあっては，本人の申出等により病院又は診療所の管理者が妊娠の事実を知ったときから出産までの間 1 月を超えない期間ごとに 1 回）厚生労働大臣の定めるところにより行うこと。

3.6.8　患者の被ばく防止：第 30 条の 19（表 3.12）

病院又は診療所の管理者は，しゃへい壁その他のしゃへい物を用いる等の措置を講ずることにより，病院又は診療所内の病室に入院している患者の被ばくする放射線（診療により被ばくする放射線を除く）の実効線量が 3 月間につき 1.3 mSv を超えないようにしなければならない。

表 3.12　場所の実効線量限度（第 30 条の 4～12，第 30 条の 17，第 30 条の 19 及び第 30 条の 26）

区　分	場所の区分	実効線量限度
実効線量	放射線取扱施設の画壁等の外側 [3.5.2]	1 mSv /週
	管理区域の境界 [3.6.5]	1.3 mSv /3 月
	病院又は診療所内の病室 [3.6.8]	
	病院又は診療所内の人が居住する区域 [3.6.6]	250 μSv /3 月
	病院又は診療所の敷地の境界 [3.6.6]	

3.6.9　取扱者の遵守事項：第30条の20

病院又は診療所の管理者は，医療用放射性汚染物を取り扱う者に次に掲げる事項を遵守させなければならない。ここで「医療用放射性汚染物」とは 3.5.2(11)で定義されているように，汚染物のみならず，診療用放射性同位元素，陽電子断層撮影診療用放射性同位元素も含むことに注意を要する。

(1)　診療用放射性同位元素使用室，陽電子断層撮影診療用放射性同位元素使用室又は廃棄施設においては作業衣等を着用し，また，これらを着用してみだりにこれらの室又は施設の外に出ないこと。

(2)　放射性同位元素によって汚染された物で，その表面の放射性同位元素の密度が第 30 条の 26 第 6 項に定める表面密度限度を超えているものは，みだりに診療用放射性同位元素使用室，陽電子断層撮影診療用放射性同位元素使用室，廃棄施設又は放射線治療病室から持ち出さないこと。

(3)　放射性同位元素によって汚染された物で，その表面の放射性同位元素の密度が第 30 条の 26 第 6 項に定める表面密度限度の 10 分の 1 を超えているものは，みだりに管理区域から持ち出さないこと。

病院又は診療所の管理者は，放射線診療を行う医師又は歯科医師に次に掲げる事項を遵守させなければならない。

(1)　エックス線装置を使用しているときは，エックス線診療室の出入口にその旨を表示すること。

(2)　診療用放射線照射装置，診療用放射線照射器具，診療用放射性同位元素又は陽電子断層撮影診療用放射性同位元素により治療を受けている患者には適当な標示を付すること。

3.6.10　エックス線装置等の測定：第30条の21（表 3.13，3.13M）

病院又は診療所の管理者は，治療用エックス線装置，診療用高エネルギー放射線発生装置，診療用粒子線照射装置及び診療用放射線照射装置などの主に治療用の装置について，その放射線量を 6 月を超えない期間ごとに 1 回以上線量計で測定し，その結果に関する記録を 5 年間保存しなければならない。

表 3.13　装置等の測定項目，装置及び回数（第 30 条の 21）　→**表 3.13M**

測定項目	装　置	回　数	結果の記録
放射線量	治療用エックス線装置 診療用高エネルギー放射線発生装置 診療用粒子線照射装置 診療用放射線照射装置	1回／6月以上	5年間保存

3.6.11　放射線障害が発生するおそれのある場所の測定：第30条の22（表3.14, 3.13M）

病院又は診療所の管理者は，表3.14に掲げる放射線障害が発生するおそれのある場所について，診療を開始する前に1回及び診療を開始した後にあっては1月を超えない期間ごとに1回放射線の量及び放射性同位元素による汚染の状況を測定し，その結果に関する記録を5年間保存しなければならない。ただし，エックス線装置，診療用高エネルギー放射線発生装置，診療用粒子線照射装置，診療用放射線照射装置又は放射性同位元素装備診療機器を固定して取り扱う場合で使用方法やしゃへいが一定している場合の各使用室の放射線量の測定に関しては例外として6月を超えない期間ごとに1回でよく，排水・排気設備の汚染の状況の測定は排水し又

表3.14　場所の測定項目，測定場所及び回数（第30条の22）　**→表3.13M**

測定項目	測定場所	回　数	結果の記録
放射線量	(1) エックス線診療室，診療用高エネルギー放射線発生装置使用室，診療用粒子線照射装置使用室，診療用放射線照射装置使用室，診療用放射線照射器具使用室，放射性同位元素装備診療機器使用室，診療用放射性同位元素使用室及び陽電子断層撮影診療用放射性同位元素使用室 (2) 貯蔵施設 (3) 廃棄施設 (4) 放射線治療病室 (5) 管理区域の境界 (6) 病院又は診療所内の人が居住する区域 (7) 病院又は診療所の敷地の境界	診療開始前に1回 診療開始後は1回／1月以上	5年間保存
	エックス線装置，診療用高エネルギー放射線発生装置，診療用粒子線照射装置，診療用放射線照射装置又は放射性同位元素装備診療機器を固定して取り扱う場合であって，取り扱いの方法及びしゃへい壁その他のしゃへい物の位置が一定している場合における (1) エックス線診療室，診療用高エネルギー放射線発生装置使用室，診療用粒子線照射装置使用室，診療用放射線照射装置使用室，放射性同位元素装備診療機器使用室 (2) 管理区域の境界 (3) 病院又は診療所内の人が居住する区域 (4) 病院又は診療所の敷地の境界	診療開始前に1回 診療開始後は1回／6月以上	
放射性同位元素による汚染の状況	(1) 診療用放射性同位元素使用室及び陽電子断層撮影診療用放射性同位元素使用室 (2) 診療用放射性同位元素又は陽電子断層撮影診療用放射性同位元素により治療を受けている患者を入院させる放射線治療病室 (3) 管理区域の境界	診療開始前に1回 診療開始後は1回／1月以上	
	(1) 排水設備の排水口 (2) 排気設備の排気口 (3) 排水監視設備のある場所 (4) 排気監視設備のある場所	排水又は排気する都度	

は排気する都度（連続して排水し又は排気する場合には連続して）測定することになっている。特に，前者では装置・機器を固定して使用することが前提となっているので，容易に移動できる器具や同位元素は除外される。

これらの放射線量及び放射性同位元素による汚染状況の測定は，次の各号に定めるところにより行う。

(1)　放射線の量の測定は，1cm 線量当量率又は 1cm 線量当量（以下「1cm 線量当量(率)」と記載）について行うこと。ただし，70μm 線量当量(率)が 1cm 線量当量(率)の 10 倍を超えるおそれのある場合においては，70μm 線量当量(率)について行うこと。

表 3.13M　装置等及び場所の測定項目，測定対象及び回数のまとめ

測定対象（装置・場所）	測定項目						結果の記録
	放射線量			汚染の状況			
	診療開始前	1月に1回以上	6月に1回以上	診療開始前	1月に1回以上	排水・排気の都度	
装置等：							
治療用X線装置			○				
診療用高エネルギー放射線発生装置			○				5年間保存
診療用粒子線照射装置			○				
診療用放射線照射装置			○				
放射線障害が発生するおそれのある場所			固定使用※				
エックス線診療室	○	○	○				
診療用高エネルギー放射線発生装置使用室	○	○	○				
診療用粒子線照射装置使用室	○	○	○				
診療用放射線照射装置使用室	○	○	○				
診療用放射線照射器具使用室	○	○					
放射性同位元素装備診療機器使用室	○	○	○				
診療用放射性同位元素使用室	○	○		○	○		
陽電子診療用放射性同位元素使用室	○	○		○	○		5年間保存
貯蔵施設	○	○					
廃棄施設	○	○					
放射線治療病室	○	○					
（ＲＩ治療患者を入院させる治療病室）				○	○		
管理区域の境界	○	○	○	○	○		
病院又は診療所内の人が居住する区域	○	○	○				
病院又は診療所の敷地の境界	○	○	○				
排水設備の排水口／排水監視設備のある場所						○	
排気設備の排気口／排気監視設備のある場所						○	

固定使用※：X線装置，発生装置，粒子線装置，照射装置，装備機器を固定して使用し，使用方法・しゃへい物の位置が一定の場合

（2）　放射線の量及び放射性同位元素による汚染の状況の測定は，これらを測定するために最も適した位置において，放射線測定器を用いて行うこと。ただし，放射線測定器を用いて測定することが著しく困難である場合には，計算によってこれらの値を算出できる。

3.6.12　記　　帳：第30条の23（表3.15，3.16）

病院又は診療所の管理者は，帳簿を備え，表3.15の左欄に掲げる室ごとにそれぞれ第2欄に掲げる装置又は器具の1週間当たりの延べ使用時間を記載し，これを1年ごとに閉鎖して，閉鎖後2年間保存しなければならない。ただし，その室の画壁等の外側における実効線量率がそれぞれ表3.15の第3欄に掲げる線量率以下になるようにしゃへいされている室については，この限りでない。特に，治療用X線装置を使用しないエックス線診療室及び診療用放射線照射器具使用室に関しては，他の使用室より記帳が免除される実効線量率の基準が緩和されている。

表3.15　記帳に関する画壁等の外側における実効線量率

<table>
<tr><th>診療室又は使用室</th><th>装置又は器具</th><th>画壁等の外側における実効線量率:[記帳の免除]</th><th>結果の記録</th></tr>
<tr><td rowspan="2">エックス線診療室</td><td>X線装置(治療用X線装置を使用しない)</td><td>≦40μSv/h</td><td rowspan="7">1年毎に閉鎖
2年間保存</td></tr>
<tr><td>X線装置(治療用X線装置を使用する)</td><td>≦20μSv/h</td></tr>
<tr><td>診療用高エネルギー放射線発生装置使用室</td><td>診療用高エネルギー放射線発生装置</td><td>≦20μSv/h</td></tr>
<tr><td>診療用粒子線照射装置使用室</td><td>診療用粒子線照射装置</td><td>≦20μSv/h</td></tr>
<tr><td>診療用放射線照射装置使用室</td><td>診療用放射線照射装置</td><td>≦20μSv/h</td></tr>
<tr><td>診療用放射線照射器具使用室</td><td>診療用放射線照射器具</td><td>≦60μSv/h</td></tr>
</table>

また，病院又は診療所の管理者は，帳簿を備え，診療用放射線照射装置，診療用放射線照射器具，診療用放射性同位元素又は陽電子断層撮影診療用放射性同位元素の入手，使用及び廃棄並びに放射性同位元素によって汚染された物の廃棄に関し，次に掲げる事項を記載し，これを1年ごとに閉鎖して，閉鎖後5年間保存しなければならない（表3.16）。

（1）　入手，使用又は廃棄の年月日
（2）　入手，使用又は廃棄に係る診療用放射線照射装置又は診療用放射線照射器具の型式及び個数
（3）　入手，使用又は廃棄に係る診療用放射線照射装置又は診療用放射線照射器具に装備する放射性同位元素の種類及び数量(Bq)
（4）　入手，使用若しくは廃棄に係る医療用放射性汚染物の種類及び数量(Bq)
（5）　使用した者の氏名又は廃棄に従事した者の氏名並びに廃棄の方法及び場所

表 3.16　記帳に関する記載事項

記載事項	診療用放射線照射装置	診療用放射線照射器具	[陽電子]診療用放射性同位元素	結果の記録
入手，使用又は廃棄の年月日	○	○	○	1 年毎に閉鎖 5 年間保存
型式及び個数	○	○		
装備する同位元素の種類及び数量(Bq)	○	○		
医療用放射性汚染物の種類及び数量(Bq)			○	
使用・廃棄した者の氏名，廃棄方法及び場所	○	○	○	

3.6.13　廃止後の措置：第 30 条の 24

病院又は診療所の管理者は，その病院又は診療所に診療用放射性同位元素又は陽電子断層撮影診療用放射性同位元素を備えなくなったときは，30 日以内に次に掲げる措置を講じなければならない [3.3.1，表 3.3 中「変更等届出」欄参照]。

(1)　放射性同位元素による汚染を除去すること。

(2)　放射性同位元素によって汚染された物を譲渡し，又は廃棄すること。

3.6.14　事故の場合の措置：第 30 条の 25

病院又は診療所の管理者は，地震，火災その他の災害又は盗難，紛失その他の事故により放射線障害が発生し，又は発生するおそれがある場合は，ただちにその旨を病院又は診療所の所在地を管轄する保健所，警察署，消防署その他関係機関に通報するとともに放射線障害の防止につとめなければならない。

3.6.15　医療機器及び医薬品の安全使用のための職員研修

平成 18 年の医療法改正により，病院，診療所又は助産所の管理者は，医療の安全を確保するために，医療機器及び医薬品に関しては，その安全使用のための責任者を配置して，医療機器や医薬品を扱う医療従事者を対象として研修を実施し，その実施内容に関して記録することが義務づけられた（法第 6 条の 12，則第 1 条の 11 第 2 項第 2 号，第 3 号）。具体的には，医療機器の安全使用のための責任者として「医療機器安全管理責任者」を，医薬品の安全使用のための責任者としては「医薬品安全管理責任者」を配置し，医療機器の安全使用に関しては，当該業務に携わる医療従事者を対象として，使用経験のない新しい医療機器の導入時などに研修を実施することとなった。特に特定機能病院においては，診療用高エネルギー放射線発生装置や診療用放射線照射装置を含む安全使用に際して技術の習熟が必要な医療機器に関する研修を年 2 回程度定期的に行い，その実施内容に関して記録することが義務づけられた [4.2.1.3]（平成 19 年 3 月 30 日医政発第 0330010 号厚生労働省医政局長通知，平成 19 年 3 月 30 日医政発第 0330001 号厚生労働省医政局指導課長通知）。

3.7　限　度：第30条の26～第30条の27

3.7.1　第5節　限　度

排水中や排気中の放射性同位元素の濃度限度，人が常時立ち入る場所等の空気中濃度限度，管理区域に係る外部放射線の線量限度，敷地の境界における線量限度，放射線診療従事者等に係る実効線量限度，等価線量限度等の具体的な限度値が定められている（第30条の26～第30条の27）。

医療法施行規則では，濃度や線量等の限度値を「第5節　限度」でまとめて記述されていることから，それぞれの限度値は，各条項において「第30条の26第4項に定める線量限度以下」のような記述で引用している点が特徴的である。

3.7.2　線量限度，濃度限度，密度限度

すでに，構造設備基準に係る空気中濃度限度，排気中濃度限度，排水中濃度限度は3.5.3に，管理区域の実効線量及び空気中濃度限度，表面密度限度は3.6.5に，放射線診療従事者等の線量限度は3.6.7に，さらに，しゃへいに関する場所の線量限度については3.6.8で述べた。

3.8　診療用放射線の安全管理：第 1 条の 11

3.8.1　診療用放射線の安全管理体制の確保

令和 2 年 4 月に施行された医療法施行規則の改正により，エックス線装置等 [3.6.7] を備えている病院又は診療所の管理者は，医療の安全を確保するための指針の策定，従業者に対する研修の実施その他の医療の安全を確保するための措置を講じなければならないとされた（法第 6 条の 12，則第 1 条の 11 第 2 項第 3 号の 2，平成 31 年 3 月 12 日医政発 0312 第 7 号厚生労働省医政局長通知）。

3.6.15 に述べたように，これまでも，病院，診療所又は助産所の管理者は，医療の安全確保するために，医療機器及び医薬品の安全使用のための責任者として「医療機器安全管理責任者」及び「医薬品安全管理責任者」を配置して，その安全管理体制を構築してきた。今回の改正では，新たにエックス線装置等を備えている病院又は診療所の管理者は「医療放射線安全管理責任者」を配置して，図 3.4 の点線枠内に列記した業務を担当させることとなった。これらの安全管理業務の根拠として放射性同位元素等規制法の条文が引用され，例えば新たに規定された「診療用放射線安全管理責任者」は図 3.4 の破線右欄に付記したように放射性同位元素等規制法の放射線取扱主任者に相当し，診療用放射線安全利用のための指針の策定は放射線障害予防規程，研修の実施は放射線障害防止に関する教育訓練など，従来医療法には欠如していた放射性同位元素等規制法の仕組みが取り入れられている。

```
医療法：管理者が確保すべき安全管理体制                                   ┆ 放射性同位元素等規制法
  1. 院内感染対策                                                        ┆
  2. 医薬品に係る安全管理        医薬品安全管理責任者                    ┆
  3. 医療機器に係る安全管理      医療機器安全管理責任者                  ┆
 ┌------------------------------------------------------------------┐  ┆
 ┆4. 診療用放射線に係る安全管理  医療放射線安全管理責任者           ┆  ┆  放射線取扱主任者
 ┆  ・診療用射線安全利用のための指針の策定                          ┆  ┆  放射線障害予防規程
 ┆  ・診療用放射線安全利用のための研修の実施                        ┆  ┆  放射線障害防止の教育訓練
 ┆  ・放射線診療を受ける者の被ばく線量の管理及び記録                ┆  ┆
 ┆      患者の医療被ばく：放射線診療に用いる医療機器                ┆  ┆
 ┆                        診療用放射性同位元素                      ┆  ┆
 ┆                        陽電子断層撮影診療用放射性同位元素        ┆  ┆
 └------------------------------------------------------------------┘  ┆
  5. 高難度新規医療技術等                                                ┆
```

図 3.4　医療法における安全管理体制

以下にその措置の概要を示す。

3.8.2　医療放射線安全管理責任者の配置

診療用放射線の利用に係る安全な管理（以下「安全利用」という）を確保するために，その安全利用のための「医療放射線安全管理責任者」を配置して，次に掲げる事項を行わせることとなった [4.2.1.4]。なお，「医療放射線安全管理責任者」は，診療用放射線の安全管理に関する十分な知識を有する常勤職員であって，原則として医師及び歯科医師であるが，常勤の医師又は歯科医師が放射線診療における正当化を，常勤の診療放射線技師が放射線診療における最適化を担保し，当該医師又は歯科医師が当該診療放射線技師に対して適切な指示を行う体制を確保している場合に限り，診療放射線技師を責任者としても差し支えないとされている。

今回の医療法施行規則の改正は，ICRP が勧告した放射線防護体系の原則「正当化，最適化，線量限度」[1.3.1]のうち，患者が診療上受ける医療被ばくには，正当化と最適化が達成されていれば線量限度は課せられていない現状で，日本の医療被ばく線量が，世界的に見ても顕著に高い背景から，医療被ばくの適正管理が強く求められるとして，診療用放射線の安全管理の体制確保を法令上規定したものである。従って，上記局長通知では「医療放射線安全管理責任者」は医師又は歯科医師を原則としているものの，放射線診療における正当化を担当する医師又は歯科医師が，最適化を担当する診療放射線技師に適切に指示できる体制を確保していれば，診療放射線技師を責任者にできるとした。

3.8.3　診療用放射線の安全利用のための指針の策定

医療放射線安全管理責任者は，以下の(1)～(5)の事項に関して文書化した指針を策定する必要がある。

(1)　診療用放射線の安全利用に関する基本的考え方

(2)　放射線診療に従事する者に対する診療用放射線の安全利用のための研修[3.8.4]に関する基本方針

(3)　診療用放射線の安全利用を目的とした改善のための方策[3.8.5]に関する基本方針

(4)　放射線の過剰被ばくその他の放射線診療の事例発生時の対応に関する基本方針

(5)　医療従事者と放射線診療を受ける者との間の情報共有に関する基本方針(患者等に対する当該方針の閲覧に関する事項を含む)

3.8.4　診療用放射線の安全利用のための研修の実施

医療放射線安全管理責任者は，医師，歯科医師，診療放射線技師等の放射線診療の正当化又は患者の医療被ばくの防護の最適化に付随する業務に従事する者に対し，以下の(1)～(5)の事項を含む研修を実施する。研修は1年度当たり1回以上実施し，研修の実施内容（開催日時又は受講日時，出席者，研修項目など）を記録する必要がある。

(1)　患者の医療被ばくの基本的な考え方に関する事項

(2)　放射線診療の正当化に関する事項

(3)　患者の医療被ばくの防護の最適化に関する事項

(4)　放射線の過剰被ばくその他の放射線診療に関する事例発生時の対応等に関する事項（上記 3.8.3(4)に関する内容を含む）

(5)　放射線診療を受ける者への情報提供に関する事項（上記 3.8.3(5)に関する内容を含む）

研修の対象者には放射線診療従事者の医師，歯科医師，診療放射線技師のみならず，放射線検査を依頼する医師・歯科医師は上記(3)の防護の最適化以外の事項，放射性医薬品を取り扱う薬剤師は(2)の正当化以外の事項，放射線診療を受ける者への説明等を実施する看護師は(2)，(3)以外の事項を受講する必要がある。

3.8.5　放射線診療を受ける者の被ばく線量の管理及び記録

医療放射線安全管理責任者は，診療用放射線の安全利用を目的として，以下の(1)～(3)を用いた放射線診療を受ける者の当該放射線による被ばく線量を適正に管理し，その被ばく線量を記録しなければならない。

(1)　厚生労働大臣が告示で定める放射線診療に用いる医療機器

(2)　陽電子断層撮影診療用放射性同位元素[3.2.2.2]

(3)　診療用放射性同位元素[3.2.2.1]

上記(1)の患者の被ばく線量が相対的に高い検査装置として厚生労働大臣の定める医療機器には，告示「医療法施行規則第1条の11第2項第3号の2ハ(1)の規定に基づき厚生労働大臣の定める放射線診療に用いる医療機器（平成31年厚生労働省告示第61号）」で，次の医療機器が指定されている。

① 移動型デジタル式循環器用Ｘ線透視診断装置

② 移動型アナログ式循環器用Ｘ線透視診断装置

③ 据置型デジタル式循環器用Ｘ線透視診断装置

④ 据置型アナログ式循環器用Ｘ線透視診断装置

⑤ Ｘ線ＣＴ組合せ型循環器Ｘ線診断装置

⑥ 全身用Ｘ線ＣＴ診断装置

⑦ Ｘ線ＣＴ組合せ型ポジトロンＣＴ装置

⑧ Ｘ線ＣＴ組合せ型ＳＰＥＣＴ装置

放射線診療を受ける者の医療被ばくの線量管理と線量記録は，関係学会等の策定したガイドライン等を参考に被ばく線量の評価及び最適化を行い，診療を受ける者の被ばく線量を適正に検証できる様式で記録する。ただし，第30条の23第2項に規定する診療用放射性同位元素若しくは陽電子断層撮影診療用放射性同位元素の使用の帳簿等［3.6.12］又は診療放射線技師法第28条に規定する照射録［5.1.5.6］などにおいて，当該放射線診療を受けた者が特定できる形で被ばく線量を記録している場合は，それらを線量記録とすることができる。

3.8.6　診療用放射線に関する情報等の収集と報告

医療放射線安全管理責任者は，診療用放射線に関する情報を広く収集するとともに，得られた情報のうち必要なものは，放射線診療に従事する者に周知徹底を図り，必要に応じて病院等の管理者への報告等を行うこととされている。

3.9　医療法施行規則(抄)

以下に，医療法施行規則第 4 章を中心に条文を示す。なお，条文中，下線を付した言葉は，その用語の定義にあたる箇所である。

医療法施行規則（抄）

（昭和 23 年 11 月 5 日厚生省令第 50 号）

最終改正：令和 2 年 4 月 1 日厚生労働省令第 81 号

第 1 章　総則：	第 1 条，第 1 条の 2（省略）
第 1 章の 2　医療に関する選択の支援等：	第 1 条の 2 の 2～第 1 条の 10（省略）
第 1 章の 3　医療の安全の確保：	第 1 条の 10 の 2～第 1 条の 13 の 10 （第 1 条の 11 の一部を下記に，他省略）
第 1 章の 4　病院，診療所及び助産所の開設：	第 1 条の 14～第 7 条（省略）
第 2 章　病院，診療所及び助産所の管理：	第 7 条の 2～第 15 条の 4（省略）
第 3 章　病院，診療所及び助産所の構造設備：	第 16 条～第 23 条（省略）

第 1 章の 3　医療の安全の確保

［参考：法第 6 条の 12］
第 6 条の 12　病院等（病院，診療所又は助産所）の管理者は，前 2 条に規定するもののほか，厚生労働省令で定めるところにより，医療の安全を確保するための指針の策定，従業者に対する研修の実施その他の当該病院等における医療の安全を確保するための措置を講じなければならない。

第 1 条の 11　病院等の管理者は，法第 6 条の 12 の規定に基づき，次に掲げる安全管理のための体制を確保しなければならない（ただし，第 2 号については，病院，患者を入院させるための施設を有する診療所及び入所施設を有する助産所に限る。）。

【以下第 1 項　略】

2　病院等の管理者は，前項各号に掲げる体制の確保に当たっては，次に掲げる措置を講じなければならない（ただし，第 3 号の 2 にあってはエックス線装置又は第 24 条第 1 号から第 8 号の 2 までのいずれかに掲げるものを備えている病院又は診療所に，第 4 号にあっては特定機能病院及び臨床研究中核病院（以下「特定機能病院等」という。）以外の病院に限る。）。

【（1）略】

(2)　医薬品に係る安全管理のための体制の確保に係る措置として，医薬品の使用に係る安全な管理（以下「安全使用」という。）のための責任者（以下「医薬品安全管理責任者」という。）を配置し，次に掲げる事項を行わせること。

イ　従業者に対する医薬品の安全使用のための研修の実施

ロ　医薬品の安全使用のための業務に関する手順書の作成及び当該手順書に基づく業務の実施（従業者による当該業務の実施の徹底のための措置を含む。）

ハ　医薬品の安全使用のために必要となる次に掲げる医薬品の使用（以下「未承認等の医薬品の使用」という。）の情報その他の情報の収集その他の医薬品の安全使用を目的とした改善のための方策の実施

①　医薬品，医療機器等の品質，有効性及び安全性の確保等に関する法律（昭和 35 年法律第 145 号。以下「医薬品医療機器等法」という。）第 14 条第 1 項に規定する医薬品であって，同項又は医薬品医療機器等法第 19 条の 2 第 1 項の承認を受けていないものの使用

②　医薬品医療機器等法第 14 条第 1 項又は第 19 条の 2 第 1 項の承認（医薬品医療機器等法第 14 条第 9 項（医薬品医療機器等法第 19 条の 2 第 5 項において準用する場合を含む。）の変更の承認を含む。以下この②において同じ。）を受けている医薬品の使用（当該承認に係る用法，用量，効能又は効果（以下この②において「用法等」という。）と異なる用法等で用いる場合に限り，③に該当する場合を除く。）

③　禁忌に該当する医薬品の使用

(3)　医療機器に係る安全管理のための体制の確保に係る措置として，医療機器の安全使用のための責任者（以下「医療機器安全管理責任者」という。）を配置し，次に掲げる事項を行わせること。

イ　従業者に対する医療機器の安全使用のための研修の実施

ロ　医療機器の保守点検に関する計画の策定及び保守点検の適切な実施（従業者による当該保守点検の適切な実施の徹底のための措置を含む。）

ハ　医療機器の安全使用のために必要となる次に掲げる医療機器の使用の情報その他の情報の収集その他の医療機器の安全使用を目的とした改善のための方策の実施

①　医薬品医療機器等法第 2 条第 4 項に規定する医療機器であって，医薬品医療機器等法第 23 条の 2 の 5 第 1 項若しくは第 23 条の 2 の 17 第 1 項の承認若しくは医薬品医療機器等法第 23 条の 2 の 23 第 1 項の認証を受けていないもの又は医薬品医療機器等法第 23 条の 2 の 12 第 1 項の規定による届出が行われていないものの使用

②　医薬品医療機器等法第 23 条の 2 の 5 第 1 項若しくは第 23 条の 2 の 17 第 1 項の承認（医薬品医療機器等法第 23 条の 2 の 5 第 11 項（医薬品医療機器等法第 23 条の 2 の 17 第 5 項において準用する場合を含む。）の変更の承認を含む。以下この②において同じ。）若しくは医薬品医療機器等法第 23 条の 2 の 23 第 1 項の認証（同条第 6 項の変更の認証を含む。以下この②において同じ。）を受けている医療機器又は医薬品医療機器等法第 23 条の 2 の 12 第 1 項の規定による届出（同条第 2 項の規定による変更の届出を含む。以下この②において同じ。）が行われている医療機器の使用（当該承認，認証又は届出に係る使用方法，効果又は性能（以下この②において「使用方法等」という。）と異なる使用方法等で用いる場合に限り，③に該当する場合を除く。）

③　禁忌又は禁止に該当する医療機器の使用

(3 の 2)　診療用放射線に係る安全管理のための体制の確保に係る措置として，診療用放射線の利用に係る安全な管理（以下「安全利用」という。）のための責任者を配置し，次に掲げる事項を行わせること。

イ　診療用放射線の安全利用のための指針の策

定

ロ　放射線診療に従事する者に対する診療用放射線の安全利用のための研修の実施

ハ　次に掲げるものを用いた放射線診療を受ける者の当該放射線による被ばく線量の管理及び記録その他の診療用放射線の安全利用を目的とした改善のための方策の実施

① 厚生労働大臣の定める放射線診療に用いる医療機器 →［厚生労働大臣の定める放射線診療に用いる医療機器告示：平成 31 年厚生労働省告示第 61 号］

② 第 24 条第 8 号に規定する陽電子断層撮影診療用放射性同位元素

③ 第 24 条第 8 号の 2 に規定する診療用放射性同位元素

【(4) 以降　略】

第4章　診療用放射線の防護

第1節　届出

［参考：法第 15 条第 3 項］

第 15 条　（中略）

3　病院又は診療所の管理者は，病院又は診療所に診療の用に供するエックス線装置を備えたときその他厚生労働省令で定める場合においては，厚生労働省令の定めるところにより，病院又は診療所所在地の都道府県知事に届け出なければならない。

（法第 15 条第 3 項の厚生労働省令で定める場合）

第 24 条　法第 15 条第 3 項の厚生労働省令で定める場合は，次に掲げる場合とする。

(1) 病院又は診療所に，診療の用に供する 1 メガ電子ボルト以上のエネルギーを有する電子線又はエックス線の発生装置（以下「診療用高エネルギー放射線発生装置」という。）を備えようとする場合

(2) 病院又は診療所に，診療の用に供する陽子線又は重イオン線を照射する装置（以下「診療用粒子線照射装置」という。）を備えようとする場合

(3) 病院又は診療所に，放射線を放出する同位元素若しくはその化合物又はこれらの含有物であって放射線を放出する同位元素の数量及び濃度が別表第 2 に定める数量（以下「下限数量」という。）及び濃度を超えるもの（以下「放射性同位元素」という。）で密封されたものを装備している診療の用に供する照射機器で，その装備する放射性同位元素の数量が下限数量に 1000 を乗じて得た数量を超えるもの（第 7 号に定める機器を除く。以下「診療用放射線照射装置」という。）を備えようとする場合

(4) 病院又は診療所に，密封された放射性同位元素を装備している診療の用に供する照射機器でその装備する放射性同位元素の数量が下限数量に 1000 を乗じて得た数量以下のもの（第 7 号に定める機器を除く。以下「診療用放射線照射器具」という。）を備えようとする場合

(5) 病院又は診療所に，診療用放射線照射器具であってその装備する放射性同位元素の物理的半減期が 30 日以下のものを備えようとする場合

(6) 病院又は診療所に，前号に規定する診療用放射線照射器具を備えている場合

(7) 病院又は診療所に，密封された放射性同位

元素を装備している診療の用に供する機器のうち，厚生労働大臣が定めるもの（以下「放射性同位元素装備診療機器」という。）を備えようとする場合

(8)　病院又は診療所に，密封されていない放射性同位元素であって陽電子放射断層撮影装置による画像診断に用いるもののうち，次に掲げるもの（以下「陽電子断層撮影診療用放射性同位元素」という。）を備えようとする場合

イ　第1条の11第2項第2号ハ②に規定する医薬品

ロ　医薬品医療機器等法第23条の2の5第1項若しくは第23条の2の17第1項の承認（医薬品医療機器等法第23条の2の5第11項(医薬品医療機器等法第23条の2の17第5項において準用する場合を含む。）若しくは医薬品医療機器等法第23条の2の23第1項の認証（同条第6項の変更の認証を含む。）を受けている体外診断用医薬品又は医薬品医療機器等法第23条の2の12第1項の規定による届出（同条第2項の規定による変更の届出を含む。）が行われている体外診断用医薬品

ハ　第1条の11第2項第2号ハ①に規定するもののうち，次に掲げるもの

①　治験（医薬品医療機器等法第2条第17項に規定する治験をいう。第30条の32の2第1項第13号及び別表第1において同じ。）に用いるもの

②　臨床研究法第2条第2項に規定する特定臨床研究に用いるもの

③　再生医療等の安全性の確保等に関する法律（平成25年法律第85号）第2条第1号に規定する再生医療等に用いるもの

④　厚生労働大臣の定める先進医療及び患者申出療養並びに施設基準（平成20年厚生労働省告示第129号）第2各号若しくは第3各号に掲げる先進医療又は第4に掲げる患者申出療養に用いるもの

ニ　治療又は診断のために医療を受ける者に対し投与される医薬品であって，当該治療又は診断を行う病院又は診療所において調剤されるもの(イからハまでに該当するものを除く。)

(8の2) 病院又は診療所に，密封されていない放射性同位元素であって陽電子放射断層撮影装置による画像診断に用いないもののうち，前号イからハまでに掲げるもの（以下「診療用放射性同位元素」という。）を備えようとする場合

(9)　病院又は診療所に，診療用放射性同位元素又は陽電子断層撮影診療用放射性同位元素を備えている場合

(10) 第24条の2第2号から第5号までに掲げる事項を変更した場合

(11) 第25条第2号から第5号まで（第25条の2の規定により準用する場合を含む。）に掲げる事項，第26条第2号から第4号までに掲げる事項，第27条第1項第2号から第4号までに掲げる事項，第5号に該当する場合における第27条第1項第3号及び第4号並びに同条第2項第2号に掲げる事項，第27条の2第2号から第4号までに掲げる事項又は第28条第1項第3号から第5号までに掲げる事項を変更しようとする場合

(12) 病院又は診療所に，エックス線装置，診療用高エネルギー放射線発生装置，診療用粒子線照射装置，診療用放射線照射装置，診療用放射線照射器具又は放射性同位元素装備診療機器を備えなくなった場合

(13) 病院又は診療所に，診療用放射性同位元素又は陽電子断層撮影診療用放射性同位元素を備えなくなった場合

（エックス線装置の届出）

第24条の2　病院又は診療所に診療の用に供するエックス線装置（定格出力の管電圧（波高値とする。以下同じ。）が10キロボルト以上であり，かつ，その有するエネルギーが1メガ電子ボルト未満のものに限る。以下「エックス線装置」という。）を備えたときの法第15条第3項の規

定による届出は，10 日以内に，次に掲げる事項を記載した届出書を提出することによって行うものとする。

(1)　病院又は診療所の名称及び所在地

(2)　エックス線装置の製作者名，型式及び台数

(3)　エックス線高電圧発生装置の定格出力

(4)　エックス線装置及びエックス線診療室のエックス線障害の防止に関する構造設備及び予防措置の概要

(5)　エックス線診療に従事する医師，歯科医師，診療放射線技師又は診療エックス線技師の氏名及びエックス線診療に関する経歴

（診療用高エネルギー放射線発生装置の届出）

第 25 条　第 24 条第 1 号に該当する場合の法第 15 条第 3 項の規定による届出は，あらかじめ，次に掲げる事項を記載した届出書を提出することによって行うものとする。

(1)　病院又は診療所の名称及び所在地

(2)　診療用高エネルギー放射線発生装置の製作者名，型式及び台数

(3)　診療用高エネルギー放射線発生装置の定格出力

(4)　診療用高エネルギー放射線発生装置及び診療用高エネルギー放射線発生装置使用室の放射線障害の防止に関する構造設備及び予防措置の概要

(5)　診療用高エネルギー放射線発生装置を使用する医師，歯科医師又は診療放射線技師の氏名及び放射線診療に関する経歴

(6)　予定使用開始時期

（診療用粒子線照射装置の届出）

第 25 条の 2　前条の規定は，診療用粒子線照射装置について準用する。

（診療用放射線照射装置の届出）

第 26 条　第 24 条第 3 号に該当する場合の法第 15 条第 3 項の規定による届出は，あらかじめ，次に掲げる事項を記載した届出書を提出することによって行うものとする。

(1)　病院又は診療所の名称及び所在地

(2)　診療用放射線照射装置の製作者名，型式及び個数並びに装備する放射性同位元素の種類及びベクレル単位をもって表した数量

(3)　診療用放射線照射装置，診療用放射線照射装置使用室，貯蔵施設及び運搬容器並びに診療用放射線照射装置により治療を受けている患者を入院させる病室の放射線障害の防止に関する構造設備及び予防措置の概要

(4)　診療用放射線照射装置を使用する医師，歯科医師又は診療放射線技師の氏名及び放射線診療に関する経歴

(5)　予定使用開始時期

（診療用放射線照射器具の届出）

第 27 条　第 24 条第 4 号に該当する場合の法第 15 条第 3 項の規定による届出は，あらかじめ，次に掲げる事項を記載した届出書を提出することによって行うものとする。

(1)　病院又は診療所の名称及び所在地

(2)　診療用放射線照射器具の型式及び個数並びに装備する放射性同位元素の種類及びベクレル単位をもって表した数量

(3)　診療用放射線照射器具使用室，貯蔵施設及び運搬容器並びに診療用放射線照射器具により治療を受けている患者を入院させる病室の放射線障害の防止に関する構造設備及び予防措置の概要

(4)　診療用放射線照射器具を使用する医師，歯科医師又は診療放射線技師の氏名及び放射線診療に関する経歴

(5)　予定使用開始時期

2　前項の規定にかかわらず，第 24 条第 5 号に該当する場合の法第 15 条第 3 項の規定による届出は，あらかじめ，前項第 1 号，第 3 号及び第 4 号に掲げる事項のほか，次に掲げる事項を記載した届出書を提出することによって行うも

のとする。

(1)　その年に使用を予定する診療用放射線照射器具の型式及び箇数並びに装備する放射性同位元素の種類及びベクレル単位をもって表した数量

(2)　ベクレル単位をもって表した放射性同位元素の種類ごとの最大貯蔵予定数量及び1日の最大使用予定数量

3　第24条第6号に該当する場合の法第15条第3項の規定による届出は，毎年12月20日までに，翌年において使用を予定する当該診療用放射線照射器具について第1項第1号及び前項第1号に掲げる事項を記載した届出書を提出することによって行うものとする。

（放射性同位元素装備診療機器の届出）

第27条の2　第24条第7号に該当する場合の法第15条第3項の規定による届出は，あらかじめ，次に掲げる事項を記載した届出書を提出することによって行うものとする。

(1)　病院又は診療所の名称及び所在地

(2)　放射性同位元素装備診療機器の製作者名，型式及び台数並びに装備する放射性同位元素の種類及びベクレル単位をもって表した数量

(3)　放射性同位元素装備診療機器使用室の放射線障害の防止に関する構造設備及び予防措置の概要

(4)　放射線を人体に対して照射する放射性同位元素装備診療機器にあっては当該機器を使用する医師，歯科医師又は診療放射線技師の氏名及び放射線診療に関する経歴

(5)　予定使用開始時期

（診療用放射性同位元素又は陽電子断層撮影診療用放射性同位元素の届出）

第28条　第24条第8号又は第8号の2に該当する場合の法第15条第3項の規定による届出は，あらかじめ，次に掲げる事項を記載した届出書を提出することによって行うものとする。

(1)　病院又は診療所の名称及び所在地

(2)　その年に使用を予定する診療用放射性同位元素又は陽電子断層撮影診療用放射性同位元素の種類，形状及びベクレル単位をもって表した数量

(3)　ベクレル単位をもって表した診療用放射性同位元素又は陽電子断層撮影診療用放射性同位元素の種類ごとの最大貯蔵予定数量，1日の最大使用予定数量及び3月間の最大使用予定数量

(4)　診療用放射性同位元素使用室，陽電子断層撮影診療用放射性同位元素使用室，貯蔵施設，運搬容器及び廃棄施設並びに診療用放射性同位元素又は陽電子断層撮影診療用放射性同位元素により治療を受けている患者を入院させる病室の放射線障害の防止に関する構造設備及び予防措置の概要

(5)　診療用放射性同位元素又は陽電子断層撮影診療用放射性同位元素を使用する医師又は歯科医師の氏名及び放射線診療に関する経歴

2　第24条第9号に該当する場合の法第15条第3項の規定による届出は，毎年12月20日までに，翌年において使用を予定する診療用放射性同位元素又は陽電子断層撮影診療用放射性同位元素について前項第1号及び第2号に掲げる事項を記載した届出書を提出することによって行うものとする。

（変更等の届出）

第29条　第24条第10号又は第12号に該当する場合の法第15条第3項の規定による届出は，10日以内に，その旨を記載した届出書を提出することによって行うものとする。

2　第24条第11号に該当する場合の法第15条第3項の規定による届出は，あらかじめ，その旨を記載した届出書を提出することによって行うものとする。

3　第24条第13号に該当する場合の法第15条第3項の規定による届出は，10日以内にその旨を

記載した届出書を，30 日以内に第 30 条の 24 各号に掲げる措置の概要を記載した届出書を提出することによって行うものとする。

第2節　エックス線装置等の防護

（エックス線装置の防護）

第30条　エックス線装置は，次に掲げる障害防止の方法を講じたものでなければならない。

(1)　エックス線管の容器及び照射筒は，利用線錐（せんすい）以外のエックス線量が次に掲げる自由空気中の空気カーマ率（以下「空気カーマ率」という。）になるようにしゃへいすること。

イ　定格管電圧が 50 キロボルト以下の治療用エックス線装置にあっては，エックス線装置の接触可能表面から 5 センチメートルの距離において，1.0 ミリグレイ毎時以下

ロ　定格管電圧が 50 キロボルトを超える治療用エックス線装置にあっては，エックス線管焦点から 1 メートルの距離において 10 ミリグレイ毎時以下かつエックス線装置の接触可能表面から 5 センチメートルの距離において 300 ミリグレイ毎時以下

ハ　定格管電圧が 125 キロボルト以下の口内法撮影用エックス線装置にあっては，エックス線管焦点から 1 メートルの距離において，0.25 ミリグレイ毎時以下

ニ　イからハまでに掲げるエックス線装置以外のエックス線装置にあっては，エックス線管焦点から 1 メートルの距離において，1.0 ミリグレイ毎時以下

ホ　コンデンサ式エックス線高電圧装置にあっては，充電状態であって，照射時以外のとき，接触可能表面から 5 センチメートルの距離において，20 マイクログレイ毎時以下

(2)　エックス線装置には，次に掲げる利用線錐（せんすい）の総濾過となるような附加濾過板を付すること。

イ　定格管電圧が 70 キロボルト以下の口内法撮影用エックス線装置にあっては，アルミニウム当量 1.5 ミリメートル以上

ロ　定格管電圧が 50 キロボルト以下の乳房撮影用エックス線装置にあっては，アルミニウム当量 0.5 ミリメートル以上又はモリブデン当量 0.03 ミリメートル以上

ハ　輸血用血液照射エックス線装置，治療用エックス線装置及びイ及びロに掲げるエックス線装置以外のエックス線装置にあっては，アルミニウム当量 2.5 ミリメートル以上

2　透視用エックス線装置は，前項に規定するもののほか，次に掲げる障害防止の方法を講じたものでなければならない。

(1)　透視中の患者への入射線量率は，患者の入射面の利用線錐（せんすい）の中心における空気カーマ率が，50 ミリグレイ毎分以下になるようにすること。ただし，操作者の連続した手動操作のみで作動し，作動中連続した警告音等を発するようにした高線量率透視制御を備えた装置にあっては，125 ミリグレイ毎分以下になるようにすること。

(2)　透視時間を積算することができ，かつ，透視中において一定時間が経過した場合に警告音等を発することができるタイマーを設けること。

(3)　エックス線管焦点皮膚間距離が 30 センチメートル以上になるような装置又は当該皮膚焦点間距離未満で照射することを防止するインターロックを設けること。ただし，手術中に使用するエックス線装置のエックス線管焦点皮膚間距離については，20 センチメートル以上にすることができる。

(4)　利用するエックス線管焦点受像器間距離において，受像面を超えないようにエックス線照射野を絞る装置を備えること。ただし，次に掲げるときは，受像面を超えるエックス線照射野を許容するものとする。

イ　受像面が円形でエックス線照射野が矩形の場合において，エックス線照射野が受像面に

外接する大きさを超えないとき。

ロ　照射方向に対し垂直な受像面上で直交する2本の直線を想定した場合において，それぞれの直線におけるエックス線照射野の縁との交点及び受像面の縁との交点の間の距離（以下この条において「交点間距離」という。）の和がそれぞれ焦点受像器間距離の 3 パーセントを超えず，かつ，これらの交点間距離の総和が焦点受像器間距離の 4 パーセントを超えないとき。

(5)　利用線錐中の蛍光板，イメージインテンシファイア等の受像器を通過したエックス線の空気カーマ率が，利用線錐中の蛍光板，イメージインテンシファイア等の受像器の接触可能表面から 10 センチメートルの距離において，150 マイクログレイ毎時以下になるようにすること。

(6)　透視時の最大受像面を 3.0 センチメートル超える部分を通過したエックス線の空気カーマ率が，当該部分の接触可能表面から 10 センチメートルの距離において，150 マイクログレイ毎時以下になるようにすること。

(7)　利用線錐以外のエックス線を有効にしゃへいするための適切な手段を講じること。

3　撮影用エックス線装置（胸部集検用間接撮影エックス線装置を除く。）は，第 1 項に規定するもののほか，次に掲げる障害防止の方法（CT エックス線装置にあっては第1号に掲げるものを，骨塩定量分析エックス線装置にあっては第2号に掲げるものを除く。）を講じたものでなければならない。

(1)　利用するエックス線管焦点受像器間距離において，受像面を超えないようにエックス線照射野を絞る装置を備えること。ただし，次に掲げるときは受像面を超えるエックス線照射野を許容するものとし，又は口内法撮影用エックス線装置にあっては照射筒の端におけるエックス線照射野の直径が6.0センチメートル以下になるようにするものとし，乳房撮影用エックス線装置にあってはエックス線照射野について患者の胸壁に近い患者支持器の縁を超える広がりが5ミリメートルを超えず，かつ，受像面の縁を超えるエックス線照射野の広がりが焦点受像器間距離の2パーセントを超えないようにするものとすること。

イ　受像面が円形でエックス線照射野が矩形の場合において，エックス線照射野が受像面に外接する大きさを超えないとき。

ロ　照射方向に対し垂直な受像面上で直交する2本の直線を想定した場合において，それぞれの直線における交点間距離の和がそれぞれ焦点受像器間距離の 3 パーセントを超えず，かつ，これらの交点間距離の総和が焦点受像器間距離の4パーセントを超えないとき。

(2)　エックス線管焦点皮膚間距離は，次に掲げるものとすること。ただし，拡大撮影を行う場合（へに掲げる場合を除く。）にあっては，この限りでない。

イ　定格管電圧が70キロボルト以下の口内法撮影用エックス線装置にあっては，15 センチメートル以上

ロ　定格管電圧が70キロボルトを超える口内法撮影用エックス線装置にあっては，20 センチメートル以上

ハ　歯科用パノラマ断層撮影装置にあっては，15センチメートル以上

ニ　移動型及び携帯型エックス線装置にあっては，20センチメートル以上

ホ　CTエックス線装置にあっては，15センチメートル以上

へ　乳房撮影用エックス線装置（拡大撮影を行う場合に限る。）にあっては，20センチメートル以上

ト　イからへまでに掲げるエックス線装置以外のエックス線装置にあっては，45 センチメートル以上

(3)　移動型及び携帯型エックス線装置及び手術中に使用するエックス線装置にあっては，エッ

クス線管焦点及び患者から2メートル以上離れた位置において操作できる構造とすること。

4　胸部集検用間接撮影エックス線装置は，第1項に規定するもののほか，次に掲げる障害防止の方法を講じたものでなければならない。

(1)　利用線錐（せんすい）が角錐（かくすい）型となり，かつ，利用するエックス線管焦点受像器間距離において，受像面を超えないようにエックス線照射野を絞る装置を備えること。ただし，照射方向に対し垂直な受像面上で直交する2本の直線を想定した場合において，それぞれの直線における交点間距離の和がそれぞれ焦点受像器間距離の3パーセントを超えず，かつ，これらの交点間距離の総和が焦点受像器間距離の4パーセントを超えないときは，受像面を超えるエックス線照射野を許容するものとすること。

(2)　受像器の一次防護しゃへい体は，装置の接触可能表面から10センチメートルの距離における自由空気中の空気カーマ（以下「空気カーマ」という。）が，1ばく射につき1.0マイクログレイ以下になるようにすること。

(3)　被照射体の周囲には，箱状のしゃへい物を設けることとし，そのしゃへい物から10センチメートルの距離における空気カーマが，1ばく射につき1.0マイクログレイ以下になるようにすること。ただし，エックス線装置の操作その他の業務に従事する者が照射時に室外へ容易に退避することができる場合にあっては，この限りでない。

5　治療用エックス線装置（近接照射治療装置を除く。）は，第1項に規定する障害防止の方法を講ずるほか，濾過板が引き抜かれたときは，エックス線の発生を遮断するインターロックを設けたものでなければならない。

（診療用高エネルギー放射線発生装置の防護）

第30条の2　診療用高エネルギー放射線発生装置は，次に掲げる障害防止の方法を講じたものでなければならない。

(1)　発生管の容器は，利用線錐（せんすい）以外の放射線量が利用線錐（せんすい）の放射線量の1,000分の1以下になるようにしゃへいすること。

(2)　照射終了直後の不必要な放射線からの被ばくを低減するための適切な防護措置を講ずること。

(3)　放射線発生時にその旨を自動的に表示する装置を付すること。

(4)　診療用高エネルギー放射線発生装置使用室の出入口が開放されているときは，放射線の発生を遮断するインターロックに設けること。

（診療用粒子線照射装置の防護）

第30条の2の2　前条の規定は，診療用粒子線照射装置について準用する。この場合において，同条第1号中「発生管」とあるのは「照射管」と，同条第3号中「発生時」とあるのは「照射時」と，同条第4号中「診療用高エネルギー放射線発生装置使用室」とあるのは「診療用粒子線照射装置使用室」と，「発生を」とあるのは「照射を」と読み替えるものとする。

（診療用放射線照射装置の防護）

第30条の3　診療用放射線照射装置は，次に掲げる障害防止の方法を講じたものでなければならない。

(1)　放射線源の収納容器は，照射口が閉鎖されているときにおいて，1メートルの距離における空気カーマ率が70マイクログレイ毎時以下になるようにしゃへいすること。

(2)　放射線障害の防止に必要な場合にあっては，照射口に適当な二次電子濾過板を設けること。

(3)　照射口は，診療用放射線照射装置使用室の室外から遠隔操作によって開閉できる構造のものとすること。ただし，診療用放射線照射装置の操作その他の業務に従事する者を防護するための適当な装置を設けた場合にあっては，この限りでない。

第3節　エックス線診療室等の構造設備

（エックス線診療室）

第30条の4　エックス線診療室の構造設備の基準は，次のとおりとする。

(1) 天井，床及び周囲の画壁（以下「画壁等」という。）は，その外側における実効線量が1週間につき1ミリシーベルト以下になるようにしゃへいすることができるものとすること。ただし，その外側が，人が通行し，又は停在することのない場所である画壁等については，この限りでない。

(2) エックス線診療室の室内には，エックス線装置を操作する場所を設けないこと。ただし，第30条第4項第3号に規定する箱状のしゃへい物を設けたとき，又は近接透視撮影を行うとき，若しくは乳房撮影を行う等の場合であって必要な防護物を設けたときは，この限りでない。

(3) エックス線診療室である旨を示す標識を付すること。

（診療用高エネルギー放射線発生装置使用室）

第30条の5　診療用高エネルギー放射線発生装置使用室の構造設備の基準は，次のとおりとする。

(1) 画壁等は，その外側における実効線量が1週間につき1ミリシーベルト以下になるようにしゃへいすることができるものとすること。ただし，その外側が，人が通行し，又は停在することのない場所である画壁等については，この限りでない。

(2) 人が常時出入する出入口は，1箇所とし，当該出入口には，放射線発生時に自動的にその旨を表示する装置を設けること。

(3) 診療用高エネルギー放射線発生装置使用室である旨を示す標識を付すること。

（診療用粒子線照射装置使用室）

第30条の5の2　前条の規定は，診療用粒子線照射装置使用室について準用する。この場合において，同条第2号中「発生時」とあるのは，「照射時」と読み替えるものとする。

（診療用放射線照射装置使用室）

第30条の6　診療用放射線照射装置使用室の構造設備の基準は，次のとおりとする。

(1) 主要構造部等（主要構造部並びにその場所を区画する壁及び柱をいう。以下同じ。）は，耐火構造又は不燃材料を用いた構造とすること。

(2) 画壁等は，その外側における実効線量が1週間につき1ミリシーベルト以下になるようにしゃへいすることができるものとすること。ただし，その外側が，人が通行し，又は停在することのない場所である画壁等については，この限りでない。

(3) 人が常時出入する出入口は，1箇所とし，当該出入口には，放射線発生時に自動的にその旨を表示する装置を設けること。

(4) 診療用放射線照射装置使用室である旨を示す標識を付すること。

（診療用放射線照射器具使用室）

第30条の7　診療用放射線照射器具使用室の構造設備の基準は，次のとおりとする。

(1) 画壁等は，その外側における実効線量が1週間につき1ミリシーベルト以下になるようにしゃへいすることができるものとすること。ただし，その外側が，人が通行し，又は停在することのない場所である画壁等については，この限りでない。

(2) 人が常時出入する出入口は，1箇所とすること。

(3) 診療用放射線照射器具使用室である旨を示す標識を付すること。

（放射性同位元素装備診療機器使用室）

第30条の7の2　放射性同位元素装備診療機器使用室の構造設備の基準は，次のとおりとする。

(1)　主要構造部等は，耐火構造又は不燃材料を用いた構造とすること。

(2)　扉等外部に通ずる部分には，かぎその他閉鎖のための設備又は器具を設けること。

(3)　放射性同位元素装備診療機器使用室である旨を示す標識を付すること。

(4)　間仕切りを設けることその他の適切な放射線障害の防止に関する予防措置を講ずること。

（診療用放射性同位元素使用室）

第30条の8　診療用放射性同位元素使用室の構造設備の基準は，次のとおりとする。

(1)　主要構造部等は，耐火構造又は不燃材料を用いた構造とすること。

(2)　診療用放射性同位元素の調剤等を行う室（以下「準備室」という。）とこれを用いて診療を行う室とに区画すること。

(3)　画壁等は，その外側における実効線量が1週間につき1ミリシーベルト以下になるようにしゃへいすることができるものとすること。ただし，その外側が，人が通行し，又は停在することのない場所である画壁等については，この限りでない。

(4)　人が常時出入する出入口は，1箇所とすること。

(5)　診療用放射性同位元素使用室である旨を示す標識を付すること。

(6)　内部の壁，床その他放射性同位元素によって汚染されるおそれのある部分は，突起物，くぼみ及び仕上材の目地等のすきまの少ないものとすること。

(7)　内部の壁，床その他放射性同位元素によって汚染されるおそれのある部分の表面は，平滑であり，気体又は液体が浸透しにくく，かつ，腐食しにくい材料で仕上げること。

(8)　出入口の付近に放射性同位元素による汚染の検査に必要な放射線測定器，放射性同位元素による汚染の除去に必要な器材及び洗浄設備並びに更衣設備を設けること。

(9)　準備室には，洗浄設備を設けること。

(10)　前2号に規定する洗浄設備は，第30条の11第1項第2号の規定により設ける排水設備に連結すること。

(11)　準備室に気体状の放射性同位元素又は放射性同位元素によって汚染された物のひろがりを防止するフード，グローブボックス等の装置が設けられているときは，その装置は，第30条の11第1項第3号の規定により設ける排気設備に連結すること。

（陽電子断層撮影診療用放射性同位元素使用室）

第30条の8の2　陽電子断層撮影診療用放射性同位元素使用室の構造設備の基準は，次のとおりとする。

(1)　主要構造部等は，耐火構造又は不燃材料を用いた構造とすること。

(2)　陽電子断層撮影診療用放射性同位元素の調剤等を行う室（以下「陽電子準備室」という。），これを用いて診療を行う室及び陽電子断層撮影診療用放射性同位元素が投与された患者等が待機する室に区画すること。

(3)　画壁等は，その外側における実効線量が1週間につき1ミリシーベルト以下になるようにしゃへいすることができるものとすること。ただし，その外側が，人が通行し，又は停在することのない場所である画壁等については，この限りでない。

(4)　人が常時出入する出入口は，1箇所とすること。

(5)　陽電子断層撮影診療用放射性同位元素使用室である旨を示す標識を付すること。

(6)　陽電子断層撮影診療用放射性同位元素使用室の室内には，陽電子放射断層撮影装置を操作する場所を設けないこと。

(7)　内部の壁，床その他放射性同位元素によって汚染されるおそれのある部分は，突起物，くぼみ及び仕上材の目地等のすきまの少ないものとすること。

(8)　内部の壁，床その他放射性同位元素によって汚染されるおそれのある部分の表面は，平滑であり，気体又は液体が浸透しにくく，かつ，腐食しにくい材料で仕上げること。

(9)　出入口の付近に放射性同位元素による汚染の検査に必要な放射線測定器，放射性同位元素による汚染の除去に必要な器材及び洗浄設備並びに更衣設備を設けること。

(10)　陽電子準備室には，洗浄設備を設けること。

(11)　前2号に規定する洗浄設備は，第30条の11第1項第2号の規定により設ける排水設備に連結すること。

(12)　陽電子準備室に気体状の放射性同位元素又は放射性同位元素によって汚染された物のひろがりを防止するフード，グローブボックス等の装置が設けられているときは，その装置は，第30条の11第1項第3号の規定により設ける排気設備に連結すること。

（貯蔵施設）

第30条の9　診療用放射線照射装置，診療用放射線照射器具，診療用放射性同位元素又は陽電子断層撮影診療用放射性同位元素を貯蔵する施設（以下「貯蔵施設」という。）の構造設備の基準は，次のとおりとする。

(1)　貯蔵室，貯蔵箱等外部と区画された構造のものとすること。

(2)　貯蔵施設の外側における実効線量が1週間につき1ミリシーベルト以下になるようにしゃへいすることができるものとすること。ただし，貯蔵施設の外側が，人が通行し，又は停在することのない場所である場合は，この限りでない。

(3)　貯蔵室は，その主要構造部等を耐火構造とし，その開口部には，建築基準法施行令第112条第1項に規定する特定防火設備に該当する防火戸を設けること。ただし，診療用放射線照射装置又は診療用放射線照射器具を耐火性の構造の容器に入れて貯蔵する場合は，この限りでない。

(4)　貯蔵箱等は，耐火性の構造とすること。ただし，診療用放射線照射装置又は診療用放射線照射器具を耐火性の構造の容器に入れて貯蔵する場合は，この限りでない。

(5)　人が常時出入する出入口は，1箇所とすること。

(6)　扉，ふた等外部に通ずる部分には，かぎその他閉鎖のための設備又は器具を設けること。

(7)　貯蔵施設である旨を示す標識を付すること。

(8)　貯蔵施設には，次に定めるところに適合する貯蔵容器を備えること。ただし，扉，ふた等を開放した場合において1メートルの距離における実効線量率が100マイクロシーベルト毎時以下になるようにしゃへいされている貯蔵箱等に診療用放射線照射器具を貯蔵する場合は，この限りでない。

イ　貯蔵時において1メートルの距離における実効線量率が100マイクロシーベルト毎時以下になるようにしゃへいすることができるものとすること。

ロ　容器の外における空気を汚染するおそれのある診療用放射性同位元素又は陽電子断層撮影診療用放射性同位元素を入れる貯蔵容器は，気密な構造とすること。

ハ　液体状の診療用放射性同位元素又は陽電子断層撮影診療用放射性同位元素を入れる貯蔵容器は，こぼれにくい構造であり，かつ，液体が浸透しにくい材料を用いること。

ニ　貯蔵容器である旨を示す標識を付し，かつ，貯蔵する診療用放射線照射装置若しくは診療用放射線照射器具に装備する放射性同位元素又は貯蔵する診療用放射線照射装置又は診療用放射性同位元素若しくは陽電子断層撮影診療用放射性同位元素の種類及びベクレル単位をもって表した数量を表示すること。

(9) 受皿，吸収材その他放射性同位元素による汚染のひろがりを防止するための設備又は器具を設けること。

（運搬容器）

第30条の10　診療用放射線照射装置，診療用放射線照射器具，診療用放射性同位元素又は陽電子断層撮影診療用放射性同位元素を運搬する容器（以下「運搬容器」という。）の構造の基準については，前条第8号イからニまでの規定を準用する。

（廃棄施設）

第30条の11　診療用放射性同位元素，陽電子断層撮影診療用放射性同位元素又は放射性同位元素によって汚染された物（以下「医療用放射性汚染物」という。）を廃棄する施設（以下「廃棄施設」という。）の構造設備の基準は，次のとおりとする。

(1) 廃棄施設の外側における実効線量が1週間につき1ミリシーベルト以下になるようにしゃへいすることができるものとすること。ただし，廃棄施設の外側が，人が通行し，又は停在することのない場所である場合は，この限りでない。

(2) 液体状の医療用放射性汚染物を排水し，又は浄化する場合には，次に定めるところにより，排水設備（排水管，排液処理槽その他液体状の医療用放射性汚染物を排水し，又は浄化する一連の設備をいう。以下同じ。）を設けること。

イ　排水口における排液中の放射性同位元素の濃度を第30条の26第1項に定める濃度限度以下とする能力又は排水監視設備を設けて排水中の放射性同位元素の濃度を監視することにより，病院又は診療所の境界（病院又は診療所の境界に隣接する区域に人がみだりに立ち入らないような措置を講じた場合には，その区域の境界とする。以下同じ。）における排水中の放射性同位元素の濃度を第30条の26第1項に定める濃度限度以下とする能力を有するものであること。

ロ　排液の漏れにくい構造とし，排液が浸透しにくく，かつ，腐食しにくい材料を用いること。

ハ　排液処理槽は，排液を採取することができる構造又は排液中における放射性同位元素の濃度が測定できる構造とし，かつ，排液の流出を調節する装置を設けること。

ニ　排液処理槽の上部の開口部は，ふたのできる構造とするか，又はさくその他の周囲に人がみだりに立ち入らないようにするための設備（以下「さく等」という。）を設けること。

ホ　排水管及び排液処理槽には，排水設備である旨を示す標識を付すること。

(3) 気体状の医療用放射性汚染物を排気し，又は浄化する場合には，次に定めるところにより，排気設備（排風機，排気浄化装置，排気管，排気口等気体状の医療用放射性汚染物を排気し，又は浄化する一連の設備をいう。以下同じ。）を設けること。ただし，作業の性質上排気設備を設けることが著しく困難である場合であって，気体状の放射性同位元素を発生し，又は放射性同位元素によって空気を汚染するおそれのないときは，この限りでない。

イ　排気口における排気中の放射性同位元素の濃度を第30条の26第1項に定める濃度限度以下とする能力又は排気監視設備を設けて排気中の放射性同位元素の濃度を監視することにより，病院又は診療所の境界の外の空気中の放射性同位元素の濃度を第30条の26第1項に定める濃度限度以下とする能力を有するものであること。

ロ　人が常時立ち入る場所における空気中の放射性同位元素の濃度を第30条の26第2項に定める濃度限度以下とする能力を有するものとすること。

ハ　気体の漏れにくい構造とし，腐食しにくい材料を用いること。

ニ　故障が生じた場合において放射性同位元素によって汚染された物の広がりを急速に防止することができる装置を設けること。

ホ　排気浄化装置，排気管及び排気口には，排気設備である旨を示す標識を付すること。

(4)　医療用放射性汚染物を焼却する場合には，次に掲げる設備を設けること。

イ　次に掲げる要件を満たす焼却炉

①　気体が漏れにくく，かつ，灰が飛散しにくい構造であること。

②　排気設備に連結された構造であること。

③　当該焼却炉の焼却残さの搬出口が<u>廃棄作業室</u>（医療用放射性汚染物を焼却したのちその残さを焼却炉から搬出し，又はコンクリートその他の固型化材料により固型化（固型化するための処理を含む。）する作業を行う室をいう。以下この号において同じ。）に連結していること。

ロ　次に掲げる要件を満たす廃棄作業室

①　当該廃棄作業室の内部の壁，床その他放射性同位元素によって汚染されるおそれのある部分が突起物，くぼみ及び仕上材の目地等のすきまの少ない構造であること。

②　当該廃棄作業室の内部の壁，床その他放射性同位元素によって汚染されるおそれのある部分の表面が平滑であり，気体又は液体が浸透しにくく，かつ，腐食しにくい材料で仕上げられていること。

③　当該廃棄作業室に気体状の医療用放射性汚染物の広がりを防止するフード，グローブボックス等の装置が設けられているときは，その装置が排気設備に連結していること。

④　廃棄作業室である旨を示す標識が付されていること。

ハ　次に掲げる要件を満たす<u>汚染検査室</u>（人体又は作業衣，履物，保護具等人体に着用している物の表面の放射性同位元素による汚染の検査を行う室をいう。）

①　人が通常出入りする廃棄施設の出入口の付近等放射性同位元素による汚染の検査を行うのに最も適した場所に設けられていること。

②　当該汚染検査室の内部の壁，床その他放射性同位元素によって汚染されるおそれのある部分がロの①及び②に掲げる要件を満たしていること。

③　洗浄設備及び更衣設備が設けられ，汚染の検査のための放射線測定器及び汚染の除去に必要な器材が備えられていること。

④　③の洗浄設備の排水管が排水設備に連結していること。

⑤　汚染検査室である旨を示す標識が付されていること。

(5)　医療用放射性汚染物を保管廃棄する場合（次号に規定する場合を除く。）には，次に定めるところにより，保管廃棄設備を設けること。

イ　外部と区画された構造とすること。

ロ　保管廃棄設備の扉，ふた等外部に通ずる部分には，かぎその他閉鎖のための設備又は器具を設けること。

ハ　保管廃棄設備には，第30条の9第8号ロ及びハに定めるところにより，耐火性の構造である容器を備え，当該容器の表面に保管廃棄容器である旨を示す標識を付すること。

ニ　保管廃棄設備である旨を示す標識を付すること。

(6)　陽電子断層撮影診療用放射性同位元素（厚生労働大臣の定める種類ごとにその1日最大使用数量が厚生労働大臣の定める数量以下であるものに限る。以下この号において同じ。）又は陽電子断層撮影診療用放射性同位元素によって汚染された物を保管廃棄する場合には，陽電子断層撮影診療用放射性同位元素又は陽電子断層撮影診療用放射性同位元素によって汚染された物以外の物が混入し，又は付着しないように封及び表示をし，当該陽電子断層撮影診療用放射性同位元素の原子の数が1を下回ることが確実な期間として厚生労働大臣が定める期間を超えて管理区域内において行うこと。

2　前項第2号イ又は第3号イに規定する能力を有する排水設備又は排気設備を設けることが著しく困難な場合において，病院又は診療所の境界の外における実効線量を1年間につき1ミリシーベルト以下とする能力を排水設備又は排気設備が有することにつき厚生労働大臣の承認を受けた場合においては，同項第2号イ又は第3号イの規定は適用しない。この場合において，排水口若しくは排水監視設備のある場所において排水中の放射性同位元素の数量及び濃度を監視し，又は排気口若しくは排気監視設備のある場所において排気中の放射性同位元素の数量及び濃度を監視することにより，病院又は診療所の境界の外における実効線量を1年間につき1ミリシーベルト以下としなければならない。

3　前項の承認を受けた排水設備又は排気設備がその能力を有すると認められなくなったときは，厚生労働大臣は当該承認を取り消すことができる。

4　第1項第6号の規定により保管廃棄する陽電子断層撮影診療用放射性同位元素又は陽電子断層撮影診療用放射性同位元素によって汚染された物については，同号の厚生労働大臣が定める期間を経過した後は，陽電子断層撮影診療用放射性同位元素又は放射性同位元素によって汚染された物ではないものとする。

（放射線治療病室）

第30条の12　診療用放射線照射装置，診療用放射線照射器具，診療用放射性同位元素又は陽電子断層撮影診療用放射性同位元素により治療を受けている患者を入院させる病室（以下「放射線治療病室」という。）の構造設備の基準は，次のとおりとする。

(1)　画壁等の外側の実効線量が1週間につき1ミリシーベルト以下になるように画壁等その他必要なしゃへい物を設けること。ただし，その外側が，人が通行し，若しくは停在することのない場所であるか又は放射線治療病室である画壁等については，この限りでない。

(2)　放射線治療病室である旨を示す標識を付すること。

(3)　第30条の8第6号から第8号までに定めるところに適合すること。ただし，第30条の8第8号の規定は，診療用放射線照射装置又は診療用放射線照射器具により治療を受けている患者のみを入院させる放射線治療病室については，適用しない。

第4節　管理者の義務

［参考：法第10条］

第10条　病院又は診療所の開設者は，その病院又は診療所が医業をなすものである場合は臨床研修等修了医師に，歯科医業をなすものである場合は臨床研修等修了歯科医師に，これを管理させなければならない。

2　病院又は診療所の開設者は，その病院又は診療所が，医業及び歯科医業を併せ行うものである場合は，それが主として医業を行うものであるときは臨床研修等修了医師に，主として歯科医業を行うものであるときは臨床研修等修了歯科医師に，これを管理させなければならない。

（注意事項の掲示）

第30条の13　病院又は診療所の管理者は，エックス線診療室，診療用高エネルギー放射線発生装置使用室，診療用粒子線照射装置使用室，診療用放射線照射装置使用室，診療用放射線照射器具使用室，放射性同位元素装備診療機器使用室，診療用放射性同位元素使用室，陽電子断層撮影診療用放射性同位元素使用室，貯蔵施設，廃棄施設及び放射線治療病室（以下「放射線取扱施設」という。）の目につきやすい場所に，放射線障害の防止に必要な注意事項を掲示しなければならない。

（使用の場所等の制限）

第30条の14　病院又は診療所の管理者は，次の表の左欄に掲げる業務を，それぞれ同表の中欄に掲げる室若しくは施設において行い，又は同欄に掲げる器具を用いて行わなければならない。ただし，次の表の右欄に掲げる場合に該当する場合は，この限りでない。

エックス線装置の使用	エックス線診療室	特別の理由により移動して使用する場合又は特別の理由により診療用高エネルギー放射線発生装置使用室，診療用粒子線照射装置使用室，診療用放射線照射装置使用室，診療用放射線照射器具使用室，診療用放射性同位元素使用室若しくは陽電子断層撮影診療用放射性同位元素使用室において使用する場合（適切な防護措置を講じた場合に限る。）
診療用高エネルギー放射線発生装置の使用	診療用高エネルギー放射線発生装置使用室	特別の理由により移動して手術室で使用する場合（適切な防護措置を講じた場合に限る。）
診療用粒子線照射装置の使用	診療用粒子線照射装置使用室	
診療用放射線照射装置の使用	診療用放射線照射装置使用室	特別の理由によりエックス線診療室，診療用放射性同位元素使用室又は陽電子断層撮影診療用放射性同位元素使用室で使用する場合（適切な防護措置を講じた場合に限る。）
診療用放射線照射器具の使用	診療用放射線照射器具使用室	特別の理由によりエックス線診療室，診療用放射線照射装置使用室，診療用放射性同位元素使用室若しくは陽電子断層撮影診療用放射性同位元素使用室で使用する場合，手術室において一時的に使用する場合，移動させることが困難な患者に対して放射線治療病室において使用する場合又は集中強化治療室若しくは心疾患強化治療室において一時的に使用する場合（適切な防護措置を講じた場合に限る。）
放射性同位元素装備診療機器の使用	放射性同位元素装備診療機器使用室	第30条の7の2に定める構造設備の基準に適合する室において使用する場合
診療用放射性同位元素の使用	診療用放射性同位元素使用室	手術室において一時的に使用する場合，移動させることが困難な患者に対して放射線治療病室において使用する場合，集中強化治療室若しくは心疾患強化治療室において一時的に使用する場合又は特別の理由により陽電子断層撮影診療用放射性同位元素使用室で使用する場合（適切な防護措置及び汚染防止措置を講じた場合に限る。）
陽電子断層撮影診療用放射性同位元素の使用	陽電子断層撮影診療用放射性同位元素使用室	
診療用放射線照射装置，診療用放射線照射器具，診療用放射性同位元素又は陽電子断層撮影診療用放射性同位元素の貯蔵	貯蔵施設	

診療用放射線照射装置，診療用放射線照射器具，診療用放射性同位元素又は陽電子断層撮影診療用放射性同位元素の運搬	運搬容器	
医療用放射性汚染物の廃棄	廃棄施設	

（診療用放射性同位元素等の廃棄の委託）

第30条の14の2　病院又は診療所の管理者は，前条の規定にかかわらず，医療用放射性汚染物の廃棄を，次条に定める位置，構造及び設備に係る技術上の基準に適合する医療用放射性汚染物の詰替えをする施設（以下「廃棄物詰替施設」という。），医療用放射性汚染物を貯蔵する施設（以下「廃棄物貯蔵施設」という。）又は廃棄施設を有する者であって別に厚生労働省令で指定するものに委託することができる。

2　前項の指定を受けようとする者は，次の事項を記載した申請書を厚生労働大臣に提出しなければならない。

(1)　氏名又は名称及び住所並びに法人にあっては，その代表者の氏名

(2)　廃棄事業所の所在地

(3)　廃棄の方法

(4)　廃棄物詰替施設の位置，構造及び設備

(5)　廃棄物貯蔵施設の位置，構造，設備及び貯蔵能力

(6)　廃棄施設の位置，構造及び設備

3　第1項の指定には，条件を付することができる。

4　前項の条件は，放射線障害を防止するため必要最小限度のものに限り，かつ，指定を受ける者に不当な義務を課することとならないものでなければならない。

5　厚生労働大臣は，第1項の指定を受けた者が第3項の指定の条件に違反した場合又はその者の有する廃棄物詰替施設，廃棄物貯蔵施設若しくは廃棄施設が第1項の技術上の基準に適合しなくなったときは，その指定を取り消すことができる。

第30条の14の3　廃棄物詰替施設の位置，構造及び設備に係る技術上の基準は，次のとおりとする。

(1)　地崩れ及び浸水のおそれの少ない場所に設けること。

(2)　建築基準法第2条第1号に規定する建築物又は同条第4号に規定する居室がある場合には，その主要構造部等は，耐火構造又は不燃材料を用いた構造とすること。

(3)　次の表の左欄に掲げる実効線量をそれぞれ同表の右欄に掲げる実効線量限度以下とするために必要なしゃへい壁その他のしゃへい物を設けること。

施設内の人が常時立ち入る場所において人が被ばくするおそれのある実効線量	1週間につき1ミリシーベルト
廃棄事業所の境界（廃棄事業所の境界に隣接する区域に人がみだりに立ち入らないような措置を講じた場合には，その区域の境界）及び廃棄事業所内の人が居住する区域における実効線量	3月間につき250マイクロシーベルト

(4)　医療用放射性汚染物で密封されていないものの詰替をする場合には，第30条の11第1項第4号ロに掲げる要件を満たす詰替作業室及び同号ハに掲げる要件を満たす汚染検査室を設けること。

(5)　管理区域（外部放射線の線量，空気中の放射性同位元素の濃度又は放射性同位元素によって汚染される物の表面の放射性同位元素の密度が第30条の26第3項に定める線量，濃度

又は密度を超えるおそれのある場所をいう。以下同じ。）の境界には，さく等を設け，管理区域である旨を示す標識を付すること。

(6)　放射性同位元素を経口摂取するおそれのある場所での飲食又は喫煙を禁止する旨の標識を付すること。

2　廃棄物貯蔵施設の位置，構造及び設備に係る技術上の基準は，次のとおりとする。

(1)　地崩れ及び浸水のおそれの少ない場所に設けること。

(2)　第30条の9第3号本文に掲げる要件を満たす貯蔵室又は同条第4号本文に掲げる要件を満たす貯蔵箱を設け，それぞれ貯蔵室又は貯蔵箱である旨を示す標識を付すること。

(3)　前項第3号に掲げる要件を満たすしゃへい壁その他のしゃへい物を設けること。

(4)　次に掲げる要件を満たす医療用放射性汚染物を入れる貯蔵容器を備えること。

イ　容器の外における空気を汚染するおそれのある医療用放射性汚染物を入れる貯蔵容器は，気密な構造とすること。

ロ　液体状の医療用放射性汚染物を入れる貯蔵容器は，液体がこぼれにくい構造とし，かつ，液体が浸透しにくい材料を用いること。

ハ　液体状又は固体状の医療用放射性汚染物を入れる貯蔵容器で，き裂，破損等の事故の生ずるおそれのあるものには，受皿，吸収材その他医療用放射性汚染物による汚染の広がりを防止するための設備又は器具を設けること。

ニ　貯蔵容器である旨を示す標識を付すること。

(5)　貯蔵室又は貯蔵箱の扉，ふた等外部に通ずる部分には，かぎその他の閉鎖のための設備又は器具を設けること。

(6)　管理区域の境界には，さく等を設け，管理区域である旨を示す標識を付すること。

(7)　放射性同位元素を経口摂取するおそれのある場所での飲食又は喫煙を禁止する旨の標識を付すること。

3　前条第1項に掲げる廃棄施設の位置，構造及び設備に係る技術上の基準は，次のとおりとする。

(1)　地崩れ及び浸水のおそれの少ない場所に設けること。

(2)　主要構造部等は，耐火構造又は不燃材料を用いた構造とすること。

(3)　第1項第3号に掲げる要件を満たすしゃへい壁その他のしゃへい物を設けること。

(4)　液体状又は気体状の医療用放射性汚染物を廃棄する場合には，第30条の11第1項第2号に掲げる要件を満たす排水設備又は同項第3号に掲げる要件を満たす排気設備を設けること。

(5)　医療用放射性汚染物を焼却する場合には，第30条の11第1項第3号に掲げる要件を満たす排気設備，同項第4号イに掲げる要件を満たす焼却炉，同号ロに掲げる要件を満たす廃棄作業室及び同号ハに掲げる要件を満たす汚染検査室を設けること。

(6)　医療用放射性汚染物をコンクリートその他の固型化材料により固型化する場合には，次に掲げる要件を満たす固型化処理設備（粉砕装置，圧縮装置，混合装置，詰込装置等医療用放射性汚染物をコンクリートその他の固型化材料により固型化する設備をいう。）を設けるほか，第30条の11第1項第3号に掲げる要件を満たす排気設備，同項第4号ロに掲げる要件を満たす廃棄作業室及び同号ハに掲げる要件を満たす汚染検査室を設けること。

イ　医療用放射性汚染物が漏れ又はこぼれにくく，かつ，粉じんが飛散しにくい構造とすること。

ロ　液体が浸透しにくく，かつ，腐食しにくい材料を用いること。

(7)　医療用放射性汚染物を保管廃棄する場合には，次に掲げる要件を満たす保管廃棄設備を設けること。
イ　外部と区画された構造とすること。
ロ　扉，ふた等外部に通ずる部分には，かぎその他の閉鎖のための設備又は器具を設けること。
ハ　耐火性の構造で，かつ，前項第4号に掲げる要件を満たす保管廃棄容器を備えること。ただし，放射性同位元素によって汚染された物が大型機械等であってこれを容器に封入することが著しく困難な場合において，汚染の広がりを防止するための特別の措置を講ずるときは，この限りでない。
ニ　保管廃棄設備である旨を示す標識を付すること。
(8)　管理区域の境界には，さく等を設け，管理区域である旨を示す標識を付すること。
(9)　放射性同位元素を経口摂取するおそれのある場所での飲食又は喫煙を禁止する旨の標識を付すること。

4　第30条の11第2項及び第3項の規定は，前項第4号から第6号までの排水設備又は排気設備について準用する。この場合において，同条第2項中「前項第2号イ」とあるのは「前項第4号から第6号までに掲げる排水設備又は排気設備について，第30条の11第1項第2号イ」と，「病院又は診療所」とあるのは「廃棄施設」と読み替えるものとする。

（患者の入院制限）
第30条の15　病院又は診療所の管理者は，診療用放射線照射装置若しくは診療用放射線照射器具を持続的に体内に挿入して治療を受けている患者又は診療用放射性同位元素若しくは陽電子断層撮影診療用放射性同位元素により治療を受けている患者を放射線治療病室以外の病室に入院させてはならない。ただし，適切な防護措置及び汚染防止措置を講じた場合にあっては，この限りでない。
2　病院又は診療所の管理者は，放射線治療病室に，前項に規定する患者以外の患者を入院させてはならない。

（管理区域）
第30条の16　病院又は診療所の管理者は，病院又は診療所内における管理区域に，管理区域である旨を示す標識を付さなければならない。
2　病院又は診療所の管理者は，前項の管理区域内に人がみだりに立ち入らないような措置を講じなければならない。

（敷地の境界等における防護）
第30条の17　病院又は診療所の管理者は，放射線取扱施設又はその周辺に適当なしゃへい物を設ける等の措置を講ずることにより，病院又は診療所内の人が居住する区域及び病院又は診療所の敷地の境界における線量を第30条の26第4項に定める線量限度以下としなければならない。

（放射線診療従事者等の被ばく防止）
第30条の18　病院又は診療所の管理者は，第1号から第3号までに掲げる措置のいずれか及び第4号から第6号までに掲げる措置を講ずるとともに，放射線診療従事者等（エックス線装置，診療用高エネルギー放射線発生装置，診療用粒子線照射装置，診療用放射線照射装置，診療用放射線照射器具，放射性同位元素装備診療機器，診療用放射性同位元素又は陽電子断層撮影診療用放射性同位元素（以下この項において「エックス線装置等」という。）の取扱い，管理又はこれに付随する業務に従事する者であって管理区域に立ち入るものをいう。以下同じ。）が被ばくする線量が第30条の27に定める実効線量限度及び等価線量限度を超えないようにしなければならない。
(1)　しゃへい壁その他のしゃへい物を用いることにより放射線のしゃへいを行うこと。
(2)　遠隔操作装置又は鉗子（かんし）を用いることその他の方法により，エックス線装置等と人体との間に適当な距離を設けること。

(3) 人体が放射線に被ばくする時間を短くすること。

(4) 診療用放射性同位元素使用室，陽電子断層撮影診療用放射性同位元素使用室，貯蔵施設，廃棄施設又は放射線治療病室において放射線診療従事者等が呼吸する空気に含まれる放射性同位元素の濃度が第 30 条の 26 第 2 項に定める濃度限度を超えないようにすること。

(5) 診療用放射性同位元素使用室，陽電子断層撮影診療用放射性同位元素使用室，貯蔵施設，廃棄施設又は放射線治療病室内の人が触れるものの放射性同位元素の表面密度が第30条の 26 第 6 項に定める表面密度限度を超えないようにすること。

(6) 放射性同位元素を経口摂取するおそれのある場所での飲食又は喫煙を禁止すること。

2　前項の実効線量及び等価線量は，外部放射線に被ばくすること（以下「外部被ばく」という。）による線量及び人体内部に摂取した放射性同位元素からの放射線に被ばくすること（以下「内部被ばく」という。）による線量について次に定めるところにより測定した結果に基づき厚生労働大臣の定めるところにより算定しなければならない。

(1) 外部被ばくによる線量の測定は，1センチメートル線量当量，3 ミリメートル線量当量及び 70 マイクロメートル線量当量のうち，実効線量及び等価線量の別に応じて，放射線の種類及びその有するエネルギーの値に基づき，当該外部被ばくによる線量を算定するために適切と認められるものを放射線測定器を用いて測定することにより行うこと。ただし，放射線測定器を用いて測定することが，著しく困難である場合には，計算によってこれらの値を算出することができる。

(2) 外部被ばくによる線量は，胸部（女子（妊娠する可能性がないと診断された者及び妊娠する意思がない旨を病院又は診療所の管理者に書面で申し出た者を除く。以下この号において同じ。）にあっては腹部）について測定すること。ただし，体幹部（人体部位のうち，頭部，けい部，胸部，上腕部，腹部及び大たい部をいう。以下同じ。）を頭部及びけい部，胸部及び上腕部並びに腹部及び大たい部に 3 区分した場合において，被ばくする線量が最大となるおそれのある区分が胸部及び上腕部（女子にあっては腹部及び大たい部）以外であるときは，当該区分についても測定し，また，被ばくする線量が最大となるおそれのある人体部位が体幹部以外の部位であるときは，当該部位についても測定すること。

(3) 外部被ばくによる線量の測定は，管理区域に立ち入っている間継続して行うこと。

(4) 内部被ばくによる線量の測定は，放射性同位元素を誤って吸入摂取し，又は経口摂取した場合にはその都度，診療用放射性同位元素使用室，陽電子断層撮影診療用放射性同位元素使用室その他放射性同位元素を吸入摂取し，又は経口摂取するおそれのある場所に立ち入る場合には 3 月を超えない期間ごとに 1 回(妊娠中である女子にあっては，本人の申出等により病院又は診療所の管理者が妊娠の事実を知った時から出産までの間 1 月を超えない期間ごとに 1 回)，厚生労働大臣の定めるところにより行うこと。

（患者の被ばく防止）

第 30 条の 19　病院又は診療所の管理者は，しゃへい壁その他のしゃへい物を用いる等の措置を講ずることにより，病院又は診療所内の病室に入院している患者の被ばくする放射線（診療により被ばくする放射線を除く。）の実効線量が 3 月間につき 1.3 ミリシーベルトを超えないようにしなければならない。

（取扱者の遵守事項）

第 30 条の 20　病院又は診療所の管理者は，医療用放射性汚染物を取り扱う者に次に掲げる事項を遵守させなければならない。

(1)　診療用放射性同位元素使用室，陽電子断層撮影診療用放射性同位元素使用室又は廃棄施設においては作業衣等を着用し，また，これらを着用してみだりにこれらの室又は施設の外に出ないこと。

(2)　放射性同位元素によって汚染された物で，その表面の放射性同位元素の密度が第 30 条の 26 第 6 項に定める表面密度限度を超えているものは，みだりに診療用放射性同位元素使用室，陽電子断層撮影診療用放射性同位元素使用室，廃棄施設又は放射線治療病室から持ち出さないこと。

(3)　放射性同位元素によって汚染された物で，その表面の放射性同位元素の密度が第 30 条の 26 第 6 項に定める表面密度限度の 10 分の 1 を超えているものは，みだりに管理区域からもち出さないこと。

2　病院又は診療所の管理者は，放射線診療を行う医師又は歯科医師に次に掲げる事項を遵守させなければならない。

(1)　エックス線装置を使用しているときは，エックス線診療室の出入口にその旨を表示すること。

(2)　診療用放射線照射装置，診療用放射線照射器具，診療用放射性同位元素又は陽電子断層撮影診療用放射性同位元素により治療を受けている患者には適当な標示を付すること。

(エックス線装置等の測定)

第 30 条の 21　病院又は診療所の管理者は，治療用エックス線装置，診療用高エネルギー放射線発生装置，診療用粒子線照射装置及び診療用放射線照射装置について，その放射線量を 6 月を超えない期間ごとに 1 回以上線量計で測定し，その結果に関する記録を 5 年間保存しなければならない。

(放射線障害が発生するおそれのある場所の測定)

第 30 条の 22　病院又は診療所の管理者は，放射線障害の発生するおそれのある場所について，診療を開始する前に 1 回及び診療を開始した後にあっては 1 月を超えない期間ごとに 1 回（第 1 号に掲げる測定にあっては 6 月を超えない期間ごとに 1 回，第 2 号に掲げる測定にあっては排水し，又は排気する都度（連続して排水し，又は排気する場合は，連続して））放射線の量及び放射性同位元素による汚染の状況を測定し，その結果に関する記録を 5 年間保存しなければならない。

(1)　エックス線装置，診療用高エネルギー放射線発生装置，診療用粒子線照射装置，診療用放射線照射装置又は放射性同位元素装備診療機器を固定して取り扱う場合であって，取扱いの方法及びしゃへい壁その他しゃへい物の位置が一定している場合におけるエックス線診療室，診療用高エネルギー放射線発生装置使用室，診療用粒子線照射装置使用室，診療用放射線照射装置使用室，放射性同位元素装備診療機器使用室，管理区域の境界，病院又は診療所内の人が居住する区域及び病院又は診療所の敷地の境界における放射線の量の測定

(2)　排水設備の排水口，排気設備の排気口，排水監視設備のある場所及び排気監視設備のある場所における放射性同位元素による汚染の状況の測定

2　前項の規定による放射線の量及び放射性同位元素による汚染の状況の測定は，次の各号に定めるところにより行う。

(1)　放射線の量の測定は，1 センチメートル線量当量率又は 1 センチメートル線量当量について行うこと。ただし，70 マイクロメートル線量当量率が 1 センチメートル線量当量率の 10 倍を超えるおそれのある場所又は 70 マイクロメートル線量当量が 1 センチメートル線量当量の 10 倍を超えるおそれのある場所において

は，それぞれ70マイクロメートル線量当量率又は70マイクロメートル線量当量について行うこと。

(2)　放射線の量及び放射性同位元素による汚染の状況の測定は，これらを測定するために最も適した位置において，放射線測定器を用いて行うこと。ただし，放射線測定器を用いて測定することが著しく困難である場合には，計算によってこれらの値を算出することができる。

(3)　前2号の測定は，次の表の左欄に掲げる項目に応じてそれぞれ同表の右欄に掲げる場所について行うこと。

項　目	場　所
放射線の量	イ　エックス線診療室，診療用高エネルギー放射線発生装置使用室，診療用粒子線照射装置使用室，診療用放射線照射装置使用室，診療用放射線照射器具使用室，放射性同位元素装備診療機器使用室，診療用放射性同位元素使用室及び陽電子断層撮影診療用放射性同位元素使用室 ロ　貯蔵施設 ハ　廃棄施設 ニ　放射線治療病室 ホ　管理区域の境界 ヘ　病院又は診療所内の人が居住する区域 ト　病院又は診療所の敷地の境界
放射性同位元素による汚染の状況	イ　診療用放射性同位元素使用室及び陽電子断層撮影診療用放射性同位元素使用室 ロ　診療用放射性同位元素又は陽電子断層撮影診療用放射性同位元素により治療を受けている患者を入院させる放射線治療病室 ハ　排水設備の排水口 ニ　排気設備の排気口 ホ　排水監視設備のある場所 ヘ　排気監視設備のある場所 ト　管理区域の境界

（記帳）

第30条の23　病院又は診療所の管理者は，帳簿を備え，次の表の左欄に掲げる室ごとにそれぞれ同表の中欄に掲げる装置又は器具の1週間当たりの延べ使用時間を記載し，これを1年ごとに閉鎖し，閉鎖後2年間保存しなければならない。ただし，その室の画壁等の外側における実効線量率がそれぞれ同表の右欄に掲げる線量率以下になるようにしゃへいされている室については，この限りでない。

治療用エックス線装置を使用しないエックス線診療室	治療用エックス線装置以外のエックス線装置	40マイクロシーベルト毎時
治療用エックス線装置を使用するエックス線診療室	エックス線装置	20マイクロシーベルト毎時
診療用高エネルギー放射線発生装置使用室	診療用高エネルギー放射線発生装置	20マイクロシーベルト毎時
診療用粒子線照射装置使用室	診療用粒子線照射装置	20マイクロシーベルト毎時
診療用放射線照射装置使用室	診療用放射線照射装置	20マイクロシーベルト毎時
診療用放射線照射器具使用室	診療用放射線照射器具	60マイクロシーベルト毎時

2　病院又は診療所の管理者は，帳簿を備え，診療用放射線照射装置，診療用放射線照射器具，診療用放射性同位元素又は陽電子断層撮影診療用放射性同位元素の入手，使用及び廃棄並びに放射性同位元素によって汚染された物の廃棄に関し，次に掲げる事項を記載し，これを1年ごとに閉鎖し，閉鎖後5年間保存しなければならない。

(1)　入手，使用又は廃棄の年月日

(2)　入手，使用又は廃棄に係る診療用放射線照射装置又は診療用放射線照射器具の形式及び個数

(3)　入手, 使用又は廃棄に係る診療用放射線照射装置又は診療用放射線照射器具に装備する放射性同位元素の種類及びベクレル単位をもって表した数量

(4)　入手, 使用若しくは廃棄に係る医療用放射性汚染物の種類及びベクレル単位をもって表した数量

(5)　使用した者の氏名又は廃棄に従事した者の氏名並びに廃棄の方法及び場所

(廃止後の措置)

第30条の24　病院又は診療所の管理者は, その病院又は診療所に診療用放射性同位元素又は陽電子断層撮影診療用放射性同位元素を備えなくなったときは, 30日以内に次に掲げる措置を講じなければならない。

(1)　放射性同位元素による汚染を除去すること。

(2)　放射性同位元素によって汚染された物を譲渡し, 又は廃棄すること。

(事故の場合の措置)

第30条の25　病院又は診療所の管理者は, 地震, 火災その他の災害又は盗難, 紛失その他の事故により放射線障害が発生し, 又は発生するおそれがある場合は, ただちにその旨を病院又は診療所の所在地を管轄する保健所, 警察署, 消防署その他関係機関に通報するとともに放射線障害の防止につとめなければならない。

第5節　限度

(濃度限度等)

第30条の26　第30条の11第1項第2号イ及び第3号イに規定する濃度限度は, 排液中若しくは排水中又は排気中若しくは空気中の放射性同位元素の3月間についての平均濃度が次に掲げる濃度とする。

(1)　放射性同位元素の種類(別表第3に掲げるものをいう。次号及び第3号において同じ。)が明らかで, かつ, 1種類である場合にあっては, 別表第3の第1欄に掲げる放射性同位元素の種類に応じて, 排液中又は排水中の濃度については第3欄, 排気中又は空気中の濃度については第4欄に掲げる濃度

(2)　放射性同位元素の種類が明らかで, かつ, 排液中若しくは排水中又は排気中若しくは空気中にそれぞれ2種類以上の放射性同位元素がある場合にあっては, それらの放射性同位元素の濃度のそれぞれの放射性同位元素についての前号の濃度に対する割合の和が1となるようなそれらの放射性同位元素の濃度

(3)　放射性同位元素の種類が明らかでない場合にあっては, 別表第3の第3欄又は第4欄に掲げる排液中若しくは排水中の濃度又は排気中若しくは空気中の濃度（それぞれ当該排液中若しくは排水中又は排気中若しくは空気中に含まれていないことが明らかである放射性物質の種類に係るものを除く。）のうち, 最も低いもの

(4)　放射性同位元素の種類が明らかで, かつ, 当該放射性同位元素の種類が別表第3に掲げられていない場合にあっては, 別表第4の第1欄に掲げる放射性同位元素の区分に応じて排液中又は排水中の濃度については第3欄, 排気中又は空気中の濃度については第4欄に掲げる濃度

2　第30条の11第1項第3号ロ及び第30条の18第1項第4号に規定する空気中の放射性同位元素の濃度限度は, 1週間についての平均濃度が次に掲げる濃度とする。

(1)　放射性同位元素の種類(別表第3に掲げるものをいう。次号及び第3号において同じ。)が明らかで, かつ, 1種類である場合にあっては, 別表第3の第1欄に掲げる放射性同位元素の種類に応じて, 第2欄に掲げる濃度

(2)　放射性同位元素の種類が明らかで, かつ, 空気中に2種類以上の放射性同位元素がある場合にあっては, それらの放射性同位元素の濃

度のそれぞれの放射性同位元素についての前号の濃度に対する割合の和が 1 となるようなそれらの放射性同位元素の濃度

(3)　放射性同位元素の種類が明らかでない場合にあっては，別表第 3 の第 2 欄に掲げる濃度（当該空気中に含まれていないことが明らかである放射性物質の種類に係るものを除く。）のうち，最も低いもの

(4)　放射性同位元素の種類が明らかで，かつ，当該放射性同位元素の種類が別表第 3 に掲げられていない場合にあっては，別表第 4 の第 1 欄に掲げる放射性同位元素の区分に応じてそれぞれ第 2 欄に掲げる濃度

3　管理区域に係る外部放射線の線量，空気中の放射性同位元素の濃度及び放射性同位元素によって汚染される物の表面の放射性同位元素の密度は，次のとおりとする。

(1)　外部放射線の線量については，実効線量が 3 月間につき 1.3 ミリシーベルト

(2)　空気中の放射性同位元素の濃度については，3 月間についての平均濃度が前項に規定する濃度の 10 分の 1

(3)　放射性同位元素によって汚染される物の表面の放射性同位元素の密度については，第 6 項に規定する密度の 10 分の 1

(4)　第 1 号及び第 2 号の規定にかかわらず，外部放射線に被ばくするおそれがあり，かつ，空気中の放射性同位元素を吸入摂取するおそれがあるときは，実効線量の第 1 号に規定する線量に対する割合と空気中の放射性同位元素の濃度の第 2 号に規定する濃度に対する割合の和が 1 となるような実効線量及び空気中の放射性同位元素の濃度

4　第 30 条の 17 に規定する線量限度は，実効線量が 3 月間につき 250 マイクロシーベルトとする。

5　第 1 項及び前項の規定については，同時に外部放射線に被ばくするおそれがあり，又は空気中の放射性同位元素を吸入摂取し若しくは水中の放射性同位元素を経口摂取するおそれがあるときは，それぞれの濃度限度又は線量限度に対する割合の和が 1 となるようなその空気中若しくは水中の濃度又は線量をもって，その濃度限度又は線量限度とする。

6　第 30 条の 18 第 1 項第 5 号並びに第 30 条の 20 第 1 項第 2 号及び第 3 号に規定する表面密度限度は，別表第 5 の左欄に掲げる区分に応じてそれぞれ同表の右欄に掲げる密度とする。

（線量限度）

第 30 条の 27　第 30 条の 18 第 1 項に規定する放射線診療従事者等に係る実効線量限度は，次のとおりとする。ただし，放射線障害を防止するための緊急を要する作業に従事した放射線診療従事者等（女子については，妊娠する可能性がないと診断された者及び妊娠する意思がない旨を病院又は診療所の管理者に書面で申し出た者に限る。次項において「緊急放射線診療従事者等」という。）に係る実効線量限度は，100 ミリシーベルトとする。

(1)　平成 13 年 4 月 1 日以後 5 年ごとに区分した各期間につき 100 ミリシーベルト

(2)　4 月 1 日を始期とする 1 年間につき 50 ミリシーベルト

(3)　女子（妊娠する可能性がないと診断された者，妊娠する意思がない旨を病院又は診療所の管理者に書面で申し出た者及び次号に規定する者を除く。）については，前 2 号に規定するほか，4 月 1 日，7 月 1 日，10 月 1 日及び 1 月 1 日を始期とする各 3 月間につき 5 ミリシーベルト

(4)　妊娠中である女子については，第 1 号及び第 2 号に規定するほか，本人の申出等により病院又は診療所の管理者が妊娠の事実を知った時から出産までの間につき，内部被ばくについて 1 ミリシーベルト

2　第 30 条の 18 第 1 項に規定する放射線診療従事者等に係る等価線量限度は，次のとおりとす

る。

(1)　眼の水晶体については，令和3年4月1日以後5年ごとに区分した各期間につき100ミリシーベルト及び4月1日を始期とする1年間につき50ミリシーベルト（緊急放射線診療従事者等に係る眼の水晶体の等価線量限度は，300ミリシーベルト）

(2)　皮膚については，4月1日を始期とする1年間につき500ミリシーベルト（緊急放射線診療従事者等に係る皮膚の等価線量限度は，1シーベルト）

(3)　妊娠中である女子の腹部表面については，前項第4号に規定する期間につき2ミリシーベルト

第3章　医療法施行規則

第4章の2　基本方針：　第30条の27の2（省略）

第4章の2の2　医療計画：　第30条の28～第30条の33（省略）

第4章の2の3　地域における病床の機能の分化及び連携の推進：

第30条の33の2～第30条の33の10（省略）

第4章の3　医療従事者の確保等に関する施策等：

第30条の33の11～第30条の33の15(省略)

第5章　医療法人：　第30条の34～第39条（省略）

第6章　地域医療連携推進法人：　第39条の2～第39条の30（省略）

第7章　雑　則：　第40条～第43条の4（省略）

附　則（省略）

別表第１　（第１条関係），別表第１の２～別表第１の３（第９条の８関係）（省略）

別表第２　（第24条第３号関係）

放射線を放出する同位元素の種類		数量 (Bq)	濃度 (Bq/g)
核　種	化　学　形　等		
^{3}H		1×10^{9}	1×10^{6}
^{7}Be		1×10^{7}	1×10^{3}
^{10}Be		1×10^{6}	1×10^{4}
^{11}C	一酸化物及び二酸化物	1×10^{9}	1×10^{1}
^{11}C	一酸化物及び二酸化物以外のもの	1×10^{6}	1×10^{1}
^{14}C	一酸化物	1×10^{11}	1×10^{6}
^{14}C	二酸化物	1×10^{11}	1×10^{7}
^{14}C	一酸化物及び二酸化物以外のもの	1×10^{7}	1×10^{4}
^{13}N		1×10^{9}	1×10^{2}
^{15}O		1×10^{9}	1×10^{2}
^{18}F		1×10^{6}	1×10^{1}

（以下，略）

別表第３　（第30条の26関係）

放射性同位元素の種類が明らかで，かつ，１種類である場合の空気中の濃度限度等

第一欄		第二欄	第三欄	第四欄
放射性同位元素の種類		空気中濃度限度 (Bq/cm^{3})	排液中又は排水中の濃度限度 (Bq/cm^{3})	排気中又は空気中の濃度限度 (Bq/cm^{3})
核　種	化　学　形　等			
^{3}H	元素状水素	1×10^{4}		7×10^{1}
^{3}H	メタン	1×10^{2}		7×10^{-1}
^{3}H	水	6×10^{-1}	6×10^{1}	5×10^{-3}
^{3}H	有機物（メタンを除く）	5×10^{-1}	2×10^{1}	3×10^{-3}
^{3}H	上記を除く化合物	7×10^{-1}	4×10^{1}	3×10^{-3}
^{7}Be	酸化物，ハロゲン化物及び硝酸塩以外の化合物	5×10^{-1}	3×10^{1}	2×10^{-3}
^{7}Be	酸化物，ハロゲン化物及び硝酸塩	5×10^{-1}	3×10^{1}	2×10^{-3}
^{10}Be	酸化物，ハロゲン化物及び硝酸塩以外の化合物	3×10^{-3}	7×10^{-1}	1×10^{-5}
^{10}Be	酸化物，ハロゲン化物及び硝酸塩	1×10^{-3}	7×10^{-1}	4×10^{-6}
^{10}C	〔サブマージョン〕	9×10^{-2}		4×10^{-4}
^{11}C	〔サブマージョン〕	2×10^{-1}		7×10^{-4}
^{11}C	蒸気	7×10^{0}		4×10^{-2}
^{11}C	標識有機化合物〔経口摂取〕		4×10^{1}	

（以下，略）

別表第4　（第30条の26関係）

放射性同位元素の種類が明らかで，かつ，当該放射性同位元素の種類が別表第3に掲げられていない場合の空気中濃度限度等

第一欄		第二欄	第三欄	第四欄
放射性同位元素の区分		空気中濃度限度 (Bq/cm³)	排液中又は排水中の濃度限度 (Bq/cm³)	排気中又は空気中の濃度限度 (Bq/cm³)
アルファ線放出の区分	物理的半減期の区分			
アルファ線を放出する放射性同位元素	物理的半減期が10分未満のもの	4×10^{-4}	4×10^{0}	3×10^{-6}
	物理的半減期が10分以上，1日未満のもの	3×10^{-6}	4×10^{-2}	3×10^{-8}
	物理的半減期が1日以上，30日未満のもの	2×10^{-6}	5×10^{-3}	8×10^{-9}
	物理的半減期が30日以上のもの	3×10^{-8}	2×10^{-4}	2×10^{-10}
アルファ線を放出しない放射性同位元素	物理的半減期が10分未満のもの	3×10^{-2}	5×10^{0}	1×10^{-4}
	物理的半減期が10分以上，1日未満のもの	6×10^{-5}	1×10^{-1}	6×10^{-7}
	物理的半減期が1日以上，30日未満のもの	4×10^{-6}	5×10^{-3}	2×10^{-8}
	物理的半減期が30日以上のもの	1×10^{-5}	7×10^{-4}	4×10^{-8}

別表第5　（第30条の26関係）

表面密度限度

区　　分	密度（Bq/cm²）
アルファ線を放出する放射性同位元素	4
アルファ線を放出しない放射性同位元素	40

3.10　告示「被ばく線量の測定方法及び算定方法」

医療法施行規則第30条の18第2項の規定に基づき定められた告示「被ばく線量の測定方法及び算定方法（平成12年12月厚生省告示第398号）」を以下に示す。

放射線診療従事者等が被ばくする線量の測定方法並びに実効線量及び等価線量の算定方法（抄）

平成12年12月26日厚生省告示第398号

（実効線量への換算）

第1条　医療法施行規則(昭和23年厚生省令第50号。以下「規則」という。)第30条の4から第30条の9まで，第30条の11及び第30条の12に規定する実効線量については，放射線の種類に応じて次の式により計算することができる。

(1) 放射線がエックス線又はガンマ線である場合

$$E = f_x \times D$$

この式において，E, f_x及びDは，それぞれ次の値を表すものとする。

E　実効線量(単位　シーベルト)

f_x　別表第1第1欄に掲げる放射線のエネルギーの強さに応じて，第2欄に掲げる値

D　自由空気中の空気カーマ(単位　グレイ)

(2) 放射線が中性子線である場合

$$E = f_n \times \Phi$$

この式において，E, f_n及びΦは，それぞれ次の値を表すものとする。

E　実効線量(単位　シーベルト)

f_n　別表第2第1欄に掲げる放射線のエネルギーの強さに応じて，第2欄に掲げる値

Φ　自由空気中の中性子フルエンス(単位　個毎平方センチメートル)

2　放射線の種類が2種類以上ある場合にあっては，放射線の種類ごとに計算した実効線量の和をもって，第1項に規定する実効線量とする。

（内部被ばくによる線量の測定）

第2条　規則第30条の18第2項第5号に規定する内部被ばくによる線量の測定は，吸入摂取し，又は経口摂取した放射性同位元素について別表第3の第1欄に掲げる放射性同位元素の種類ごとに適切な方法により吸入摂取し，又は経口摂取した放射性同位元素の摂取量を計算し，次項の規定により算出することにより行うものとする。ただし，厚生労働大臣が認めた方法により測定する場合は，この限りでない。

2　内部被ばくによる実効線量の算出は，別表第3の第1欄に掲げる放射性同位元素の種類ごとに次の式により行うものとする。この場合において，2種類以上の放射性同位元素を吸入摂取し，又は経口摂取したときは，それぞれの種類につき算出した実効線量の和を内部被ばくによる実効線量とする。

$$E_i = e \times I$$

この式において，E_i，e及びIは，それぞれ次の値を表すものとする。

E_i　内部被ばくによる実効線量(単位　ミリシーベルト)

e　別表第3第1欄に掲げる放射性同位元素の種類に応じて，それぞれ，吸入摂取の場合にあっては同表の第2欄，経口摂取の場合にあっては同表の第3欄に掲げる実効線量係数(単位　ミリ

シーベルト毎ベクレル)

I　吸入摂取又は経口摂取した放射性同位元素の摂取量(単位　ベクレル)

(実効線量及び等価線量の算定)

第3条　規則第30条の18第2項に規定する実効線量は，次に掲げる外部被ばくによる実効線量と内部被ばくによる実効線量との和とする。

(1) 外部被ばくによる実効線量　1センチメートル線量当量(規則第30条の18第2項第2号の規定により測定を行った場合は，適切な方法により算出した値)

(2) 内部被ばくによる実効線量　第2条第2項の規定により算出した値

2　規則第30条の18第2項に規定する等価線量は，次のとおりとする。

(1) 皮膚の等価線量は，70マイクロメートル線量当量(中性子線については，1センチメートル線量当量)とすること。

(2) 眼の水晶体の等価線量は，1センチメートル線量当量，3ミリメートル線量当量又は70マイクロメートル線量当量のうち，適切なものとすること。

(3) 第30条の27第2項第3号に規定する妊娠中である女子の腹部表面の等価線量は，1センチメートル線量当量とすること。

別表第１（第１条関係）：自由空気中の空気カーマが１グレイである場合の実効線量【放射性同位元素等規制法告示第５号別表第５[2.10.2]と同じ】

別表第２（第１条関係）：自由空気中の中性子フルエンスが１平方センチメートル当たり10^{12}個である場合の実効線量【放射性同位元素等規制法告示第５号別表第６[2.10.2]と同じ】

別表第３（第２条関係）

放射性同位元素を吸入摂取又は経口摂取した場合の実効線量係数等

第一欄		第二欄	第三欄
放射性同位元素の種類		吸入摂取した場合の実効線量係数（mSv/Bq）	経口摂取した場合の実効線量係数（mSv/Bq）
核　種	化　学　形　等		
^{3}H	元素状水素	1.8×10^{-12}	
^{3}H	メタン	1.8×10^{-10}	
^{3}H	水	1.8×10^{-8}	1.8×10^{-8}
^{3}H	有機物（メタンを除く）	4.1×10^{-8}	4.2×10^{-8}
^{3}H	上記を除く化合物	2.8×10^{-8}	1.9×10^{-8}
^{7}Be	酸化物，ハロゲン化物及び硝酸塩以外の化合物	4.3×10^{-8}	2.8×10^{-8}
^{7}Be	酸化物，ハロゲン化物及び硝酸塩	4.6×10^{-8}	2.8×10^{-8}
^{10}Be	酸化物，ハロゲン化物及び硝酸塩以外の化合物	6.7×10^{-6}	1.1×10^{-6}
^{10}Be	酸化物，ハロゲン化物及び硝酸塩	1.9×10^{-5}	1.1×10^{-6}
^{11}C	蒸気	2.8×10^{-9}	
^{11}C	標識有機化合物〔経口摂取〕		2.4×10^{-8}

（以下，略）

第 4 章　労働法関係法令と放射線防護関係法令の比較

4.1　電離則等の労働法関係法令

放射線関係法令の中でも，放射性同位元素等規制法や医療法とは異なり，放射性同位元素，放射線発生装置を取り扱うことによる職業上の放射線障害の防止に関する法令が労働法関係法令である。電離放射線から労働者（国家公務員と船員を除く）を保護し，放射線障害を防止する「電離放射線障害防止規則（略称「電離則」）」のほかに，国家公務員の放射線障害を防止する「人事院規則 10-5 職員の放射線障害の防止」と船員を放射線障害から守る「船員電離放射線障害防止規則（略称「船員電離則」）」がある。

4.1.1　労働法関係法令の法体系

放射線関係法令の中でも，第 2 章及び第 3 章で解説した放射性同位元素等規制法及び医療法は，放射性同位元素，放射線発生装置を広く規制し，公共の安全を確保するとともに，それらを取り扱う放射線業務従事者あるいは放射線診療従事者等の職業被ばくを監視するものであった。一方，職業被ばくから労働者を守る目的で，職業上の放射線障害の防止に関する法令が労働法関係法令にも見出される。その中核をなすのは，労働基準法と相まって，職場における労働者の安全と健康の確保及び快適な職場環境の形成を目的として制定された労働安全衛生法である。さらに労働安全衛生法施行令に基づき，放射線障害防止の観点から「電離放射線障害防止規則（略称「電離則」）」が定められた。

我が国の労働法の中核をなす労働基準法及び放射線防護に関係する労働法である労働安全衛生法と電離則の関係は，以下の通りである。

（1）　法律　　　労働基準法（昭和 22 年法律第 49 号）
　　　　　　　　労働安全衛生法（昭和 47 年法律第 57 号）

（2）　施行令　　労働安全衛生法施行令（昭和 47 年政令第 318 号）

（3）　施行規則　労働安全衛生規則（安衛則，昭和 47 年労働省令第 32 号）
　　　　　　　　電離放射線障害防止規則（電離則，昭和 47 年労働省令第 41 号）

（4）　告示　　　電離放射線障害防止規則第 3 条第 3 項等の規定に基づき厚生労働大臣が定める限度及び方法を定める告示（平成 12 年労働省告示第 120 号）

上記の「限度及び方法を定める告示」は，放射性同位元素等規制法の告示第 5 号「放射線を放出する同位元素の数量等を定める件」に相当する規制に関する具体的数値ならびに方法を定めている点で重要である。告示には他にも「エックス線装置構造規格（昭和 47 年労働省告示第 149 号）」「ガンマ線照射装置構造規格（昭和 50 年労働省告示第 52 号）」等がある（図 4.1）。

労働安全衛生法「第 7 章　健康の保持増進のための措置」では，有害な業務を行う作業場に対する作業環境測定と有害な業務に従事する労働者に対する健康診断を義務づけている（労働安全衛生法第 65 条，第 66 条）。労働安全衛生法施行令には，法で定める「作業環境測定を行うべき作業場」及び「健康診断を行うべき有害な業務」として，以下の放射線業務を指定している（労働安全衛生法施行令第 21 条第 6 号，第 22 条第 2 号，別表第 2）。

別表第 2　放射線業務（第 6 条，第 21 条，第 22 条関係）

(1)　エックス線装置の使用又はエックス線の発生を伴う当該装置の検査の業務

(2)　サイクロトロン，ベータトロンその他の荷電粒子を加速する装置の使用又は電離放射線（アルファ線，重陽子線，陽子線，ベータ線，電子線，中性子線，ガンマ線及びエックス線）の発生を伴う当該装置の検査の業務

(3)　エックス線管若しくはケノトロンのガス抜き又はエックス線の発生を伴うこれらの検査の業務

(4)　厚生労働省令で定める放射性物質を装備している機器の取扱いの業務

(5)　放射性物質又は放射性物質若しくは(2)に規定する装置から発生した電離放射線によって汚染された物の取扱いの業務

(6)　原子炉の運転の業務

(7)　坑内における核原料物質の採掘の業務

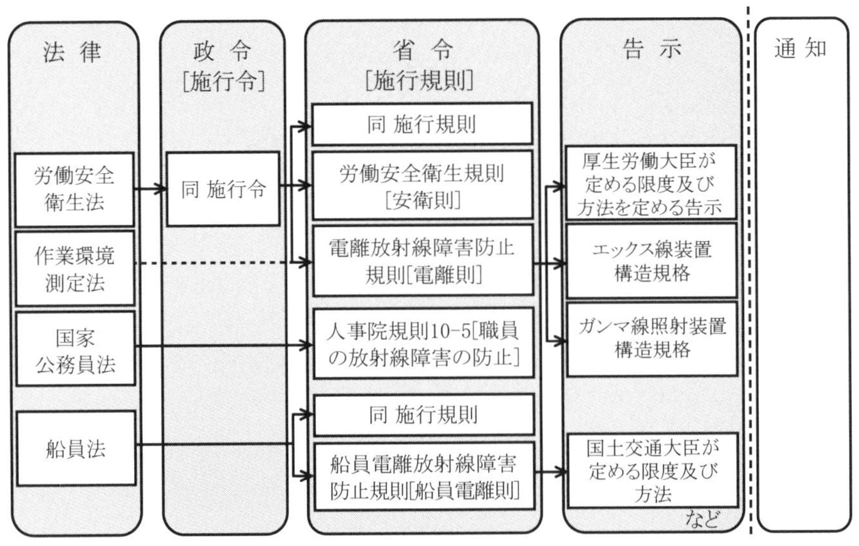

図 4.1　労働法関係法令の法体系

一方，電離則では対象とする労働者から国家公務員と船員を除くとし，国家公務員に対しては「人事院規則 10-5 職員の放射線障害の防止（この本では単に「人事院規則」とする）」及び船員ついては「船員電離放射線障害防止規則（略称「船員電離則」）」に規定されている（図 4.1)。いずれも基本的事項については，電離則に準じるものである。

国家公務員法：

(1)　法律　国家公務員法（昭和 22 年法律第 120 号）
(2)　施行規則　職員の放射線障害の防止（昭和 38 年人事院規則 10-5）
(3)　運用通知　人事院規則 10-5(職員の放射線障害の防止)の運用について（昭和 38 年 12 月 3 日職厚-2327)

船員法：

(1)　法律　船員法（昭和 22 年法律第 100 号）
(2)　施行規則　船員電離放射線障害防止規則（船員電離則，昭和 48 年運輸省例題 21 号）
(3)　告示　船員電離放射線障害防止規則の規定に基づき国土交通大臣が定める限度及び方法（平成 13 年国土交通省告示第 311 号）

4.1.2　労働法関係法令と放射性同位元素等規制法及び医療法の関係

これらの労働関係法令は，労働者の保護の目的で定められたものであり，一方，放射性同位元素等規制法及び医療法は，放射性同位元素，放射線発生装置を規制するとともに，それらを取り扱う従事者の職業被ばくを制限するものであることから，職業上の被ばくに関しては，労働関係法令のいずれかと放射性同位元素等規制法又は医療法の 2 つ以上の法令により規制される。すなわち，労働者の観点からは，国家公務員であれば人事院規則，船員であれば船員電離則，国家公務員と船員以外の労働者は電離則といずれかの法令で規制される。それに加えて，施設ごとに取り扱う放射性同位元素，放射線発生装置が医療用のものに限られていれば医療法に，医療用以外のもののみであれば放射性同位元素等規制法に従わなければならない。もちろん，医療用とそれ以外の両方を扱うのであれば，両法に規制されることになる。以上の関係をまとめると，表 4.1 のようになる。

表 4.1　放射線業務内容による労働関係法令の規制関係

放射線業務	診療のみ	診療以外	両方
労働者（国家公務員，船員を除く）	医療法及び電離則	放射性同位元素等規制法及び電離則	放射性同位元素等規制法，医療法及び電離則
国家公務員	医療法及び人事院規則	放射性同位元素等規制法及び人事院規則	放射性同位元素等規制法，医療法及び人事院規則
船員	医療法及び船員電離則	放射性同位元素等規制法及び船員電離則	放射性同位元素等規制法，医療法及び船員電離則

いずれにしても，実際上の使用に当たっては労働関係法令のいずれかを含む2つ以上の法令を遵守しなければならない。同一の事項に対し，複数の法令の規制がある場合には，当然のことながら厳しい方の定めに従わなければならない。

4.1.3　東日本大震災以降の除染等業務関係法規

平成23年3月11日に発生した東日本大震災に伴う福島第一原子力発電所の事故により環境中に放出された放射性物質で汚染された土壌等を除染するための業務等に従事する労働者の放射線障害防止のため，労働安全衛生法の規定に基づき，「東日本大震災で生じた放射性物質により汚染された土壌等を除染するための業務等に係る電離放射線障害防止規則（略称「除染電離則」）」が平成24年1月に施行された。

除染電離則は，本来東日本大震災放射性物質汚染対処特別措置法に基づき指定された「除染特別地域及び汚染状況重点調査地域内」において除染等業務に従事する労働者の放射線障害防止対策として制定されたものであるが，平成24年6月の避難区域の見直しに伴い，除染特別地域での生活基盤の復旧や製造事業などが開始・再開されることを受けて，除染作業以外の復旧・復興業務等に従事する労働者にも放射線障害防止対策を拡大することとし，改正法令が平成24年7月に施行された。具体的な法改正の要点は，

(1) 1万ベクレル毎キログラムを超える汚染土壌等を扱う業務（「特定汚染土壌等取扱業務」）を除染等業務に加える。

(2) 平均空間線量率が2.5マイクロシーベルト毎時を超える場所で行う除染等業務以外の業務（「特定線量下業務」）を新たに除染電離則の適用とする。

点であり，特に (2) の「特定線量下業務」にも除染電離則の適用とし，当該業務に従事する労働者の放射線障害防止のための措置を義務づけた。

一方，国家公務員については，国家公務員法に基づき，「東日本大震災により生じた放射性物質により汚染された土壌等の除染等のための業務等に係る職員の放射線障害の防止」に関して新たに人事院規則10-13を制定し，平成24年1月に施行された。その運用の内容は，ほぼ除染電離則に準じている。

4.2　電離則及び人事院規則の要点

医療法も含め，電離則等の労働関係法令も基本的には放射性同位元素等規制法の定める内容に準じている。しかし，それぞれの法令の特性から，仔細に関しては相違点が存在することもままある。ここでは，電離則及び人事院規則に関して，特に放射性同位元素等規制法及び医療法の内容と異なっている点の中から，放射線管理上注意を要する項目を取り出して解説する。個々の法令間の比較は，次節「4.3　放射線防護関係法令の比較」にまとめた。

4.2.1　教育訓練

放射性同位元素等規制法では，放射線業務従事者に必要な安全取扱いに関する知識や情報を定期的に与えることを目的とした放射線障害防止に関する教育及び訓練[2.7.8]と，特定放射性同位元素の防護に従事する防護従事者を対象として特定放射性同位元素の防護に関する教育及び訓練[2.9.6]の実施を義務づけており，これらの特別な教育及び訓練を通常「教育訓練」と呼ぶ。この放射性同位元素等規制法で規定する「教育訓練」は，電離則では「特別の教育」といい，人事院規則では「教育の実施」として定められている。医療法には教育訓練の規定がないため，従事者は労働者として電離則や人事院規則の労働関係法令にも規制される。一方，医療法では，医療従事者に対する医療機器及び医薬品の安全使用のための職員研修[3.6.15, 4.2.1.3]や診療用放射線の安全利用のための研修[3.8.4, 4.2.1.4]の実施が義務付けられている。電離則及び人事院規則の教育訓練に関する規定は次のようになっている。

4.2.1.1　電離則における特別の教育

電離則においては，第 6 章の 2 に労働者の就業する業務の内容に応じて実施する特別の教育に関する規定がある。

第 6 章の 2　特別の教育

（透過写真撮影業務に係る特別の教育）

第 52 条の 5　事業者は，エックス線装置又はガンマ線照射装置を用いて行う透過写真の撮影の業務に労働者を就かせるときは，当該労働者に対し，次の科目について，特別の教育を行わなければならない。

(1) 透過写真の撮影の作業の方法

(2) エックス線装置又はガンマ線照射装置の構造及び取扱いの方法

(3) 電離放射線の生体に与える影響

(4) 関係法令

2　安衛則第 37 条及び第 38 条並びに前項に定めるほか，同項の特別の教育の実施について必要な事項は，厚生労働大臣が定める。

（加工施設等において核燃料物質等を取り扱う業務に係る特別の教育）

第 52 条の 6　事業者は，加工施設，再処理施設又は使用施設等の管理区域内において，核燃料物質若しくは使用済燃料又はこれらによって汚染された物を取り扱う業務に労働者を就かせるときは，当該労働者に対し，次の科目について，特別の教育を行わなければならない。

(1) 核燃料物質若しくは使用済燃料又はこれらによって汚染された物に関する知識

(2) 加工施設，再処理施設又は使用施設等における作業の方法に関する知識

(3) 加工施設，再処理施設又は使用施設等に係る設備の構造及び取扱いの方法に関する知識

(4) 電離放射線の生体に与える影響

(5) 関係法令

(6) 加工施設，再処理施設又は使用施設等における作業の方法及び同施設に係る設備の取扱い

2　安衛則第 37 条及び第 38 条並びに前項に定めるほか，同項の特別の教育の実施について必要な事項は，厚生労働大臣が定める。

(原子炉施設において核燃料物質等を取り扱う業務に係る特別の教育)

第 52 条の 7　事業者は，原子炉施設の管理区域内において，核燃料物質若しくは使用済燃料又はこれらによって汚染された物を取り扱う業務に労働者を就かせるときは，当該労働者に対し，次の科目について，特別の教育を行わなければならない。

(1) 核燃料物質若しくは使用済燃料又はこれらによって汚染された物に関する知識

(2) 原子炉施設における作業の方法に関する知識

(3) 原子炉施設に係る設備の構造及び取扱いの方法に関する知識

(4) 電離放射線の生体に与える影響

(5) 関係法令

(6) 原子炉施設における作業の方法及び同施設に係る設備の取扱い

2　安衛則第 37 条及び第 38 条並びに前項に定めるほか，同項の特別の教育の実施について必要な事項は，厚生労働大臣が定める。

(事故由来廃棄物等の処分の業務に係る特別の教育)

第 52 条の 8　事業者は，事故由来廃棄物等の処分の業務に労働者を就かせるときは，当該労働者に対し，次の科目について，特別の教育を行わなければならない。

(1) 事故由来廃棄物等に関する知識

(2) 事故由来廃棄物等の処分の業務に係る作業の方法に関する知識

(3) 事故由来廃棄物等の処分の業務に係る作業に使用する設備の構造及び取扱いの方法に関する知識

(4) 電離放射線の生体に与える影響及び被ばく線量の管理の方法に関する知識

(5) 関係法令

(6) 事故由来廃棄物等の処分の業務に係る作業の方法及び使用する設備の取扱い

2　安衛則第 37 条及び第 38 条並びに前項に定めるほか，同項の特別の教育の実施について必要な事項は，厚生労働大臣が定める。

(特例緊急作業に係る特別の教育)

第 52 条の 9　事業者は，特例緊急作業に係る業務に原子力防災要員等を就かせるときは，当該労働者に対し，次の科目について，特別の教育を行わなければならない。

(1) 特例緊急作業の方法に関する知識

(2) 特例緊急作業で使用する施設及び設備の構造及び取扱いの方法に関する知識

(3) 電離放射線の生体に与える影響，健康管理の方法及び被ばく線量の管理の方法に関する知識

(4) 関係法令

(5) 特例緊急作業の方法

(6) 特例緊急作業で使用する施設及び設備の取扱い

2　安衛則第 37 条及び第 38 条並びに前項に定めるほか，同項の特別の教育の実施について必要な事項は，厚生労働大臣が定める。

放射性同位元素等規制法との比較の観点から，注意すべき点は以下の通りである。

(1)　用語に関しては，放射性同位元素等規制法の「許可届出使用者及び許可廃棄業者」が電離則の「事業者」に対応し，「放射線業務従事者」は「管理区域内において放射線業務に常時従事する労働者」と定義されている。

①　特別の教育の実施時期は，「それぞれの業務に労働者を就かせるとき」だけであり，放射性同位元素等規制法の「初めて管理区域に立ち入る前」に対応するが，放射性同位元素等規制法では「その後は前回の教育訓練を行った年度の翌年度の開始日から 1 年以内（翌年度内）」に定期的な実施を義務づけているのに対し，電離則では同じ業務内容であればその必要はない点が異なる。

②　放射性同位元素等規制法の教育訓練では，従事者の業務によって科目の違いはないが，電離則の特別の教育の科目に関しては，以下に掲げる業務毎に内容が異なる（電離則第 52 条の 5～第 52 条の 9）。

(a) 透過写真撮影業務
(b) 加工施設等において核燃料物質等を取り扱う業務
(c) 原子炉施設において核燃料物質等を取り扱う業務
(d) 事故由来廃棄物等の処分の業務
(e) 特例緊急作業に係る業務

上記（e）の「特例緊急作業」とは，原子力災害対策特別措置法（原災法）に定める災害にあたり，特例緊急被ばく限度が適用される緊急作業のことであり，平成 27 年 8 月に電離則，平成 28 年 1 月には人事院規則 10-5 がともに特例緊急作業に係る改正が行われた。しかしながら，この特例緊急作業に従事する者は，原子炉等規制法に規定する「原子力保安検査官」で原子力規制委員会委員長が指名する者に限るとされていることから，電離則・人事院規則ともに，これ以降は条文の例示のみにとどめることとする。

4.2.1.2　人事院規則における教育の実施

人事院規則 10-5 では，第 25 条に教育の実施として以下のように定めている。

（教育の実施）
第 25 条　各省各庁の長は，職員を放射線業務に従事させる場合には，あらかじめ人事院の定めるところにより放射線障害の防止のための教育を行わなければならない。

教育の実施内容に関しては，「人事院規則 10-5（職員の放射線障害の防止）の運用について（昭和 38 年 12 月 3 日職厚-2327）」に以下のように規定されている。

第 25 条関係
1　この条の教育は，次に掲げる項目について行うものとする。ただし，当該項目に関する十分な知識又は技能を有すると認められる職員については，当該項目に係る教育を省略することができる。
(1) 放射線の人体に与える影響に関すること
(2) 放射線の危害防止に関すること
(3) 放射性物質又は放射線を発生する装置等の取扱いに関すること
(4) 人事院規則等の関係法令
2　各省各庁の長は，次に掲げる職員についても，必要に応じ，前項に掲げる項目について教育を行うよう努めるものとする。
(1) 放射線障害の防止に関する事務を処理する職員
(2) 業務上管理区域に立ち入る職員
(3) 電子顕微鏡等放射線を受けるおそれのある装置を取り扱う職員

以上のように，人事院規則の対象者は国家公務員である「職員」であり，教育の実施の教育すべき内容は放射性同位元素等規制法とほぼ同様であるが，その実施の時期は電離則と同様に業務に従事させる場合のみで，放射性同位元素等規制法のように1年度ごとの定期的実施は定められていない。また，当該項目に関する十分な知識又は技能を有すると認められる職員については，当該項目に係る教育を省略することができるとされている。

さらに，放射線業務には直接従事しない職員にも，必要に応じて教育の実施を求めている。特に (3) に「電子顕微鏡等放射線を受けるおそれのある装置」とあるのは，人事院規則では放射線の定義において電子線やエックス線についてエネルギーの下限が定められておらず[4.3.1]，電子顕微鏡はエックス線装置と同様に定期検査や漏えい放射線量の測定対象装置となっていることによる。

4.2.1.3　医療法における医療機器及び医薬品の安全使用のための研修の実施

医療法には，教育訓練の規程はないが，医療の安全を確保するための体制の確立を図るために平成 18 年に医療法が改正され，病院等の管理者は，従業者に対する医療機器及び医薬品の安全使用のための研修を実施することとなった（医療法第6条の 12，同施行規則第1条の 11 第2項）。この法改正に伴い，平成 19 年 3 月 30 日付けで厚生労働省医政局長通知（医政発第 0330010 号）及び医政局指導課長通知（医政指発第 0330001 号）が交付され，医療機器の安全使用のための責任者として「医療機器安全管理責任者」を，医薬品の安全使用のための責任者としては「医薬品安全管理責任者」を配置した上で，医療機器の安全使用に関しては，使用経験のない新しい医療機器の導入時や安全使用に際して技術の習熟が必要な医療機器に関しては年2回程度定期的に，当該医療機器に携わる医療従事者を対象として研修を実施し，その内容に関して記録することが義務づけられた[3.6.15]。

4.2.1.4　医療法における診療用放射線の安全利用のための研修の実施

平成 31 年の医療法施行規則の改正により，上記 4.2.1.3 の医薬品及び医療機器の安全管理に加えて，エックス線装置等を備えている病院又は診療所の管理者は，診療用放射線の利用に係る安全な管理（「安全利用」という）を確保するために「医療放射線安全管理責任者」を配置して，診療用放射線の安全利用のための指針を策定するとともに，放射線診療に従事する者に対する診療用放射線の安全利用のための研修を実施することとなった [3.8.4](医療法第6条の12, 同施行規則第1条の11第2項, 平成31年3月12日医政発0312第7号厚生労働省医政局長通知)。

今回の医療法施行規則の改正は, 厚生労働省「医療放射線の適正管理に関する検討会」で議論された。ICRP が勧告した放射線防護体系の原則「正当化, 最適化, 線量限度」[1.3.1]のうち, 患者が診療上受ける医療被ばくには, 正当化と最適化が達成されていれば線量限度は課せられていない。一方, 日本の医療被ばく線量は, 世界的に見ても顕著に高い現状を鑑み, 医療被ばくの適正管理が強く求められるとして, 診療用放射線の安全管理の体制確保を法令上規定したものである。

これらの法規制の根拠として, 放射性同位元素等規制法の条文が引用されていることから, 例えば新たに規定された「診療用放射線安全管理責任者」は医療機関における放射線取扱主任者に相当するなど, 以下のような対比として理解される。

表 4.2　放射性同位元素規制法の放射線障害防止に関する規制と医療法の診療用放射線の安全利用との対比

放射性同位元素等規制法	医　療　法
放射線障害の防止：	診療用放射線の安全利用：
2.8　放射線取扱主任者	3.8.2　診療用放射線安全管理責任者 [病院版放射線取扱主任者]
2.7.7　放射線障害予防規程特	3.8.3　安全利用のための指針の策定 [病院版放射線障害予防規程]
2.7.8　放射線障害の防止に関する教育訓練	3.8.4　安全利用のための研修の実施 [病院版教育訓練]
2.7.11　放射線障害の防止に関する記帳	3.8.5　放射線診療を受ける患者の被曝線量の管理・記録

4.2.2　健康診断

放射線障害を防止するためには, 従事者の医学的管理として, 健康診断は必須のものであり, 放射性同位元素等規制法にも事業者の義務として就業前とその後の定期的健康診断の実施を義務づけている[2.7.9]。しかし, 医療法には, 放射線診療従事者等の健康診断に関する規定はない。一方, 先に述べたように, 従事者は労働者として労働関係法令にも規制される。電離則及び人事院規則における健康診断についての定めは次のようになっている。

4.2.2.1　電離則における健康診断

電離則においては, 第8章が健康診断についての規定になっている。

第8章　健康診断

（健康診断）

第56条　事業者は，放射線業務に常時従事する労働者で管理区域に立ち入るものに対し，雇入れ又は当該業務に配置替えの際及びその後6月以内ごとに1回，定期に，次の項目について医師による健康診断を行わなければならない。

(1) 被ばく歴の有無（被ばく歴を有する者については，作業の場所，内容及び期間，放射線障害の有無，自覚症状の有無その他放射線による被ばくに関する事項）の調査及びその評価

(2) 白血球数及び白血球百分率の検査

(3) 赤血球数の検査及び血色素量又はヘマトクリット値の検査

(4) 白内障に関する眼の検査

(5) 皮膚の検査

2　前項の健康診断のうち，雇入れ又は当該業務に配置替えの際に行わなければならないものについては，使用する線源の種類等に応じて同項第4号に掲げる項目を省略することができる。

3　第1項の健康診断のうち，定期に行わなければならないものについては，医師が必要でないと認めるときは，同項第2号から第5号までに掲げる項目の全部又は一部を省略することができる。

4　第1項の規定にかかわらず，同項の健康診断（定期に行わなければならないものに限る。以下この項において同じ。）を行おうとする日の属する年の前年1年間に受けた実効線量が5ミリシーベルトを超えず，かつ，当該健康診断を行おうとする日の属する1年間に受ける実効線量が5ミリシーベルトを超えるおそれのない者に対する当該健康診断については，同項第2号から第5号までに掲げる項目は，医師が必要と認めないときには，行うことを要しない。

5　事業者は，第1項の健康診断の際に，当該労働者が前回の健康診断後に受けた線量（これを計算によっても算出することができない場合には，これを推定するために必要な資料（その資料がない場合には，当該放射線を受けた状況を知るために必要な資料））を医師に示さなければならない。

第56条の2　事業者は，緊急作業に係る業務に従事する放射線業務従事者に対し，当該業務に配置替えの後1月以内ごとに1回，定期に，及び当該業務から他の業務に配置替えの際又は当該労働者が離職する際，次の項目について医師による健康診断を行わなければならない。

(1) 自覚症状及び他覚症状の有無の検査

(2) 白血球数及び白血球百分率の検査

(3) 赤血球数の検査及び血色素量又はヘマトクリット値の検査

(4) 甲状腺刺激ホルモン，遊離トリヨードサイロニン及び遊離サイロキシンの検査

(5) 白内障に関する眼の検査

(6) 皮膚の検査

2　前項の健康診断のうち，定期に行わなければならないものについては，医師が必要でないと認めるときは，同項第2号から第6号までに掲げる項目の全部又は一部を省略することができる。

3　事業者は，第1項の健康診断の際に，当該労働者が前回の健康診断後に受けた線量（これを計算によっても算出することができない場合には，これを推定するために必要な資料（その資料がない場合には，当該放射線を受けた状況を知るために必要な資料））を医師に示さなければならない。

第56条の3　緊急作業に係る業務に従事する放射線業務従事者については，当該労働者が直近に受けた前条第1項の健康診断のうち，次の各号に掲げるものは，それぞれ当該各号に掲げる健康診断とみなす。（以下省略）

（健康診断の結果の記録）

第57条　事業者は，第56条第1項又は第56条の2第1項の健康診断（法第66条第5項ただし書の場合において当該労働者が受けた健康診断を含む。以下この条において同じ。）の結果に基づき，第56条第1項の健康診断（次条及び第59

条において「電離放射線健康診断」という。）にあっては電離放射線健康診断個人票（様式第1号の2）を，第56条の2第1項の健康診断（次条及び第59条において「緊急時電離放射線健康診断」という。）にあっては緊急時電離放射線健康診断個人票（様式第1号の3）を作成し，これらを30年間保存しなければならない。ただし，当該記録を5年間保存した後において，厚生労働大臣が指定する機関に引き渡すときは，この限りでない。

（健康診断の結果についての医師からの意見聴取）

第57条の2　電離放射線健康診断の結果に基づく法第66条の4の規定による医師からの意見聴取は，次に定めるところにより行わなければならない。

(1) 電離放射線健康診断が行われた日（法第66条第5項ただし書の場合にあっては，当該労働者が健康診断の結果を証明する書面を事業者に提出した日）から3月以内に行うこと。

(2) 聴取した医師の意見を電離放射線健康診断個人票に記載すること。

2　緊急時電離放射線健康診断（離職する際に行わなければならないものを除く。）の結果に基づく法第66条の4の規定による医師からの意見聴取は，次に定めるところにより行わなければならない。

(1) 緊急時電離放射線健康診断が行われた後（法第66条第5項ただし書の場合にあっては，当該労働者が健康診断の結果を証明する書面を事業者に提出した後）速やかに行うこと。

(2) 聴取した医師の意見を緊急時電離放射線健康診断個人票に記載すること。

（健康診断の結果の通知）

第57条の3　事業者は，第56条第1項又は第56条の2第1項の健康診断を受けた労働者に対し，遅滞なく，当該健康診断の結果を通知しなければならない。（以下省略）

（健康診断結果報告）

第58条　事業者は，第56条第1項の健康診断（定期のものに限る。）又は第56条の2第1項の健康診断を行ったときは，遅滞なく，それぞれ，電離放射線健康診断結果報告書（様式第2号）又は緊急時電離放射線健康診断結果報告書（様式第2号の2）を所轄労働基準監督署長に提出しなければならない。

（健康診断等に基づく措置）

第59条　事業者は，電離放射線健康診断又は緊急時電離放射線健康診断（離職する際に行わなければならないものを除く。）の結果，放射線による障害が生じており，若しくはその疑いがあり，又は放射線による障害が生ずるおそれがあると認められる者については，その障害，疑い又はおそれがなくなるまで，就業する場所又は業務の転換，被ばく時間の短縮，作業方法の変更等健康の保持に必要な措置を講じなければならない。

放射性同位元素等規制法との比較の観点から，以下の点に注意が必要である。

(1)　用語に関しては，放射性同位元素等規制法の「許可届出使用者及び許可廃棄業者」が電離則の「事業者」に対応し，「放射線業務従事者」は「管理区域内において放射線業務に常時従事する労働者」と定義されている。

①　電離放射線健康診断の実施時期は，「初めて管理区域に立ち入る前」は「雇入れ又は当該業務に配置替えの際」と同じであるが，「その後」は「6月以内ごとに1回定期的に行う」とされており（電離則第56条），放射性同位元素等規制法の「1年を超えない期間ごと」よりも頻回に行わなければならない点が重要である。

②　電離放射線健康診断の項目のうち，問診に関しては「被ばく歴の有無（作業の場所，

内容及び期間，放射線障害の有無，自覚症状の有無その他）の調査及びその評価」と放射性同位元素等規制法と同じ。

③　電離放射線健康診断の検診に関しても，以下の項目で放射性同位元素等規制法と同じ。

（a）白血球数及び白血球百分率の検査

（b）赤血球数の検査及び血色素量又はヘマトクリット値の検査

（c）白内障に関する眼の検査

（d）皮膚の検査

④　電離放射線健康診断の項目のうち，「雇入れ又は当該業務に配置替えの際」に行うものについては，使用線源の種類等に応じて（c）白内障に関する眼の検査を省略できる（電離則第56条第2項）。

⑤　定期的な電離放射線健康診断は，医師が必要でないと認めるときは（a）～（d）の項目の全部又は一部を省略できる（電離則第56条第3項）。この省略規定については，放射性同位元素等規制法では「医師が必要を認める場合に限り」検診を実施することになっている。

⑥　さらに定期的な電離放射線健康診断については，健康診断を行おうとする日の前年1年間に受けた実効線量が5mSvを超えず，かつ，その年の1年間の実効線量が5mSvを超えるおそれのない者については，（a）～（d）の項目は医師が必要と認めないときは行わなくてよい（電離則第56条第4項）。

（2）　電離放射線健康診断の結果に基づき，電離放射線健康診断個人票を作成し，これを30年間保存しなければならない。ただし，当該記録を5年間保存した後，厚生労働大臣が指定する機関に引き渡すときは，この限りでない（電離則第57条）。結果の記録の保存期間が，30年間と放射性同位元素等規制法より短い。

（3）　事業者は，定期の電離放射線健康診断を行ったときは，遅滞なく，電離放射線健康診断結果報告書を所轄労働基準監督署長に提出しなければならない（電離則第58条）。

（4）　事業者は，電離放射線健康診断の結果，放射線による障害が生じ，又は障害が生ずるおそれがあると認められる者については，その障害又はおそれがなくなるまで，就業場所又は業務転換，被ばく時間の短縮，作業方法の変更等必要な措置を講じなければならない（電離則第59条）。

放射性同位元素等規制法には（3），（4）に該当する規定はない。

電離則は，東日本大震災に伴う福島第一原子力発電所の事故後の法改正により，放射線業務従事者が退避する必要がある事故（電離則42条）が発生した場合に，放射線障害を防止するための緊急作業に従事する放射線業務従事者に対して，当該業務に従事した後には1月以内ごとに1回定期に及び他の業務に配置替えの際又は当該労働者が離職する際に，緊急時電離放射線健康診断の実施を新たに義務づけた（電離則第56条の2，第56条の3）。

4.2.2.2　人事院規則における健康診断

人事院規則10-5では，第26条～第26条の4で健康診断に関して定めている。

（健康診断）

第26条　放射線業務従事職員に係る規則10-4別表第3第2号に掲げる業務に係る同規則第19条第1項の健康診断及び同規則第20条第2項第2号の特別定期健康診断（次条第1項の規定によるものを除く。）の検査の項目は，次に掲げるものとする。

（1） 被ばく経歴の評価

（2） 末梢血液中の白血球数及び白血球百分率の検査

（3） 末梢血液中の赤血球数の検査及び血色素量又はヘマトクリット値の検査

（4） 白内障に関する眼の検査

（5） 皮膚の検査

2　前項に規定する規則10-4第19条第1項の健康診断については，使用する線源の種類等に応じて前項第4号に掲げる検査項目を省略することができる。

3　第1項に規定する特別定期健康診断は，その業務に従事した後6月を超えない期間ごとに1回行わなければならない。

4　第1項に規定する特別定期健康診断の検査項目のうち同項第2号から第5号までに掲げる検査項目については，当該特別定期健康診断を行おうとする日の属する年度の前年度の実効線量が5ミリシーベルトを超えず，かつ，当該特別定期健康診断を行おうとする日の属する年度の実効線量が5ミリシーベルトを超えるおそれのない職員にあっては，医師が必要と認めるときに限りその全部又は一部を行うものとし，それ以外の職員にあっては，医師が必要でないと認めるときは，その全部又は一部を省略することができる。

（緊急作業に係る健康診断）

第26条の2　各省各庁の長は，緊急作業に係る業務に従事する放射線業務従事職員に対し，当該業務に従事した後1月以内ごとに1回，定期に，及び当該業務に従事しないこととなった場合，次の項目について医師による健康診断を行わなければならない。

（1） 自覚症状及び他覚症状の有無の検査

（2） 末梢血液中の白血球数及び白血球百分率の検査

（3） 末梢血液中の赤血球数の検査及び血色素量又はヘマトクリット値の検査

（4） 甲状腺刺激ホルモン，遊離トリヨードサイロニン及び遊離サイロキシンの検査

（5） 白内障に関する眼の検査

（6） 皮膚の検査

2　前項の健康診断のうち，定期に行わなければならないものについては，医師が必要でないと認めるときは，同項第2号から第6号までに掲げる項目の全部又は一部を省略することができる。

3　各省各庁の長は，第1項の健康診断の際に，当該職員が前回の健康診断後に受けた線量（これを計算によつても算出することができない場合には，これを推定するために必要な資料（その資料がない場合には，当該放射線を受けた状況を知るために必要な資料））を医師に示さなければならない。

第26条の3　緊急作業に係る業務に従事する放射線業務従事職員については，当該職員が直近に受けた前条第1項の健康診断のうち，次の各号に掲げるものは，当該各号に掲げる健康診断とみなす。（以下省略）

（緊急作業に係る健康診断の結果の通知）

第26条の4　各省各庁の長は，第26条の2第1項に規定する健康診断を受けた職員（当該健康診断を受けた職員であった者を含む。）に対し，遅滞なく，当該健康診断の結果を通知しなければならない。

ここで，「規則 10-4」とは「人事院規則 10-4（職員の保健及び安全保持）」のことである。人事院規則 10-5 第 1 条では，「職員の放射線障害の防止について必要な事項は，人事院規則 10-4（職員の保健及び安全保持）及び規則 10-13（東日本大震災により生じた放射性物質により汚染された土壌等の除染等のための業務等に係る職員の放射線障害の防止）[4.1.3] に定めるもののほか，この規則の定めるところによる」としており，人事院規則 10-5 自体が，人事院規則 10-4 に基づいて放射線障害に特定してより具体的に定めたものとして位置づけられる。また，「規則 10-4 別表第 3 第 2 号に掲げる業務」とは，「放射線に被ばくするおそれのある業務」を意味している。

人事院規則 10-4 では，職員の健康診断を採用時や新たに危険な業務に従事させる際に実施する「採用時等の健康診断」（人事院規則 10-4 第 19 条第 1 項），定期に実施する「定期の健康診断」（規則 10-4 第 20 条第 1 項）及び必要な場合に臨時に行う「臨時の健康診断」（規則 10-4 第 21 条）の実施を電離則の「事業者」に該当する「各省各庁の長」に義務づけている。このうち，「定期の健康診断」には，全職員を対象とする「一般定期健康診断」と危険な業務に従事している職員に行う「特別定期健康診断」を区別して定めており（規則 10-4 第 20 条第 2 項），放射線障害の防止に係る健康診断は，上記「採用時等の健康診断」と「特別定期健康診断」にあたる。前述の「規則 10-4 別表第 3」は，後者の「特別定期健康診断を必要とする業務」を規定したものである。

また，人事院規則は電離則と同様に，福島第一原子力発電所事故後の法改正で，緊急作業（規則 10-5 第 20 条）業務に従事する放射線業務従事職員に対して，当該業務に従事した後には 1 月以内ごとに 1 回定期に及び当該業務に従事しないこととなった際に，緊急作業に係る健康診断の実施を新たに義務づけた（規則 10-5 第 26 条の 2～第 26 条の 4）。

以上のように見てくると，健康診断の基本的な内容は電離則とほぼ同様であることがわかる。ただし，定期健康診断の被ばく経歴の評価以外の検査項目の実施の要否に関しては，前年度の実効線量が 5mSv 未満でかつ当該年度の実効線量が 5mSv を超えるおそれのない職員は「医師が必要と認める項目に限り行い」，それ以外の職員は「医師が必要でないと認める検査項目について省略できる」点が電離則と異なる点である。また，結果の記録及び保存についての具体的表記はないが，結果の記録は永久保存を原則とする。

4.2.3　エックス線作業主任者及びガンマ線透過写真撮影作業主任者

電離則に固有の資格にエックス線作業主任者及びガンマ線透過写真撮影作業主任者がある。

4.2.3.1　エックス線作業主任者

エックス線装置の取扱いについて，事業者は，エックス線の発生を伴う作業をする管理区域ごとに，エックス線作業主任者免許保持者の中からエックス線作業主任者を選任しなければならない（電離則第 46 条）。

エックス線作業主任者の職務は，電離則第47条には，「事業者は，エックス線作業主任者に次の事項を行わせなければならない」として，以下の項目をあげている。

(1)　管理区域又は立入禁止区域の標識の設置
(2)　特定エックス線装置の照射筒，しぼり又はろ過板の適切な使用
(3)　間接撮影時，直接透視時又は透過写真撮影時の措置
(4)　放射線業務従事者の被ばく線量低減のための照射条件等の調整
(5)　自動警報装置等が規定に適合しているかの点検
(6)　照射前及び照射中，立入禁止区域に労働者がいないことの確認
(7)　放射線測定器が規定に適合して装着されているかの点検

エックス線作業主任者免許は，当該免許試験合格者のほか，次の者に都道府県労働局長が与えるものとしており，以下の者は各都道府県の労働局に申請することにより免許を取得することができる（電離則第48条）。

(1)　診療放射線技師免許（診療放射線技師法第3条第1項）を受けた者
(2)　原子炉主任技術者免状（原子炉等規制法第41条第1項）の交付を受けた者
(3)　第一種放射線取扱主任者免状（放射性同位元素等規制法第35条第1項）の交付を受けた者

4.2.3.2　ガンマ線透過写真撮影作業主任者

ガンマ線による透過写真撮影装置の使用に際しては，事業者は，ガンマ線照射装置による透過写真撮影をする管理区域ごとに，ガンマ線透過写真撮影作業主任者免許保持者の中からガンマ線透過写真撮影作業主任者を選任しなければならない（電離則第52条の2）。

ガンマ線透過写真撮影作業主任者の職務として，事業者は，同作業主任者に次の事項を行わせなければならない（電離則第52条の3）。

(1)　管理区域又は立入禁止区域の標識の設置
(2)　作業開始前，放射線源送出し装置又は放射線源の位置を調整する遠隔操作装置の機能の点検
(3)　伝送管の移動及び放射線源の取出しの適合の確認
(4)　照射前及び照射中，立入禁止区域に労働者がいないことの確認
(5)　自動警報装置等が規定に適合しているかの点検及び放射線測定器が規定に適合して装着されているかの点検
(6)　透過写真撮影時の措置
(7)　利用線錐の放射角の調整及び利用線錐以外の空気カーマ率低減のための措置
(8)　放射線業務従事者の被ばく線量低減のための照射条件等の調整
(9)　作業中，測定器による放射線源の位置，遮へいの状況等の点検（電離則・人事院規則では「遮へい」と表記するが，放射性同位元素等規制法の表記は「遮蔽」，医療法では「しゃ

へい」)

(10) 放射線源の紛失・漏れ等，放射線源の容器への収納及び線源容器のシャッターの点検

(11) 放射線源脱落等の事故が発生した場合，規定の措置を講じ，事故が発生した旨を事業者に報告

(12) 事故発生時，放射線源を容器に収納するときは，遮へい物の設置及び鉗子等の使用により線源との間に距離を設ける措置

ガンマ線透過写真撮影作業主任者免許も当該免許試験合格者のほか，次の者に都道府県労働局長が与えるとしており，以下の者は試験が免除される（電離則第52条の4)。

(1) 診療放射線技師免許（診療放射線技師法第3条第1項）を受けた者

(2) 原子炉主任技術者免状（原子炉等規制法第41条第1項）の交付を受けた者

(3) 第一種又は第二種放射線取扱主任者免状（放射性同位元素等規制法第35条第1項）の交付を受けた者

4.2.4 作業環境測定と作業環境測定士

放射性同位元素等規制法や医療法と同様に電離則にも作業環境測定が規定されているが，電離則では作業環境測定法に基づき，密封されていない放射性同位元素を取り扱う作業室の空気中放射性物質濃度の測定は，作業環境測定士による測定を規定している点が大きく異なる点である。

電離則では，作業環境測定を第7章で定めている。

第7章　作業環境測定

（作業環境測定を行うべき作業場）

第53条　令第21条第6号の厚生労働省令で定める作業場は，次のとおりとする。

(1) 放射線業務を行う作業場のうち管理区域に該当する部分

(2) 放射性物質取扱作業室

(2の2) 事故由来廃棄物等取扱施設

(3) 令別表第2第7号に掲げる業務を行う作業場

（線量当量率等の測定等）

第54条　事業者は，前条第1号の管理区域について，1月以内（放射線装置を固定して使用する場合において使用の方法及び遮へい物の位置が一定しているとき，又は3.7ギガベクレル以下の放射性物質を装備している機器を使用するときは，6月以内）ごとに1回，定期に，外部放射線による線量当量率又は線量当量を放射線測定器を用いて測定し，その都度，次の事項を記録し，これを5年間保存しなければならない。

(1) 測定日時

(2) 測定方法

(3) 測定器の種類，型式及び性能

(4) 測定箇所

(5) 測定条件

(6) 測定結果

(7) 測定を実施した者の氏名

(8) 測定結果に基づいて実施した措置の概要

2　前項の線量当量率又は線量当量は，放射線測定器を用いて測定することが著しく困難なときは，同項の規定にかかわらず，計算によ

り算出することができる。

3　第1項の測定又は前項の計算は，1センチメートル線量当量率又は1センチメートル線量当量について行うものとする。ただし，前条第1号の管理区域のうち，70マイクロメートル線量当量率が1センチメートル線量当量率の10倍を超えるおそれがある場所又は70マイクロメートル線量当量が1センチメートル線量当量の10倍を超えるおそれのある場所においては，それぞれ70マイクロメートル線量当量率又は70マイクロメートル線量当量について行うものとする。

4　事業者は，前1項の測定又は第2項の計算による結果を，見やすい場所に掲示する等の方法によって，管理区域に立ち入る労働者に周知させなければならない。

（放射性物質の濃度の測定）

第55条　事業者は，第53条第2号又は第3号に掲げる作業場について，その空気中の放射性物質の濃度を1月以内ごとに1回，定期に，放射線測定器を用いて測定し，その都度，前条第1項各号に掲げる事項を記録して，これを5年間保存しなければならない。

作業環境測定法では，作業環境測定を実施する作業場として，労働安全衛生法施行令で定める作業場を指定しているが，これらは4.1.1に示した放射線業務を行う作業場を含んでいる（作業環境測定法第2条）。有害な物質を取り扱う指定された作業場においては，作業環境測定士による作業環境測定を義務づけている（作業環境測定法第3条）。作業環境測定士には，第一種と第二種の資格があるが，第二種は簡易測定機器以外の機器を用いて行う分析及び解析はできないこととなっている（作業環境測定法第2条，同施行規則第3条）。

外部放射線の測定結果は，見やすい場所に掲示する等の方法で，管理区域に立ち入る作業者に周知させなければならない（電離則第54条第4項）。また，測定結果は，測定の都度，指定された事項を記録して，5年間保存しなければばらない（電離則第54条，第55条）。

4.2.5　放射線障害防止管理規程

放射性同位元素等規制法の「放射線障害予防規程」[2.7.7]に対応する放射線施設ごとに定める規程として，人事院規則10-5では第27条に「放射線障害防止管理規程」の作成を義務づけている。

（放射線障害防止管理規程）

第27条　各省各庁の長は，職員の放射線障害を防止するため，次に掲げる事項について，放射線業務を行う官署ごとに放射線障害防止管理規程を作成し，職員に周知させなければならない。

(1)　放射線障害の防止に関する事務を処理する官職の名称及び当該官職の放射線障害の防止に係る職務内容

(2)　放射線業務に係る放射性物質，放射線を発生する装置若しくは器具又は測定用若しくは防護用の器具等の使用，取扱い及び保守に関すること

(3)　放射線業務従事職員の範囲に関すること

(4)　管理区域の明示，管理区域への立入制限等管理区域の管理及び管理区域内での作業位置に関すること

(5)　放射線業務従事職員又は業務上管理区域

に立ち入る必要のある職員に対する教育及び訓練に関すること

(6) 放射線障害が発生しているかどうかを発見するために必要な措置に関すること

(7) 放射線障害を受けた職員又は受けたおそれのある職員に対する保健上必要な措置に関すること

(8) 職員の実効線量，等価線量，累積実効線量及び累積等価線量並びに放射線施設内における線量当量率等の測定並びにそれらの記録及びその保管に関すること

(9) 緊急時の措置に関すること

(10) その他放射線障害の防止に必要な事項

2　各省各庁の長は，放射線障害防止管理規程を作成（変更を含む）したときは，速やかに人事院に報告しなければならない。

このような放射性同位元素等規制法に定める「放射線障害予防規程」[2.7.7] や人事院規則の「放射線障害防止管理規程」のような放射線施設ごとに定める規程は，電離則には規定がない。一方，医療法では，平成 31 年の医療法施行規則の改正により，診療用放射線の安全利用のための指針の策定を医療放射線安全管理責任者に義務づけた[3.8.3]。

4.3　放射線防護関係法令の比較

本節では，第2章及び第3章で解説した放射性同位元素等規制法，医療法施行規則と電離則及び人事院規則を比較し，その相違点と実際の放射線管理において留意すべき事項を説明する。なお，放射性同位元素等規制法に新たに追加された「特定放射性同位元素の防護」に関しては，同法特有の規程であるため，これ以降の比較には取り上げていない。

次頁以降の比較表について，留意すべき点を以下に列挙する。

- 左欄の項目ごとに，各法令で使用されている用語とその定義及び記載されている条項を(　)内に付記した。(　)内の数値は，放射性同位元素等規制法，医療法施行規則，電離則及び人事院規則10-5の条を表しており，放射性同位元素等規制法では，施行令に「令」，施行規則に「則」，告示第5号には「告」を，その他の規則に関係する法律には「法」の字を数値の前に付した。
- できる限り条文の表現に基づきながら，その内容を理解するに必要最小限の表現とした。
- 表中（以下「同位元素」）などと記載した用語に関しては，以降その略語を用いて記載した。
- 重要な箇所には網掛けをし，必要な内容を補って記載した。法令間の比較に際し，注意すべき言葉は太字で示した。特に，他の法令で規定されているものでその法令には規定がないものは《　》囲みで規定がない旨を付記した。
- その他，法令の比較の上で，注意すべき要点については，各表の下に解説した。

4.3.1 全　般

全　般	放射性同位元素等規制法	医療法施行規則	電離放射線障害防止規則	職員の放射線障害の防止
	［RI 等規制法］	［医療法規則］	［電離則］	［人事院規則］
放射線	放射線(2);原子力基本法第 3 条 電磁波又は粒子線で直接又は間接に空気を電離する能力をもつもの (1) α 線，重陽子線，陽子線その他の重荷電粒子線及び β 線 (2) 中性子線 (3) γ 線及び特性 X 線（EC に限る） (4) 1MeV 以上のエネルギーを有する電子線及び X 線	**《医療法には規定なし》** **［技師法］**放射線(2) 電磁波又は粒子線 (1) α 線及び β 線 (2) 陽子線及び重イオン線《政令》 (3) 中性子線《政令》 (4) γ 線 (5) 1MeV 以上のエネルギーを有する電子線 (6) X 線	電離放射線(2) 粒子線又は電磁波 (1) α 線，重陽子線及び陽子線 (2) β 線及び電子線 (3) 中性子線 (4) γ 線及び X 線	放射線(3) 直接又は間接に空気を電離する能力をもつ粒子線又は電磁波 (1) α 線，重陽子線，陽子線その他の重荷電粒子線 (2) β 線及び電子線 (3) 中性子線 (4) γ 線及び X 線
放射性同位元素	放射性同位元素(2) 放射線を放出する同位元素及びその化合物並びに含有物(機器装備も含む)**《下限数量及び濃度**(告 1)**》** 核燃料物質，核原料物質，放射性医薬品とその原料，治験薬などは除く	放射性同位元素(24) 放射線を放出する同位元素若しくはその化合物又は含有物	放射性同位元素(2) 放射線を放出する同位元素	放射性同位元素(3) 放射線を放出する同位元素
非密封放射性同位元素・診療用放射性同位元素	密封されていない放射性同位元素(則 1)	診療用放射性同位元素(24) 医薬品又は治験薬等である密封されていない放射性同位元素で陽電子断層撮影診療に用いないもの 陽電子断層撮影診療用放射性同位元素(24) 医薬品又は治験薬等である密封されていない放射性同位元素で陽電子断層撮影診療に用いるもの	放射性物質(2) 放射性同位元素，その化合物及び含有物	放射性物質(3) 放射性同位元素及びその化合物，含有物並びにこれらの集合したもの
密封放射性同位元素	密封された放射性同位元素(3 の 2)	照射装置，照射器具，装備機器		
放射性汚染物	放射化物(則 14 の 7) 放射線発生装置から発生した放射線により生じた放射線を放出する同位元素によって汚染された物 放射性汚染物(1) 放射性同位元素によって汚染された物又は放射化物 放射性同位元素等(則 1) 放射性同位元素又は放射性汚染物	医療用放射性汚染物(30 の 11) 診療用放射性同位元素，陽電子断層撮影診療用放射性同位元素又は放射性同位元素によって汚染された物	汚染物(33) 放射性物質又は表面汚染限度の 1/10 を超えて汚染されている物	

要点の解説：

「放射線」：　放射線の定義は，各法令で細かい点で異なっている。医療法には，規定がないので，その欄に診療放射線技師法での定義を記載した。従前の技師法の定義には，陽子線，中性子線などの粒子線が含まれておらず，診療放射線技師の国家試験問題によく出題されてきたが，平成17年7月の技師法改正では，法第2条第1項第5号の「その他政令で定める電磁波又は粒子線」として，施行令第1条に「陽子線及び重イオン線」と「中性子線」が加えられた[5.1.2.2，5.2.2]。

一方，電離則や人事院規則などの労働法の定義には，電子線やエックス線にエネルギーの下限が定められていない。

「放射性同位元素」：放射性同位元素等規制法では，定義されるものの内，核燃料物質等及び放射性医薬品とその原料，治験薬などは除かれる[2.4.2]。「下限数量及び濃度」は，規制下限値として重要である[2.4.2.1]。

「非密封放射性同位元素・診療用放射性同位元素」：医薬品又は治験薬等である非密封の放射性同位元素は，医療法では陽電子断層撮影診療に用いるか否かで「診療用放射性同位元素」と「陽電子断層撮影診療用放射性同位元素」は区別されて定義されている[3.2.2]。

「密封放射性同位元素」：放射性同位元素等規制法では単に「密封された放射性同位元素（装備機器を含む）」であるが，医療法では，これに該当するものとして診療用放射線照射装置，診療用放射線照射器具，放射性同位元素装備診療機器がある[3.3.2]。

「放射性汚染物」：放射性同位元素等規制法では「放射性同位元素又は放射線発生装置から発生した放射線により生じた放射線を放出する同位元素によって汚染された物」を「放射性汚染物」といい，放射性同位元素又は放射性汚染物の両者を合わせて「放射性同位元素等」と表している[2.1.1，2.1.2]。一方，医療法では，「診療用放射性同位元素，陽電子断層撮影診療用放射性同位元素又は放射性同位元素によって汚染された物」を「医療用放射性汚染物」と定義付けている[3.5.2]。

「放射化物」：　放射性同位元素等規制法で「放射化物」は「放射線発生装置から発生した放射線により生じた放射線を放出する同位元素によって汚染された物」と定義される[2.5.1.8]。この中で「放射線発生装置から発生した放射線により生じた放射線を放出する同位元素」とは，放射線を放出するいわゆる放射性同位元素ではあるもの，放射性同位元素等規制法上の「放射性同位元素」の定義には必ずしも当たらないため，「放射性同位元素」と区別して「放射線を放出する同位元素」と表現している[2.4.2]。従って，放射線発生装置から発生した放射線により生じた放射化された同位元素によって汚染された物が「放射化物」であり，従前の「放射性同位元素によって汚染された物」と併せて「放射性汚染物」と定義された[2.1.2]。

全　般	放射性同位元素等規制法 ［RI 等規制法］	医療法施行規則 ［医療法規則］	電離放射線障害防止規則 ［電離則］	職員の放射線障害の防止 ［人事院規則］
装置等		エックス線装置等(30 の 18)	放射線装置(15)	
発生装置	放射線発生装置(2)(以下「発生装置」) 荷電粒子を加速することにより放射線を発生させる装置	診療用高エネルギー放射線発生装置(24)(以下「発生装置」) 1MeV 以上のエネルギーを有する診療用の電子線又はX線の発生装置 診療用粒子線照射装置(24)(以下「粒子線装置」) 陽子線又は重イオン線を照射する診療用の装置	荷電粒子を加速する装置(14)	荷電粒子加速装置(3) 荷電粒子を加速する装置
X 線装置	《放射線発生装置に該当する》	エックス線装置(24 の 2) 管電圧が 10kV 以上の診療用X線装置(上を除く) **エックス線装置の防護**(30) 透視用，撮影用，胸部集検用，治療用エックス線装置(30)	エックス線装置(10) X線を発生させる装置(上を除く) 特定エックス線装置(10) 管電圧が 10kV 以上のX線装置 医療用のエックス線装置(13)	エックス線装置(3) X 線を発生させる装置(上を除く)
装備機器	放射性同位元素装備機器(2)(以下「装備機器」) 放射性同位元素を装備している機器［ガスクロマトグラフ用エレクトロン・キャプチャ・ディテクタ(^{63}Ni を装備するもの)(附則 4)］ 表示付認証機器，表示付特定認証機器(12 の 5)	放射性同位元素装備診療機器(24)(以下「装備機器」) 密封された放射性同位元素を装備した診療用の機器で厚生労働大臣が定めるもの(装備機器告示) (1) 骨塩定量分析装置 (2) GC 用 ECD (3) 輸血用血液照射装置	放射性物質を装備している機器(14)	放射性物質装備機器(3) 放射性物質を装備している機器
照射装置	《密封された放射性同位元素に該当する》	診療用放射線照射装置(24)(以下「照射装置」) 下限数量の 1000 倍を超える密封された放射性同位元素を装備した診療用の照射機器		
照射器具	《密封された放射性同位元素に該当する》	診療用放射線照射器具(24)(以下「照射器具」) 下限数量の 1000 倍以下の密封された放射性同位元素を装備した診療用の照射機器		
届　出		**装置等の届出**(24～28)		エックス線装置の届出(12)
使用場所の特例		**装置等の使用場所の特例**(30 の 14)		

要点の解説：

「装置等」：　放射性同位元素等規制法で単に「放射線発生装置」とされているものでも，医療法では，診療用の装置として診療用高エネルギー放射線発生装置，診療用粒子線照射装置，エックス線装置の区別がある[3.3.2]。また，エックス線装置も防護措置に関してはさらに用途に応じた区分がなされている[3.4.1]。放射性同位元素等規制法上の密封同位元素にあたるものに関しては，「密封放射性同位元素」で述べた。医療法の定義では，すべての装置が「診療用」であり，また放射性同位元素はともに「医薬品又は治験薬」であることが規制対象として不可欠な条件となっている。医療法における装置等の届出[3.3]及び使用場所の特例[3.6.3]は重要である。

4.3.2 組　　織

組　織	放射性同位元素等規制法 ［RI 等規制法］	医療法施行規則 ［医療法規則］	電離放射線障害防止規則 ［電離則］	職員の放射線障害の防止 ［人事院規則］
放射線業務	取扱等業務(則 1) 放射性同位元素又は放射線発生装置の取扱い，管理又はこれに付随する業務	エックス線装置等の取扱い，管理又はこれに付随する業務(30 の 18)	放射線業務(2) 労働安全衛生法施行令別表第 2 に掲げる業務	放射線業務(3) (労働安全衛生法施行令別表第 2 に準ずる業務)
従事者	放射線業務従事者(則 1) 取扱等業務に従事する者で管理区域に立ち入る者	放射線診療従事者等(30 の 18) 上記に従事する者で管理区域に立ち入る者 取扱者(30 の 20) 診療用放射性同位元素又は放射性同位元素で汚染された物を取り扱う者	放射線業務従事者(4) 管理区域内において放射線業務に従事する労働者 労働者(法 2) 労働基準法第 9 条に規定する労働者	放射線業務従事職員(4) 管理区域内において放射線業務に従事する職員
事業者	許可届出使用者(15) 許可使用者[下限数量の 1000 倍を超える密封同位元素，下限数量を超える非密封同位元素又は放射線発生装置の使用の許可を受けた者(3, 10)] 及び 届出使用者[下限数量の 1000 倍以下の密封同位元素の使用の届出をした者(3 の 2)] 表示付認証機器届出使用者(3 の 3)	病院又は診療所の管理者(法 10, 15) 病院又は診療所の開設者が管理させる医師又は歯科医師	事業者(3) 放射線業務を行う事業の事業者[事業を行う者で労働者を使用する者(法 2)]	各省各庁の長(2) 人事院規則 10-4 第 3 条に規定する各省各庁の長[内閣，内閣総理大臣，各省大臣，会計監査院長，人事院総裁，宮内庁長官及び各外局の長(人事院規則 1-2：21)]
主任者	放射線取扱主任者(34) 第一種，第二種又は第三種放射線取扱主任者免状 定期講習(36 の 2)	医療機器安全管理責任者／医薬品安全管理責任者／医療放射線安全管理責任者(1 の 11)	エックス線作業主任者(46) ガンマ線透過写真撮影作業主任者(52 の 2)	
規　程	放射線障害予防規程(21)	診療用放射線の安全利用のための指針(1 の 11)		放射線障害防止管理規程(27)
手　続	使用の許可(3)／届出(3 の 2)，許可使用の変更(10)，届出使用の変更(3 の 2)，廃止の届出(27)	装置等の届出(24～28) 変更・廃止の届出(29)	透過写真撮影用ガンマ線照射装置による作業の届出(61)	エックス線装置の届出(12)

要点の解説：

「放射線業務」：放射性同位元素等規制法では「取扱等業務」というが，電離則及び人事院規則では労働安全衛生法施行令別表第 2 に掲げる業務として「放射線業務」と定義している。医療法には特別な言葉がない。

「従事者」：　労働関係法令では，法令の対象者が明確であり，電離則では「労働者」，人事院規則では国家公務員であることから「職員」と呼んでいる[4.1.2]。上記放射線業務に従事する者を，放射性同位元素等規制法及び電離則では「放射線業務従事者」といい，医療法では「放射線診療従事者等」という。加えて，医療法では広い意味で「取扱者」も定義されている。また，人事院規則では平成 28 年 1 月の法改正時から新たに「放射線業務従事職員」と定義された。

「事業者」：　従事者に対して，放射線管理上の責任者の呼称も法令によって異なり，放射性同位元素等規制法で「許可届出使用者」にあたる者として，医療法では「病院又は診療所の管理者」，電離則では「事業者」，人事院規則では「各省各庁の長」と法令固有の名称を使用している。人事院規則の「各省各庁の長」とは，内閣，内閣総理大臣，各省大臣，会計検査院長，人事院総裁並びに宮内庁長官及び各外局の長をいう(人事院規則 1-2 第 21 項)。いずれの法令もこれらの責任者に責を負わせている点は共通している。

「主任者」：　法令固有の国家資格として，放射性同位元素等規制法の「放射線取扱主任者」[2.8]及び電離則の「エックス線作業主任者」「ガンマ線透過写真撮影作業主任者」[4.2.3]があり，取扱いの内容に応じて，有資格者の中から事業所又は管理区域ごとの主任者を選任しなければならない。

一方，医療法には，医療の安全を確保するために，従来からの「医療機器安全管理責任者」，「医薬品安全管理責任者」[3.6.15] に加え，「医療放射線安全管理責任者」[3.8.2] を配置して，安全管理に係る業務を行わせることとなった。

「規　程」：　放射線施設ごとに定める規程に，放射性同位元素等規制法の「放射線障害予防規程」[2.7.7]と人事院規則の「放射線障害防止管理規程」[4.2.5]がある。ちなみに，放射性同位元素等規制法では，平成 17 年の法改正以前には「放射線障害予防規定」と「規定」の漢字を使用していた。

また，医療法では，上記「医療放射線安全管理責任者」に診療用放射線の安全利用のための指針の策定を義務づけた[3.8.3]。

4.3.3 施　　設

施　設	放射性同位元素等規制法 ［RI 等規制法］	医療法施行規則 ［医療法規則］	電離放射線障害防止規則 ［電離則］	職員の放射線障害の防止 ［人事院規則］
事業所	工場又は事業所(17)	病院又は診療所(法 1 の 2)		
境　界	工場又は事業所の境界(則 14 の 7)	敷地の境界(30 の 17)		
居住区域	工場又は事業所内の人が居住する区域(則 14 の 6)	病院又は診療所内の人が居住する区域(30 の 17)		
放射線施設	放射線施設(則 1) 使用施設，廃棄物詰替施設，貯蔵施設，廃棄物貯蔵施設又は廃棄施設	放射線取扱施設(30 の 13) エックス線診療室，発生装置使用室，粒子線装置使用室，照射装置使用室，照射器具使用室，装備機器使用室，同位元素使用室，陽電子同位元素使用室，貯蔵施設，廃棄施設及び放射線治療病室 **《注意事項の掲示》**		放射線施設(20)
管理区域	管理区域(則 1) (1) 外部放射線量が実効線量で 1.3mSv/3 月間 (2) 空気中の 3 月間の平均濃度が空気中濃度限度の 1/10 (3) 汚染物の表面密度が表面密度限度の 1/10 を超えるおそれのある場所	管理区域(30 の 16) (1) 外部放射線量が実効線量で 1.3mSv/3 月間 (2) 空気中の 3 月間の平均濃度が空気中濃度限度の 1/10 (3) 汚染物の表面密度が表面密度限度の 1/10 を超えるおそれのある場所	管理区域(3) (1) 外部放射線による実効線量と空気中の放射性物質による実効線量との合計が 1.3mSv/3 月間 (2) 放射性物質の表面密度が別表に掲げる限度の 1/10 を超えるおそれのある区域	管理区域(3) (1) 外部放射線量が実効線量で 1.3mSv/3 月間 (2) 空気中の 3 月間の平均濃度が空気中濃度限度の 1/10 (3) 汚染物の表面密度が表面密度限度の 1/10 を超えるおそれのある区域
使用施設	使用施設(3) 放射性同位元素又は放射線発生装置を使用し又は設置する施設	エックス線診療室(30 の 4) 診療用高エネルギー放射線発生装置使用室(30 の 5) 診療用粒子線照射装置使用室(30 の 5 の 2) 診療用放射線照射装置使用室(30 の 6) 診療用放射線照射器具使用室(30 の 7) 放射性同位元素装備診療機器使用室(30 の 7 の 2) 放射線治療病室(30 の 12)	放射線装置室(15) 以下の装置又は機器(「放射線装置」)を設置する専用の室 (1) エックス線装置 (2) 荷電粒子を加速する装置 (3) エックス線管若しくはケノトロンのガス抜き又はエックス線が発生するこれらの検査を行う装置 (4) 放射性物質を装備している機器	エックス線装置室(9) エックス線装置(診療用エックス線装置を除く)を設置する専用の室
放射性同位元素使用室	作業室(則 1) 密封されていない放射性同位元素の使用若しくは詰替え又は密封されていない汚染物の詰替えをする室	診療用放射性同位元素使用室(30 の 8) 陽電子断層撮影診療用放射性同位元素使用室(30 の 8 の 2)	放射性物質取扱作業室(22) 密封されていない放射性物質を取り扱う作業を行う専用の作業室	作業室(5) 密封されていない放射性物質若しくはこれに汚染された物を取り扱う室
	廃棄作業室(則 1)	準備室(30 の 8) 陽電子準備室(30 の 8 の 2)		
汚染検査室	汚染検査室(則 1)	汚染検査室(30 の 11)	汚染検査場所(31)	

施　設	放射性同位元素等規制法	医療法施行規則	電離放射線障害防止規則	職員の放射線障害の防止
	［RI 等規制法］	［医療法規則］	［電離則］	［人事院規則］
貯蔵施設	貯蔵施設(3) 放射性同位元素を貯蔵する施設	貯蔵施設(30の9) 診療用放射線照射装置，診療用放射線照射器具，診療用放射性同位元素又は陽電子同位元素を貯蔵する施設	貯蔵施設(33) 放射性物質又は汚染物(表面密度限度の 1/10 を超えて汚染されている物)を貯蔵する施設	
容　器	容器(則 14の9)	貯蔵容器(30の9) 運搬容器(30の10) 貯蔵時の 1m における実効線量率が100μSv/h以下に遮蔽	容器(37)	
廃棄施設	廃棄施設(3)	廃棄施設(30の16)		
排気設備	排気設備(則14の11)	排気設備(30の11)	排気の施設(34)	
排水設備	排水設備(則14の11)	排水設備(30の11)	排水の施設(34)	
保管廃棄設備	保管廃棄設備(則 14の11)	保管廃棄設備(30の11)	保管廃棄施設(36)	
主要構造部	主要構造部(則14の6)	主要構造部等(30の6)		

要点の解説：

「事業所」：　放射性同位元素等規制法では「工場又は事業所」，医療法では「病院又は診療所」というが，この両法は，これらの境界，敷地内の人が居住する区域及び敷地内の病室の線量限度を規定している[2.5.1.3，3.6.6，3.6.8]。一方，電離則及び人事院規則では放射線施設や管理区域のみを対象としている点が異なる[4.3.4]。

「放射線施設」：放射性同位元素等規制法では「放射線施設」として 5 種類の施設を，医療法では「放射線取扱施設」として 8 種類の使用室と施設又は病室を区分している[2.4.11，3.6.2]。なお，医療法では，この「放射線取扱施設」は，放射線障害の防止に必要な注意事項の掲示に係る場所として定義されている[3.6.2]。

「管理区域」：　管理区域に関しては，各法令ともに放射性同位元素等規制法及び医療法の定義に準じているが，電離則では「外部放射線量と空気中放射性物質による実効線量の合計として 1.3mSv/3 月」と規定している点が異なる。

「作業室」：　非密封の放射性同位元素を使用する場所として放射性同位元素等規制法で規定されている「作業室」については，電離則及び人事院規則ではこれに準じているが，医療法においては非密封の診療用放射性同位元素が PET 用か否かで別に定義されているため，「診療用放射性同位元素使用室」及び「陽電子断層撮影診療用放射性同位元素使用室」がこれに該当する。これらの使用室には，それぞれ診療室と区画された「準備室」又は「陽電子診療室」と区画された「陽電子準備室」，「陽電子待機室」の設置が必要である[3.5.2]。

「汚染検査室」：電離則では「汚染検査場所」という。人事院規則には，これに該当する規定はない。

「貯蔵施設・容器」：「貯蔵施設」も人事院規則以外の各法令には，定義は異なるものの施設基準等が定められている。「容器」に関しても同様であるが，特に医療法では，「貯蔵容器」の遮蔽能力として，貯蔵時の距離 1m における実効線量率を 100μSv/h 以下とする規定があることに注意が必要である[3.5]。

「廃棄施設」：　「貯蔵施設」と同様に人事院規則には定めはない。

4.3.4 環境の管理

環境の管理	放射性同位元素等規制法 ［RI 等規制法］	医療法施行規則 ［医療法規則］	電離放射線障害防止規則 ［電離則］	職員の放射線障害の防止 ［人事院規則］
外部放射線	外部放射線(則 1)	外部放射線(30 の 16)	外部放射線(3)	外部放射線(3)
場所の測定	測定(則 20) 放射線障害のおそれのある場所；作業開始前及び開始後１月を超えない期間毎(以下 /1 月) 密封同位元素・発生装置を固定，下限数量の 1000 倍以下の密封同位元素では/6 月 放射線の量： (1) 放射線施設(則 1) (2) 管理区域の境界 (3) 事業所内の人が居住する区域 (4) 事業所の境界 汚染の状況： (1) 作業室，廃棄作業室，汚染検査室 (2) 管理区域の境界 (3) 排気設備の排気口，排水設備の排水口，各監視設備のある場所； 排気・排水の都度	場所の測定(30 の 22) 放射線障害のおそれのある場所；診療開始前及び開始後１月を超えない期間毎(以下 /1 月) 放射線の量： (1) エックス線診療室，発生装置使用室，粒子線装置使用室，照射装置使用室，装備機器使用室；/1 月 (2) 照射器具使用室，同位元素使用室，陽電子使用室，貯蔵施設，廃棄施設，治療病室；　/1 月 (3) 管理区域の境界，病院又は診療所内の人が居住する区域，敷地の境界；　/1 月 (4) 装置機器を固定，使用方法・遮蔽が一定：(1)及び(3)；/6 月 汚染の状況： (1) 同位元素使用室，陽電子使用室，同位元素治療患者を収容する治療病室；　/1 月 (2) 管理区域の境界；　/1 月 (3) 排水設備の排水口，排気設備の排気口，各監視設備のある場所； 排水・排気の都度	作業環境測定(令 21) 放射線業務を行う作業場(53) 参考：**作業環境測定法** 線量当量率等の測定等(54) 線量当量率等又は線量当量： (1) 管理区域；１月以内毎(以下 /1 月) 放射線装置を固定，3.7GBq 以下の装備機器では　/6 月 放射性物質の濃度の測定(55) 線量当量率等又は線量当量： (1) 放射性物質取扱作業室；　/1 月 (2) 労働安全衛生法施行令別表第２第７号に掲げる業務を行う作業場；　/1 月	管理区域の測定等(23) 線量当量率等： (1) 管理区域及び管理区域の外側；初めて職員に従事させる際及び1月を超えない期間毎(以下 /1 月) 発生装置を固定，3.7GBq 以下の装備機器では/6 月 空気中濃度及び表面密度： (1) 作業室；　/1 月
装置の測定		エックス線装置等の測定(30 の 21) 放射線量；6 月を超えない期間毎 (1) 治療用エックス線装置 (2) 発生装置 (3) 粒子線装置 (4) 照射装置		エックス線装置等の定期検査(11) 初めて使用するとき及び１年を超えない期間毎 (1) エックス線装置 (2) 電子顕微鏡(電圧 100kV 以上)
線量当量(率)	1 cm 線量当量(率)，3 mm 線量当量(率)，70 μm 線量当量(率)(則 20)	1 cm 線量当量(率)，70 μm 線量当量(率)(30 の 22)	1 cm 線量当量(率)，70 μm 線量当量(率)(54)	1 cm 線量当量(率)，70 μm 線量当量(率)(23)

環境の管理	放射性同位元素等規制法	医療法施行規則	電離放射線障害防止規則	職員の放射線障害の防止
	［RI 等規制法］	［医療法規則］	［電離則］	［人事院規則］
汚染測定	放射性同位元素による汚染の状況(則 20)	放射性同位元素による汚染の状況(30 の 22)	放射性物質取扱作業室内の汚染検査等(29)	汚染の状況(19)
場所の線量限度	遮蔽物に係る線量限度(告 10) (1) 使用施設内の人が常時立ち入る場所；　1 mSv/週 (2) 事業所の境界；250μSv/3 月 (3) 事業内の人が居住する区域；250μSv/3 月 (4) 病院又は診療所の病室；1.3 mSv/ 3 月	施設等の構造設備基準(30 の 4〜30 の 12) (1) 画壁等の外側；1 mSv/週 敷地の境界等の防護(30 の 17) (2) 病院又は診療所の敷地の境界;250μSv/3 月 (3) 病院又は診療所内の人が居住する区域；250μSv/3 月 患者の被曝防止(30 の 19) (4) 病院又は診療所の病室に収容されている患者；1.3 mSv/3 月	施設等における線量限度(3 の 2) (1) 放射線装置室，作業室，貯蔵施設又は保管廃棄施設の労働者が常時立ち入る場所；1 mSv/週	

要点の解説：

「場所の測定」：各法令ともに「場所の測定」に関しては詳しく規定されているが，測定の対象や測定の場所及び時期（期間）について内容が異なっている。電離則では，作業環境測定法で定める作業環境測定として規定されている[4.2.4]。それぞれの放射線施設は放射性同位元素等規制法，医療法と労働関係法令のいずれか 2 つ以上の法令によって規制されるため，規制されるいずれの法令の定めも満たすように注意しなければならない[4.1.2]。

「装置の測定」：「エックス線装置等の測定」の義務は，医療法[3.6.10]と人事院規則だけが定めているが，それぞれの対象とする装置の種類が異なる。特に，人事院規則では放射線の定義で電子線やエックス線のエネルギーの下限が定められてないことから，電子顕微鏡がエックス線装置と同様に定期検査の測定対象となっている。

「場所の線量限度」：「4.3.3 事業所」の項で述べたように使用施設内の人が常時立ち入る場所，事業所や病院の境界，敷地内の人が居住する区域及び敷地内の病室の線量限度を規定している[2.5.1.3，3.6.6，3.6.8]が，特に医療法では各使用室及び施設の構造設備基準として「画壁等の外側における実効線量が 1mSv/週」と規定している点が特徴的である[3.5]。一方，労働法では電離則で施設内の人が常時立ち入る場所のみを規定しており，人事院規則には定めがない。

環境の管理	放射性同位元素等規制法 ［RI 等規制法］	医療法施行規則 ［医療法規則］	電離放射線障害防止規則 ［電離則］	職員の放射線障害の防止 ［人事院規則］
空気中濃度	空気中の放射性同位元素の濃度(則 1, 14 の 11)	空気中の放射性同位元素の濃度(30 の 11)	空気中の放射性物質の濃度(3, 24)	空気中の放射性物質の濃度(23)
空気中濃度限度	空気中濃度限度(告 7) 1 週間の平均濃度：告示第 5 号別表第 2 第 4 欄／別表第 3 第 2 欄	空気中濃度限度(30 の 26) 1 週間の平均濃度：別表第 3 第 2 欄／別表第 4 第 2 欄	空気中の放射性物質の濃度に関する限度(3, 告 1) 1 週間の労働時間中の週平均濃度の 3 月間の平均：告示別表第 1 第 5 欄／別表第 2	参考:人事院の定める濃度(3) 科学技術庁告示別表の 1/10(通知)
排気中濃度	排気中の放射性同位元素の濃度(則 14 の 11)	排気中の放射性同位元素の濃度(30 の 11)		
排気中濃度限度	排気中濃度限度(告 14) 3 月間の平均濃度：告示第 5 号別表第 2 第 5 欄／別表第 3 第 3 欄	排気中濃度限度(30 の 26) 3 月間の平均濃度：別表第 3 第 3 欄／別表第 4 第 3 欄		
排水中濃度	排水中の放射性同位元素の濃度(則 14 の 11)	排水中の放射性同位元素の濃度(30 の 11)		
排水中濃度限度	排水中濃度限度(告 14) 3 月間の平均濃度：告示第 5 号別表第 2 第 6 欄／別表第 3 第 4 欄	排水中濃度限度(30 の 26) 3 月間の平均濃度：別表第 3 第 4 欄／別表第 4 第 4 欄		
表面密度	人が触れる物の表面の放射性同位元素の密度(則 1)	放射性同位元素によって汚染される物の表面の放射性同位元素の密度(30 の 16)	放射性物質の表面密度(3)	物の表面の放射性物質の密度(23)
表面密度限度	表面密度限度(告 8) 告示第 5 号別表第 4	表面密度限度(30 の 26) 別表第 5	表面汚染に関する限度(別表に掲げる限度) 別表第 3	参考:人事院の定める密度(3) 科学技術庁告示別表の 1/10(通知)

要点の解説：

「空気中濃度限度」：空気中濃度とその限度については，各法令（人事院規則では通知）に定められている。

「排気中濃度限度・排水中濃度限度」：これらは，放射性同位元素等規制法及び医療法のみに規定されている。

「表面密度限度」：空気中濃度限度と同様である。

4.3.5 個人の管理

個人の管理	放射性同位元素等規制法 ［RI 等規制法］	医療法施行規則 ［医療法規則］	電離放射線障害防止規則 ［電離則］	職員の放射線障害の防止 ［人事院規則］
線　量	線量(則 1)	線量(30 の 16)	線量(8)	線量(5)
被　曝	外部被曝(則 20), 内部被曝(則 20)	外部被曝(30 の 18), 内部被曝(30 の 18)	外部被曝(8), 内部被曝(8)	外部被曝(5), 内部被曝(5)
実効線量	実効線量(則 1)	実効線量(30 の 27)	実効線量(3)	実効線量(4)
実効線量限度	実効線量限度(告 5) (1) 平成13年4月1日以降；100 mSv/5年 (2) 4月1日を始期；50 mSv/年度 (3) 女子(妊娠不能と診断された者，妊娠の意思のない旨を使用者/廃棄業者に書面で申し出た者及び妊娠の事実を使用者/廃棄業者に申し出た者を除く) 4月1日, 7月1日, 10月1日, 1月1日を始期；5 mSv/ 3 月 (4) 妊娠中の女子　使用者/廃棄業者が妊娠を知った時から出産までの内部被曝；　1mSv	実効線量限度(30 の 27) (1) 平成 13 年 4 月 1 日以降；100 mSv/5 年 (2) 4 月 1 日を始期；50 mSv/年度 (3) 女子(妊娠する可能性がないと診断された者，妊娠する意思のない旨を病院又は診療所の管理者に書面で申し出た者及び妊娠の事実を病院又は診療所の管理者に申し出た者を除く) 4月1日, 7月1日, 10月1日, 1月1日を始期；5mSv/3 月 (4) 妊娠中の女子　病院又は診療所の管理者が妊娠を知った時から出産までの内部被曝；　1mSv	実効線量限度(4, 6) (1)　100 mSv/5 年 (2)　50 mSv/1 年 (3) 女性(妊娠する可能性がないと診断された者及び妊娠と診断された者を除く)；　5mSv/3 月 (4) 妊娠中の女性　妊娠と診断された時から出産までの内部被曝；　1mSv	実効線量の限度(4) (1) 平成 13 年 4 月 1 日以降；100mSv/5 年 (2) 4 月 1 日から翌年の 3 月 31 日まで；50mSv/年度 (3) 女子(妊娠する可能性がないと診断された女子及び妊娠と診断された時から出産までの間の女子を除く) 4月1日, 7月1日, 10月1日, 1月1日を初日；　5mSv/3 月 (4) 妊娠中の女子　妊娠と診断された時から出産までの内部被曝；　1mSv
等価線量	等価線量(則 1)	等価線量(30 の 27)	等価線量(5)	等価線量(4)
等価線量限度	等価線量限度(告 6) (1) 眼の水晶体　平成 13 年 4 月 1 日から 5 年ごと；100mSv/5 年　4 月 1 日を始期とした 1 年；　50mSv/年度 (2) 皮膚　4 月 1 日を始期；500mSv/年度 (3) 妊娠中の女子の腹部表面　使用者/廃棄業者が妊娠を知った時から出産までの間；2mSv	等価線量限度(30 の 27) (1) 眼の水晶体　令和 3 年 4 月 1 日以降；　100mSv/5 年　4 月 1 日を始期；50mSv/年度 **[経過措置あり]** (2) 皮膚　4 月 1 日を始期；500 mSv/年度 (3) 妊娠中の女子の腹部表面　病院又は診療所の管理者が妊娠を知った時から出産までの間；　2mSv	等価線量限度(5, 6) (1) 眼の水晶体　令和 3 年 4 月 1 日以降；　100mSv/5 年　4 月 1 日を始期；50mSv/年度 **[経過措置あり]** (2) 皮膚；500mSv/年 (3) 妊娠中の女性の腹部表面　妊娠と診断された時から出産までの間；2mSv	等価線量の限度(4) (1) 眼の水晶体　平成13年4月1日以降；　100mSv/5 年　一の年度；50mSv/年度 (2) 皮膚　一の年度；500mSv/年度 (3) 妊娠中の女子の腹部表面　妊娠と診断された時から出産までの間；2mSv

要点の解説：

「実効線量・等価線量」：個人の放射線障害防止の根幹をなす「実効線量・等価線量」は，各法令とも同じ概念の下に同じ線量限度を定めているが，唯一異なっている点は「女子」（人事院規則では「女子職員」）の定義である。放射線関係法令では「女子」はあくまでも妊娠した場合の胎児の線量制限として区別されているので，単なる性別を表すものでなく，「妊娠の可能性がないと診断された」場合には，男性と区別される必要がない。ただ，男女雇用均等法に基づき，性別による職業上の制限は原則として認められないことから，平成13年の法改正時に放射性同位元素等規制法及び医療法には「女子」においては「妊娠不能と診断された者，妊娠の意思のない旨を許可届出使用者，許可廃棄業者（使用者/廃棄業者）又は病院・診療所の管理者に書面で申し出た者及び妊娠中の者を除く」という条件が加えられ，先の妊娠の可能性に加え，「本人が妊娠の意思がない旨を責任者に書面で申し出る」ことによって，女子としての線量制限，すなわち職業上の制限を受けないことが盛り込まれた。しかしながら，電離則及び人事院規則などの労働関係法令にはこれらの規定は採用されていないことから，たとえ書面の申告があっても，現在のところ実効性がないものとなっている。

さらに，同様に「妊娠中」に関しても，放射性同位元素等規制法及び医療法では女性本人が妊娠の事実を事業者に申し出ることにより，「使用者/廃棄業者や病院又は診療所の管理者が妊娠を知った時から出産まで」と定義されているが，労働法では従前と同じく「妊娠と診断された時から出産まで」とされていることから，たとえ妊娠の事実が報告されていなくとも妊娠しているものとしての管理が必要である。

線量限度値に関しては ICRP 1990 年勧告（Publ.60）以来変更がなかったが，2012年に出された ICRP Publ.118 では，眼の水晶体のしきい線量を 0.5Gy に変更し，それに伴い，5 年間の平均で 20mSv/年，年間最大 50mSv とする等価線量限度を勧告した。この眼の水晶体に対する等価線量限度は，令和 2 年に放射性同位元素等規制法を始めとする各法令が改正され，平成 13 年 4 月以降の 5 年間ごととした実効線量限度の 5 年間積算の起算点を合わせるために，令和 3 年 4 月の施行となった[2.4.14]。

ただし，医療法と電離則では，遮蔽その他の適切な放射線防護措置を講じても眼の水晶体に受ける等価線量が5年間につき 100 mSv を超えるおそれがあり，その行う診療に高度の専門的な知識経験を必要とし，後任者を容易に得ることができない「経過措置対象医師」については，眼の水晶体の等価線量が，令和 3 年 4 月 1 日から令和 5 年 3 月 31 日までの間，1 年間につき 50 mSv を超えないようにし，かつ，令和 5 年 4 月 1 日から令和 8 年 3 月 31 日までの間，3 年間につき 60 mSv 及び 1 年間につき 50 mSv を超えないとする経過措置が適用される。

個人の管理	放射性同位元素等規制法 ［RI 等規制法］	医療法施行規則 ［医療法規則］	電離放射線障害防止規則 ［電離則］	職員の放射線障害の防止 ［人事院規則］
緊急時	危険時(33)	緊急を要する作業(30 の 27)	事故(42)	緊急時(20)
緊急作業	緊急作業(則 29) 放射線障害を防止するために必要な措置を講ずること	放射線障害を防止するための緊急を要する作業(30 の 27)	緊急作業(7) 放射線による労働者の健康障害を防止するための応急の作業	緊急作業(4) 放射線障害を防止するための緊急を要する作業
緊急作業時の線量限度	緊急作業に係る線量限度(告 22) 緊急作業に従事する放射線業務従事者(女子においては妊娠不能と診断された者及び妊娠の意思のない旨を使用者/廃棄業者に書面で申し出た者に限る) (1) 実効線量；　100mSv (2) 眼の水晶体の等価線量；300mSv (3) 皮膚の等価線量；　1Sv	緊急放射線診療従事者等に係る線量限度(30 の 27) 緊急を要する作業に従事した放射線診療従事者等(妊娠する可能性がないと診断された者及び妊娠する意思のない旨を病院又は診療所の管理者に書面で申し出た者を除く女子を除く) (1) 実効線量；100mSv (2) 眼の水晶体の等価線量；　300mSv (3) 皮膚の等価線量；1Sv	緊急作業に従事する間に受ける線量(7) 緊急作業に従事する男性及び妊娠する可能性がないと診断された女性の放射線業務従事者 (1) 実効線量；100mSv (2) 眼の水晶体の等価線量；300mSv (3) 皮膚の等価線量；　1Sv	緊急作業期間中の線量(4) 緊急作業に従事する男子職員及び妊娠する可能性がないと診断された女子職員 (1) 実効線量の限度；　100mSv (2) 等価線量の限度　眼の水晶体；300mSv 皮膚；　1Sv
通報, 届出, 報告	事故等の報告･届出(31 の 2,32) 同位元素等の事故等；事業者は遅滞なく原子力規制委員会他関係機関に報告，許可届出使用者等は遅滞なく警察官又は海上保安官に届け出，状況及び措置を10日以内に原子力規制委員会に報告 危険時の措置(33) 同位元素等が災害により放射線障害発生のおそれがある場合；発見者は直ちに警察官又は海上保安官に通報，許可届出使用者等は直ちに応急措置を講じる	事故の場合の措置(30 の 25) 地震，火災等の災害，盗難，紛失等により放射線障害発生のおそれがある場合；病院又は診療所の管理者は直ちに保健所，警察署，消防署その他関係機関に通報	事故に関する報告(43) 事故(42)が発生した場合；事業者は速やかに労働基準監督署長に報告 緊急時の診察又は診断(44) 緊急時の診察又は診断(42)に該当する労働者がある場合；事業者は速やかに労働基準監督署長に報告	緊急時に関する報告(21) 職員が実効線量の限度又は等価線量の限度を超えて被曝した場合 緊急時(20)に該当する場合；各省各庁の長は速やかに人事院に報告

要点の解説：

「緊急時」：　「緊急作業」は，上記で説明した「女子」には従事させてはならないが，この「女子」の扱いが異なることは，先に述べた通りである。その際の線量限度は，いずれの法令も同じである。

「通報・報告」：事故などの通報・報告に関しては，放射性同位元素等規制法では，事業者は警察官または海上保安官に通報し，原子力規制委員会へ届け出た上で，状況・措置を原子力規制委員会に報告，医療法では，病院または診療所の管理者は，管轄する保健所，警察署，消防署その他の関係機関へ通報，電離則では，所轄労働基準監督署長に報告，人事院規則では，緊急時に関する報告を人事院に報告と，それぞれの監督官庁の違いによって，通報・報告する機関が異なっている。

個人の管理	放射性同位元素等規制法 [RI 等規制法]	医療法施行規則 [医療法規則]	電離放射線障害防止規則 [電離則]	職員の放射線障害の防止 [人事院規則]
教育訓練	教育訓練(22) (1) 時期；初めて管理区域に立ち入る前又は取扱等業務を開始する前及び管理区域に立ち入った又は取扱等業務を開始した後は前回の教育訓練を行った年度の翌年度の開始日から 1 年以内（1年度毎） (2) 項目； 1. 放射線の人体に与える影響 2. 放射性同位元素等・放射線発生装置の安全取扱い 3. 放射線障害の防止に関する法令及び放射線障害予防規程	診療用放射線の安全利用のための研修 （1の11） 放射線診療従事者に対する診療用放射線の安全利用のための研修を実施 **参考：医療機器及び医薬品の安全使用のための職員研修**（1の11）	特別の教育（52の5〜52の7） (1) 時期；下記業務に労働者を就かせるとき 1. X 線装置又はγ線照射装置を用いて行う透過写真の撮影業務 2. 加工施設・再処理施設・使用施設等で核燃料物質・使用済燃料・これらの汚染物を取り扱う業務 3. 原子炉施設で核燃料物質・使用済燃料・これらの汚染物を取り扱う業務 4. 事故由来廃棄物等の処分業務 5. 特例緊急作業に係る業務 (2) 項目（業務毎に規定）；X 線装置・γ線照射装置を用いる透過写真撮影業務の場合 1. 透過写真撮影作業の方法 2. X 線装置・γ線照射装置の構造及び取扱いの方法 3. 電離放射線の生体に与える影響 4. 関係法令	教育の実施(25) (1) 時期；職員を放射線業務に従事させる前 (2) 項目；（運用通知） 1. 人体に与える影響 2. 放射線の危害防止 3. 装置等の取扱い 4. 人事院規則等の関係法令

要点の解説：

「教育訓練」：　放射性同位元素等規制法では，放射線業務従事者を対象とした放射線障害防止に関する教育及び訓練［2.7.8］と，防護従事者を対象として特定放射性同位元素の防護に関する教育及び訓練［2.9.6］を規定しており，これらを通常「教育訓練」と呼ぶ。一方，電離則では「特別の教育」［4.2.1.1］といい，人事院規則では「教育の実施」［4.2.1.2］として定められている。実施の時期は労働関係法令では業務に従事する前のみであるのに対し，放射性同位元素等規制法ではその後の 1 年度ごとに定期的実施を義務づけている［2.7.8］。また，項目の内容も異なっており，特に電離則では，業務の内容に従って細かく規定されている（表中には透過写真撮影業務の場合のみ示した）。また，東日本大震災に伴う福島第一原子力発電所の事故後の法改正により，電離則・人事院規則ともに原子力災害対策特別措置法（原災法）に定める災害に際し，特例緊急被ばく限度が適用される特例緊急作業従事者に関する規定が加わった［4.2.1.1］。

「診療用放射線の安全利用のための研修」：医療法には，教育訓練の規程はないが，医療の安全を確保するために実施する医療従業者に対する医療機器及び医薬品の安全使用のための職員研修［3.6.15, 4.2.1.3］に加え，平成 31 年の医療法施行規則の改正により，エックス線装置等を備えている病院又は診療所の管理者は，医療放射線安全管理責任者を配置して，診療用放射線の安全利用のための指針の策定とともに，放射線診療従事者に対する診療用放射線の安全利用のための研修の実施を義務づけた［3.8, 4.2.1.4］。

個人の管理	放射性同位元素等規制法 ［RI 等規制法］	医療法施行規則 ［医療法規則］	電離放射線障害防止規則 ［電離則］	職員の放射線障害の防止 ［人事院規則］
健康診断	健康診断(23, 則22) (1) 時期；初めて管理区域に立ち入る前及び管理区域に立ち入った後の **1 年を超えない期間毎** (2) 問診の内容； 1. 被曝歴の有無 2. 作業の場所・内容・期間・線量・放射線障害の有無・被曝の状況 (3) 検査又は検診の項目； 1. 末梢血液中の血色素量又はヘマトクリット値・赤血球数・白血球数・白血球百分率 2. 皮膚 3. 眼 4. その他文部科学大臣が定める部位及び項目 初めて管理区域に立ち入る前；(3) 3 は医師が必要と認める場合に限る 定期；(3) 1–3 は医師が必要と認める場合に限る	**《医療法には該当する規定なし》**	健康診断(56) (1) 時期；雇入れ又は配置替えの際及びその後の **6 月以内毎** (2) 健康診断の項目； 1. 被曝歴の有無(作業の場所・内容・期間・放射線障害の有無・自覚症状の有無)の調査及び評価 2. 白血球数・白血球百分率 3. 赤血球数・血色素量又はヘマトクリット値 4. 白内障に関する眼 5. 皮膚 雇入れ又は配置替えの際；使用する線源の種類等に応じて(2) 4 を省略できる 定期；医師が必要でないと認めるときは(2) 2–5 の全部又は一部を省略できる 定期；前年 5 mSv/年を超えず当該年も超えるおそれのない者で医師が必要と認めないときは(2) 2–5 を行うことを要しない	健康診断(26) (1) 時期；採用又は新たに放射線業務に従事させる場合及びその業務に従事した後 **6 月を超えない期間毎** (2) 健康診断の項目； 1. 被曝経歴の評価 2. 末梢血液中の白血球数・白血球百分率 3. 末梢血液中の赤血球数・血色素量又はヘマトクリット値 4. 白内障に関する眼 5. 皮膚 採用又は新たに放射線業務に従事させる場合；使用する線源の種類等に応じて(2) 4 を省略できる 定期；前年 5 mSv/年を超えず当該年も超えるおそれのない者で医師が必要と認めるときは(2) 2–5 の全部又は一部を行う 定期；上記以外の者で医師が必要でないと認めるときは(2) 2–5 の全部又は一部を省略できる
緊急時等健康診断・診察又は処置	健康診断(23, 則22) (1) 誤って吸入摂取又は経口摂取したとき (2) 表面密度限度を超えて皮膚汚染し，容易に除去できないとき (3) 皮膚の創傷面が汚染したり，そのおそれがあるとき (4) 実効線量限度又は等価線量限度を超えて被曝したり，そのおそれがあるとき には，遅滞なく健康診断を行う		診察又は処置(44) (1) 事故が発生したときその区域内にいた者 (2) 限度を超えて実効線量又は等価線量を受けた者 (3) 誤って吸入摂取又は経口摂取した者 (4) 汚染を表面汚染に関する限度(別表)の1/10 以下にできない者 (5) 傷創部が汚染された者 には，速やかに医師の診療又は処置を受けさせる	診察又は処置(22) (1) 実効線量限度又は等価線量限度を超えて被曝した職員 (2) 緊急時に当該区域に居合わせた職員 (3) 誤って吸入摂取又は経口摂取した職員 (4) 容易に除去できない程度に皮膚が汚染された職員 (5) 皮膚の創傷部が汚染された職員 に，速やかに医師の診療又は処置を受けさせる

要点の解説：

「健康診断」：　健康診断も教育訓練と同様に医療法には規定がない。放射性同位元素等規制法と電離則の比較に関しては，本章 4.2.2 で述べた通りであるが，人事院規則も電離則に準じている。定期の健康診断は，労働法関係法令では放射線業務に従事した後は 6 月を超えない（6 月以内）ごとに実施しなければならない。

また，放射性同位元素を体内摂取したとき，線量限度を超えて被曝したとき，皮膚の創傷面を汚染したとき，密度限度を超えて皮膚汚染し容易に除去できないときなどの「緊急時」には，放射性同位元素等規制法では遅滞なく健康診断を行うこととし，電離則や人事院規則では速やかに医師の診断又は処置を受けさせることとなっている。

「緊急作業」：　緊急時の線量限度の規定に関連して，電離則・人事院規則では，放射線業務従事者[従事職員]が退避する必要がある事故(電離則第 42 条，規則 10-5 第 20 条)が発生した場合に，放射線障害を防止するための緊急を要する作業を「緊急作業」と定義している(電離則第 7 条，規則 10-5 第 4 条の 2)。

電離則及び人事院規則は，東日本大震災に伴う福島第一原子力発電所事故後の法改正より，上記「緊急時」とは別に，緊急作業に係る業務に従事する放射線業務従事者[従事職員]に対して，当該業務に従事した後には 1 月以内ごとに 1 回定期に及び当該業務に従事しないこととなった際に，緊急作業に係る健康診断（表中には未記載）の実施を新たに義務づけた(電離則第 56 条の 2，規則 10-5 第 26 条の 2)[4.2.2]。この緊急作業に係る健康診断は，医療法のみならず放射性同位元素等規制法にも記載がない。

4.3.6　記録・記帳

記　録	放射性同位元素等規制法	医療法施行規則	電離放射線障害防止規則	職員の放射線障害の防止
	［RI 等規制法］	［医療法規則］	［電離則］	［人事院規則］
記　録	記録(則 20, 則 22) 場所の測定(則 20)；5 年間保存 (1) 測定日時 (2) 測定箇所 (3) 測定者の氏名 (4) 放射線測定器の種類・型式 (5) 測定方法 (6) 測定結果 放射線施設に立ち入った者の測定(則 20)； **(永久に)保存** (1) 測定日時(内部被曝・汚染状況) (2) 測定対象者の氏名 (3) 測定者の氏名 (4) 放射線測定器の種類・型式 (5) 汚染の状況(汚染状況のみ) (6) 測定方法 (7) 測定部位及び測定結果(内部被曝は結果のみ) 個人の測定結果の算定及び集計； **(永久に)保存** (1) 算定・集計年月日 (2) 対象者の氏名 (3) 算定・集計者の氏名 (4) 算定・集計対象期間 (5) [累積]実効線量 (6) 等価線量及び組織名(算定のみ) 健康診断(則 22)；**(永久に)保存** (1) 実施年月日 (2) 対象者の氏名 (3) 健康診断を行った医師名 (4) 健康診断の結果 (5) 健康診断の結果に基づき講じた措置	記録(30 の 21, 30 の 22) エックス線装置等の測定(30 の 21)； 5 年間保存 場所の測定(30 の 22)； 5 年間保存 放射線診療を受ける患者の放射線による被ばく線量の管理及び記録（1 の 11) **《放射線診療従事者等の記録の保存について規定はない》**	記録(9, 45, 57) 放射線業務従事者の線量(9)； **30 年間保存** 事故に関する測定及び記録(45)； 5 年間保存 (1) 事故の発生日時・場所 (2) 事故の原因・状況 (3) 放射線障害の発生状況 (4) 事業者がとった応急措置 (5) 緊急作業に従事したことによる実効線量・眼の水晶体及び皮膚の等価線量 健康診断の結果(57)； **30 年間保存**	記録等(24) (1) 職員の線量測定の結果及び算定した実効線量・等価線量(5) (2) 密度限度を超えて身体が汚染された職員の汚染の状況(19) (3) 緊急作業に従事した職員及び緊急時等の診察又は診療を受けた職員の実効線量・等価線量又は汚染の状況(22) (4) 放射線業務に従事した職員の作業内容等 (5) 管理区域の測定等の結果(23)

要点の解説：

「記　録」：　記録は，測定，算定，診断した結果に関するものであるので，各法令で測定等の規定が異なるのと同様に，記録の義務も異なっているが，いずれもその法令で課した測定等について，記録すべき内容と保存期間が定められている。保存期間に関して放射性同位元素等規制法では，「場所の測定」の記録は 5 年間であるが，従事者に関する測定，算定，診断の結果は，放射線障害が長い潜伏期間を有する晩発性のものもあることに鑑み，保存期間を規定していない（永久に保存する）[2.7.6]。医療法も「場所の測定」「装置等の測定」の記録は 5 年間保存としている[3.6.10-3.6.11]が，従事者に関する記録の保存についての規定はない。また，電離則では，従事者に関する記録であっても 30 年間と保存期間を明示している。

記　帳	放射性同位元素等規制法	医療法施行規則	電離放射線障害防止規則	職員の放射線障害の防止
	［RI 等規制法］	［医療法規則］	［電離則］	［人事院規則］
記　帳	記帳(則 24) 使用者； 1年毎に閉鎖，5年間保存 使用・保管・廃棄に係る事項： (1) 同位元素(等)の種類・数量 (2) 発生装置の種類(使用のみ) (3) 年月日[期間]・目的・方法・場所(目的は使用のみ) (4) 従事者の氏名 事業所外運搬に係る事項： (1) 年月日・目的・方法・荷受人又は荷送人・委託者及び従事者の氏名 放射線施設の点検に係る事項： (1) 年月日・結果・措置の内容・実施者の氏名 教育及び訓練に係る事項： (1) 年月日・項目・受けた者の氏名	記帳(30 の 23) 1週間の延べ使用時間： 1年毎に閉鎖，2年間保存 (1) エックス線診療室(治療用を使用しない)のエックス線装置(治療用以外)； 40μSv/h 超 (2) エックス線診療室(治療用を使用)のエックス線装置； 20μSv/h 超 (3) 発生装置使用室の発生装置； 20μSv/h 超 (4) 粒子線装置使用室の粒子線装置；　20μSv/h 超 (5) 照射装置使用室の照射装置； 20μSv/h 超 (6) 照射器具使用室の照射器具； 60μSv/h 超 入手，使用又は廃棄： 1年毎に閉鎖，5年間保存 (1) 年月日 (2) 照射装置，照射器具の型式及び個数 (3) 照射装置，照射器具に装備する同位元素の種類及び数量(Bq) (4) 医療用放射性汚染物の種類及び数量(Bq) (5) 使用者名又は廃棄した者の氏名，廃棄方法・場所		

要点の解説：

「放射線診療を受ける患者の被ばく線量」（前頁）：これまでの放射線関係法規では，法定の被曝線量は専ら業務(診療)従事者の職業被曝を対象としていたが，医療法に新たに定められた診療用放射線の安全管理体制では，放射線診療を受ける患者に対する医療被曝線量の記録が義務づけられた [3.8.5, 4.2.1.4]。

「記　帳」：　入手，使用，保管，廃棄などに係る記録を残す作業を「記帳」という。労働関係法令にはこれらに関する規定はない。放射性同位元素等規制法及び医療法には，それぞれの記帳を義務づける行為と記帳すべき事項及び保存期間が定められている[2.7.11，3.6.12]。医療法では，教育訓練に対応して，診療用放射線の安全利用のための研修の実施が義務づけられた[3.8.4, 4.2.1.4]。医療法に特徴的な記帳に「装置等の 1 週間の延べ使用時間」があるが，それぞれの使用室の画壁の外側における実効線量率が一定のレベル以下であれば免除される[3.6.12]。

第 5 章　診療放射線技師法

5. 1　診療放射線技師法の解説

わが国では，昭和 26 年 6 月 11 日に法律 226 号として診療エックス線技師法が成立し，エックス線装置の取扱いについての免許制度が定められた。その後，診療放射線技師が定められ，昭和 58 年には診療エックス線技師は廃止された。その間，医療技術の進歩に伴う業務拡大等が図られ，現在の法令に至っている。

5. 1. 1　診療放射線技師法の法体系

診療放射線技師法の法体系は，以下のようになる（図 5.1）。

（1）法律　　　診療放射線技師法（昭和 26 年法律第 226 号）

（2）施行令　　診療放射線技師法施行令（昭和 28 年政令第 385 号）

（3）施行規則　診療放射線技師法施行規則（昭和 26 年厚生省令第 33 号）

　　指定規則　診療放射線技師学校養成所指定規則（昭和 26 年文部／厚生省令第 4 号）

（4）告示　　　診療放射線技師法第 20 条第 1 号による学校の指定（昭和 44 年文部省告示第 321 号）／養成所の指定（昭和 44 年厚生省告示第 168 号）

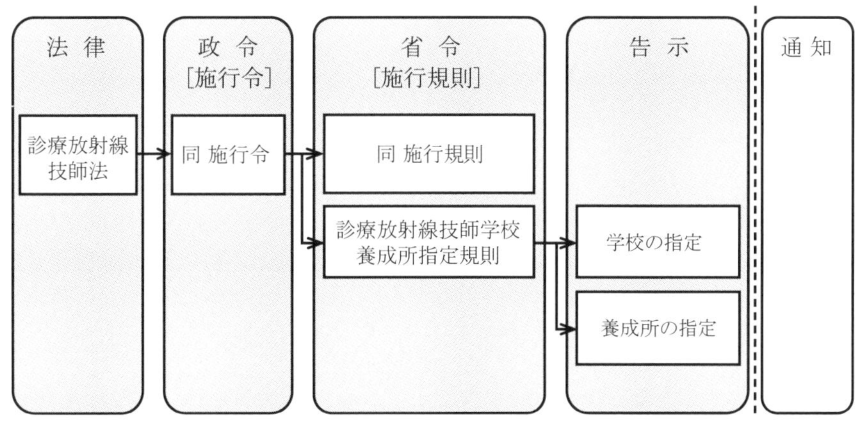

図 5.1　診療放射線技師法の法体系

上記の内，省令「診療放射線技師学校養成所指定規則」は診療放射線技師国家試験の受験資格を与える条件を規定するもので，告示「学校の指定」「養成所の指定」は指定校の一覧である。いずれも診療放射線技師の業務等には関係しないため，ここでは取り上げない。

また，診療放射線技師法は，以下の章により構成される。

第1章　総　則（第1条～第2条）

第2章　免　許（第3条～第16条）

第3章　試　験（第17条～第23条）

第4章　業務等（第24条～第30条）

第5章　罰　則（第31条～第37条）

診療放射線技師法（法律），同施行令（政令），同施行規則（厚生労働省令）の各条文は，次節5.2以降に記載したので参照されたい。

以下に，主な項目について「　」内に条文を引用しながら，その概要を解説する。

5.1.2　第1章　総　則：法律第1条～第2条

5.1.2.1　この法律の目的（法律第1条）

「この法律は，診療放射線技師の資格を定めるとともに，その業務が適正に運用されるように規律し，もって医療及び公衆衛生の普及及び向上に寄与することを目的とする」。

5.1.2.2　定　義（法律第2条）

法律第2条第1項では，「放射線」を電磁波又は粒子線で，

（1）アルファ線及びベータ線

（2）ガンマ線

（3）100万電子ボルト以上のエネルギーを有する電子線

（4）エックス線

（5）その他政令で定める電磁波又は粒子線

と定義している。平成17年の施行令改正により，(5)の「その他政令で定める電磁波又は粒子線」として，それまで定義されていなかった粒子線のうち，

（5-1）陽子線及び重イオン線

（5-2）中性子線

が加えられた（施行令第1条）。「放射線」の定義は，関係法令でもそれぞれ規定されている（核燃料物質，核原料物質，原子炉及び放射線の定義に関する政令第4条，電離則第2条，人事院規則10-5第3条）が，それぞれ粒子線の規定や電子線及びエックス線のエネルギーの規定の有無などに若干の相違がある（「4.3放射線防護関係法令の比較」参照）。医療法には「放射線」に関する定義はない。エックス線に関しては，放射性同位元素等規制法では「1メガ電子ボルト以上のエネルギーを有する」ものに限定されているが，技師法にはエネルギーの規定はない。

法律第 2 条第 2 項では，「診療放射線技師」に関して「厚生労働大臣の免許を受けて，医師又は歯科医師の指示の下に，放射線の人体に対する照射をすることを業とする者」と定義づけている。この中で，「照射」とは「撮影を含み，照射機器を人体内に挿入して行うものを除く」と規定されている。令和 3 年のタスク・シフト/タスク・シェアを推進し医療関係職種の業務範囲の拡大を実施する「良質かつ適切な医療を効率的に提供する体制の確保を推進するための医療法等の一部を改正する法律」の公布により，診療放射線技師の業務に，放射性同位元素（その化合物及び放射性同位元素又はその化合物の含有物を含む）を人体内に挿入して行う放射線の人体に対する照射が追加された[5.1.5.2]ことから，この診療放射線技師の定義も改訂されたので注意を要する。

また，これまで診療放射線技師が担当してきた照射は，外部から「放射線を人体に対して照射する」ものであったが，本改正により放射性同位元素を人体に投与した結果，体内の放射性同位元素が放出する放射線による照射も含まれるようになったことから，「放射線の人体に対する照射」に表現が改められた[5.1.5.4, 5.1.5.6]。

5.1.3　第2章　免　許：法律第3条～第16条

5.1.3.1　免　許（法律第3条）

「診療放射線技師は，診療放射線技師国家試験に合格し，厚生労働大臣の免許を受けなければならない」。

5.1.3.2　登録（法律第5条）と技師籍（法律第7条）

「免許は，試験に合格した者の申請により，診療放射線技師籍に登録することによって行う（法律第 5 条）」とし，この申請に関しては，「診療放射線技師の免許を受けようとする者は，申請書に厚生労働省令で定める書類を添え，住所地の都道府県知事を経由して，これを厚生労働大臣に提出しなければならない（施行令第 1 条の 2）」と定められている。また，「厚生労働省に診療放射線技師籍を備え，診療放射線技師の免許に関する事項を登録する（法律第 7 条）」こととなっている。ここで，診療放射線技師籍に登録する「診療放射線技師の免許に関する事項」は以下のものである（施行令第 1 条の 3）。

（1）　登録番号及び登録年月日

（2）　本籍地都道府県名（日本の国籍を有しない者については，その国籍），氏名，生年月日及び性別

（3）　診療放射線技師国家試験合格の年月

（4）　免許の取消し又は業務の停止の処分に関する事項

（5）　前各号に掲げるもののほか，厚生労働大臣の定める事項

なお，これらの登録事項に変更を生じたときは診療放射線技師籍の訂正を，あるいは診療放射線技師が死亡し，又は失そうの宣告を受けたときは診療放射線技師籍の登録の抹消を，30 日

以内に，住所地の都道府県知事を経由して，厚生労働大臣に申請しなければならない（施行令第1条の4～第2条）。

5.1.3.3　欠格事由（法律第4条），**意見の聴取**（法律第6条）**及び免許の取消し**（法律第9条）

次に掲げる者には，診療放射線技師の免許を与えないことがある（法律第4条）。

(1)　心身の障害により診療放射線技師の業務（画像診断装置を用いた検査業務を含む）を適正に行うことができない者として厚生労働省令で定めるもの

(2)　診療放射線技師の業務に関して犯罪又は不正の行為があった者

この内(1)に関しては，「視覚，聴覚，音声機能若しくは言語機能又は精神の機能の障害により診療放射線技師の業務を適正に行うにあたって必要な認知，判断及び意志疎通を適切に行うことができない者」としている（施行規則第1条）。また，免許を申請した者について，心身の障害により診療放射線技師の業務を適正に行うことができないとして，免許を与えないこととするときは，あらかじめ，当該申請者にその旨を通知し，求めがあったときは，厚生労働大臣の指定する職員にその意見を聴取させなければならない（法律第6条）。

診療放射線技師が上記いずれかの欠格事由に該当するに至ったときは，厚生労働大臣は，その免許を取り消し，又は期間を定めてその業務の停止を命ずることができる（法律第9条第1項）が，取消処分を受けた者であっても，その者がその取消しの理由となった事項に該当しなくなったとき，その他その後の事情により再び免許を与えるのが適当であると認められるに至ったときは，再免許が与えられる（法律第9条第3項）。また，免許を取り消された者は，10日以内に，免許証を厚生労働大臣に返納しなければならない（法律第11条）。

5.1.3.4　免許証（法律第8条～第11条）

「厚生労働大臣は，免許を与えたときは，診療放射線技師免許証（以下「免許証」）を交付する（法律第8条第1項）」。

交付された免許証について，「免許証の記載事項に変更を生じたときは，免許証の書換え交付を申請することができる（施行令第3条第1項）」が，その申請には，「申請書に免許証を添え，住所地の都道府県知事を経由して，これを厚生労働大臣に提出しなければならない（施行令第3条第2項）」。

さらに，「免許証を失い，又は破損した者に対して，その申請により免許証の再交付をすることができる（法律第8条第2項）」が，「免許証の再交付を受けようとする者は，住所地の都道府県知事を経由して，申請書を厚生労働大臣に提出しなければならず，厚生労働大臣の定める額の手数料を納めなければならない（施行令第4条第1項～第2項）」。また，「免許証を破り，又は汚した診療放射線技師が再交付の申請をする場合には，申請書にその免許証を添えなければならない（施行令第4条第3項）」。加えて，「免許証の再交付を受けた後，失った免許証を発見したときは，旧免許証を10日以内に，厚生労働大臣に返納しなければならない（法律第8条第3項）」。

免許の申請から返納，診療放射線技師籍の登録の削除までの手続きは，表5.1のようにまとめられる。特に猶予期間が定められているものは，その日数の期間内に手続きを完了する必要がある。

表5.1　診療放射線技師免許に関連する手続き

項　目	条　件／場　合	手続き	猶予期間
免許の申請（法律第3条，施行令第1条の2）	診療放射線技師国家試験に合格	申請書に書類を添え，住所地の都道府県知事を経由して厚生労働大臣に提出	
登録（法律第5条）	診療放射線技師国家試験に合格した者の申請	診療放射線技師籍に登録	
免許証（法律第8条）		厚生労働大臣が免許証を交付	
免許証の書換え交付（施行令第3条）	免許証の記載事項に変更を生じたとき	申請書に免許証を添え，住所地の都道府県知事を経由して厚生労働大臣に提出	
登録事項の変更（施行令第1条の4）	診療放射線技師籍の登録事項に変更を生じたとき	申請書に事実を証する書類を添え，住所地の都道府県知事を経由して厚生労働大臣に提出	30日以内
免許証の再交付（法律第8条，施行令第4条）	免許証を失い，又は破損したとき	（破損の場合には免許証を添えた）申請書を住所地の都道府県知事を経由して厚生労働大臣に提出し，手数料を納付	
再交付後の旧免許証の返納（法律第8条）	再交付を受けた後，失った免許証を発見	旧免許証を厚生労働大臣に返納	10日以内
免許証の返納（法律第11条）	免許を取り消されたとき	免許証を厚生労働大臣に返納	10日以内
登録の消除（施行令第2条）	診療放射線技師籍の登録消除の申請	申請書に免許証を添え，住所地の都道府県知事を経由して厚生労働大臣に提出	
死亡又は失そう（施行令第2条）	診療放射線技師が死亡，又は失そうの宣告を受けたとき	戸籍法による届出義務者が技師籍の登録消除を申請	30日以内

5.1.4　第3章　試　験：法律第17条～第23条

「診療放射線技師は，診療放射線技師国家試験（以下「試験」という）に合格し，厚生労働大臣の免許を受けなければならない（法律第3条）」が，「試験は，診療放射線技師として必要な知識及び技能について，厚生労働大臣が行う（法律第17条～第18条）」こととなっている。法律第3章と施行規則第2章第9条～第15条には，この他に試験の実施に必要な事項や受験資格について定められている。

5.1.5　第4章　業務等：法律第24条～第30条

5.1.5.1　禁止行為（法律第24条）

「医師，歯科医師又は診療放射線技師でなければ，放射線を人体に照射することを業としてはならない」。

5.1.5.2　画像診断装置を用いた検査業務（法律第24条の2）

診療放射線技師は，医師又は歯科医師の指示の下に，診療の補助として，磁気共鳴画像診断装置，超音波診断装置その他の画像による診断を行うための政令で定める装置を用いた検査を行うことができる。政令で定める画像診断装置は以下のものである（施行令第17条）。

（1）　磁気共鳴画像診断装置

（2）　超音波診断装置

（3）　眼底写真撮影装置（散瞳薬を投与した者の眼底を撮影するためのものを除く）

（4）　核医学診断装置

この内「(4) 核医学診断装置」は，平成26年の「地域における医療及び介護の総合的な確保を推進するための関係法律の整備等に関する法律(医療・介護総合確保推進法)」の成立に伴う技師法改正時に加えられた。

また，法律第24条の2第2号に加えられた診療の補助として行うことができる画像診断装置を用いた検査業務として，静脈路の確保，造影剤の動脈内投与，放射性医薬品の静脈内投与及び上部消化管検査に関する業務が令和3年7月の改正省令で追加された（施行規則第15条の2）。

（1）　ＣＴ検査，ＭＲＩ検査等における造影剤の静脈内投与に関する業務

①　静脈路に造影剤注入装置を接続する際に静脈路を確保する行為

②　確保された静脈路に造影剤注入装置を接続する行為及び造影剤を投与するために造影剤注入装置を操作する行為

③　造影剤投与終了後に静脈路からの抜針及び止血を行う行為

（2）　ＣＴ検査，ＭＲＩ検査等における造影剤の動脈内投与に関する業務

①　医師又は看護師により確保された動脈路に造影剤注入装置を接続する行為（動脈路の確保は除く）及び造影剤を投与するために造影剤注入装置を操作する行為

（3）　核医学検査のための放射性医薬品の静脈内投与に関する業務

①　静脈路に放射性医薬品を投与するための装置を接続する際に静脈路を確保する行為

②　確保された静脈路に当該投与装置を接続すること及び放射性医薬品を投与するための当該装置を操作する行為

③　放射性医薬品投与終了後に静脈路からの抜針及び止血を行う行為

（4）　下部消化管検査に関する業務

①　下部消化管検査のために肛門にカテーテルを挿入する行為

② 肛門に挿入したカテーテルから造影剤及び空気を注入する行為並びに当該カテーテルから造影剤及び空気を吸引する行為

(5) 画像誘導放射線治療(image-guided radiotherapy：IGRT)に関する業務

① 画像誘導放射線治療のために肛門にカテーテルを挿入する行為

② 肛門に挿入したカテーテルから空気を吸引する行為

(6) 上部消化管検査に関する業務

① 上部消化管検査のために鼻腔に挿入されたカテーテルから造影剤を注入する行為

② 造影剤注入終了後にカテーテルを抜去する行為

なお，(1) ①及び(3) ①の静脈路を確保する行為は，施行規則第15条の2条文中には記載されていないものの，改正により追加された業務として医政局長通知に明記された（令和3年7月9日医政発0709第7号厚生労働省医政局長通知)。

また，(4)下部消化管検査と(5)画像誘導放射線治療においては，肛門にカテーテルを挿入できることから，造影剤／空気を注入／吸引した後の当該カテーテルの抜去も含まれていたが，新たに加えられた(6)上部消化管検査では，鼻腔へのカテーテル挿入は認められていないことから，(6) ②の造影剤注入終了後にカテーテルを抜去する行為が明記された。

表5.2　診療放射線技師が診断の補助として行うことができる検査業務

検査業務	血管確保	装置接続	装置操作	抜針・止血
造影剤の静脈内投与	静脈路確保	注入装置接続	装置操作	抜針・止血
造影剤の動脈内投与	×［動脈路確保］	注入装置接続	装置操作	×
放射性医薬品の静脈内投与	静脈路確保	投与装置接続	装置操作	抜針・止血

検査業務	カテ挿入	注　入	吸　引	カテ抜去
下部消化管検査	肛門カテ	造影剤・空気注入	造影剤・空気吸引	※
画像誘導放射線治療	肛門カテ	－	空気吸引	※
上部消化管検査	×［鼻腔カテ］	造影剤注入	－	鼻腔カテ抜去

－：通常必要の無い行為　（※：条文中に記載はない）

令和6年4月1日前に診療放射線技師の免許を受けた者及び同日前に診療放射線技師国家試験に合格し同日以後に診療放射線技師の免許を受けた者が，今回(令和3年7月)の法改正により新たに業務範囲に追加された行為を行う場合，又は令和3年度までに診療放射線技師養成課程の履修を開始し，令和6年度の診療放射線技師国家試験を受験する者は，あらかじめ，厚生労働大臣が指定する研修を受けなければならない（法律附則第13条第1項)。この厚生労働大臣が指定する研修については，公益社団法人日本診療放射線技師会が実施する研修と定められた（令和3年厚生労働省告示第273号)。

5.1.5.3　名称の禁止（法律第25条）

「診療放射線技師でなければ,診療放射線技師という名称又はこれに紛らわしい名称を用いてはならない」。

5.1.5.4　業務上の制限（法律第26条）

「診療放射線技師は,医師又は歯科医師の具体的な指示を受けなければ放射線の人体に対する照射をしてはならない（法律第26条第1項）」。また,「診療放射線技師は，病院又は診療所以外の場所においてその業務を行ってはならない」が,「次に掲げる場合は，この限りではない（法律第26条第2項）」。

(1)　医師又は歯科医師が診察した患者について，その医師又は歯科医師の指示を受け，出張して100万電子ボルト未満のエネルギーを有するエックス線を照射するとき

(2)　多数の者の健康診断を一時に行う場合において，胸部エックス線検査（コンピュータ断層撮影装置を用いた検査を除く）その他の厚生労働省令で定める検査のため100万電子ボルト未満のエネルギーを有するエックス線を照射するとき

(3)　多数の者の健康診断を一時に行う場合において，医師又は歯科医師の立会いの下に100万電子ボルト未満のエネルギーを有するエックス線を照射するとき((2)の場合を除く)

(4)　医師又は歯科医師が診察した患者について，その医師又は歯科医師の指示を受け，出張して超音波診断装置その他の画像による診断を行うための装置であって厚生労働省令で定めるものを用いた検査を行うとき

今回(令和3年7月)の診療放射線技師法の改正により，(2)の診療放射線技師が，病院又は診療所以外の場所において，医師又は歯科医師の立会いなしに行うことができるＣＴ撮影検査を除くエックス線撮影に，乳がんの集団検診におけるマンモグラフィー検査が追加された（法律第26条第2項第2号，施行規則第15条の3)。また，(4)の出張して画像診断を行う厚生労働省令で定める装置には，超音波診断装置が指定されている（施行規則第15条の4)。

5.1.5.5　他の医療関係者との連携（法律第27条）

「診療放射線技師は，その業務を行うに当たっては，医師その他の医療関係者との緊密な連携を図り，適正な医療の確保に努めなければならない」。

5.1.5.6　照射録（法律第28条）

「診療放射線技師は，放射線の人体に対する照射をしたときは，遅滞なく厚生労働省令で定める事項を記載した照射録を作成しなければならない（法律第28条第1項)」。照射録に記載する厚生労働省令で定める事項は，次のとおりである（施行規則第16条)。

(1)　照射を受けた者の氏名，性別及び年齢

(2)　照射の年月日

(3)　照射の方法（具体的にかつ精細に記載すること。）

(4)　指示を受けた医師又は歯科医師の氏名及びその指示の内容

照射録には「その指示をした医師又は歯科医師の署名を受けなければならない（法律第 28 条第 1 項）」。また，「厚生労働大臣又は都道府県知事は，必要があると認めるときは，照射録を提出させ，又は当該職員に照射録を検査させることができる（法律第 28 条第 2 項）」とあり，必要に応じて検査される。

5.1.5.7　**秘密を守る義務**（法律第 29 条）

「診療放射線技師は，正当な理由がなく，その業務上知り得た人の秘密を漏らしてはならない」。このように，業務上知り得た秘密を守る義務を守秘義務という。これは「診療放射線技師でなくなった後においても，同様とする」とされている。

5.1.6　**第5章　罰　則**：法律第 31 条～第 37 条

ここでは，各規定に違反した者の懲罰について定められている。

5.2　診療放射線技師法（抄）

5.2.1　診療放射線技師法

以下に，診療放射線技師法の条文を示す。［　］書き下線部は，施行令及び施行規則の参照すべき条項を示す。

診療放射線技師法

（昭和26年6月11日法律第226号）
最終改正：令和3年5月28日　法律第49号

第1章　総　則

（この法律の目的）
第1条　この法律は，診療放射線技師の資格を定めるとともに，その業務が適正に運用されるように規律し，もつて医療及び公衆衛生の普及及び向上に寄与することを目的とする。

（定義）
第2条　この法律で「放射線」とは，次に掲げる電磁波又は粒子線をいう。
（1）アルファ線及びベータ線
（2）ガンマ線
（3）100万電子ボルト以上のエネルギーを有する電子線
（4）エックス線
（5）その他政令で定める電磁波又は粒子線 →［施行令第1条］
2　この法律で「診療放射線技師」とは，厚生労働大臣の免許を受けて，医師又は歯科医師の指示の下に，放射線の人体に対する照射（撮影を含み，照射機器を人体内に挿入して行うものを除く。以下同じ。）をすることを業とする者をいう。

第2章　免　許

（免許）
第3条　診療放射線技師になろうとする者は，診療放射線技師国家試験（以下「試験」という。）に合格し，厚生労働大臣の免許を受けなければならない。

（欠格事由）
第4条　次に掲げる者には，前条の規定による免許（第20条第2号を除き，以下「免許」という。）を与えないことがある。
（1）心身の障害により診療放射線技師の業務（第24条の2各号に掲げる業務を含む。同条及び第26条第2項を除き，以下同じ。）を適正に行うことができない者として厚生労働省令で定めるもの →［施行規則第1条］
（2）診療放射線技師の業務に関して犯罪又は不正の行為があった者

（登録）
第5条　免許は，試験に合格した者の申請により，診療放射線技師籍に登録することによって行う。

（意見の聴取）

第6条　厚生労働大臣は，免許を申請した者について，第4条第1号に掲げる者に該当すると認め，同条の規定により免許を与えないこととするときは，あらかじめ，当該申請者にその旨を通知し，その求めがあったときは，厚生労働大臣の指定する職員にその意見を聴取させなければならない。

（診療放射線技師籍）

第7条　厚生労働省に診療放射線技師籍を備え，診療放射線技師の免許に関する事項を登録する。→［施行令第1条の3］

（免許証）

第8条　厚生労働大臣は，免許を与えたときは，診療放射線技師免許証（以下「免許証」という。）を交付する。

2　厚生労働大臣は，免許証を失い，又は破損した者に対して，その申請により免許証の再交付をすることができる。

3　前項の規定により免許証の再交付を受けた後，失った免許証を発見したときは，旧免許証を10日以内に，厚生労働大臣に返納しなければならない。

（免許の取消し及び業務の停止）

第9条　診療放射線技師が第4条各号のいずれかに該当するに至ったときは，厚生労働大臣は，その免許を取り消し，又は期間を定めてその業務の停止を命ずることができる。

2　都道府県知事は，診療放射線技師について前項の処分が行われる必要があると認めるときは，その旨を厚生労働大臣に具申しなければならない。

3　第1項の規定による取消処分を受けた者であっても，その者がその取消しの理由となった事項に該当しなくなったとき，その他その後の事情により再び免許を与えるのが適当であると認められるに至ったときは，再免許を与えることができる。

（聴聞等の方法の特例）

第10条　前条第1項の規定による処分に係る行政手続法（平成5年法律第88号）第15条第1項又は第30条の通知は，聴聞の期日又は弁明を記載した書面の提出期限（口頭による弁明の機会の付与を行う場合には，その日時）の2週間前までにしなければならない。

（免許証の返納）

第11条　免許を取り消された者は，10日以内に，免許証を厚生労働大臣に返納しなければならない。

（政令への委任）

第16条　この章に規定するもののほか，免許の申請，免許証の交付，書換え交付，再交付及び返納並びに診療放射線技師籍の登録，訂正及び削除に関して必要な事項は，政令で定める。→［施行令第1条～第5条］

第3章　試　験

（試験の目的）

第17条　試験は，診療放射線技師として必要な知識及び技能について行う。

（試験の実施）

第18条　試験は，厚生労働大臣が行う。

（試験委員）

第19条　試験の問題の作成，採点その他試験の実施に関して必要な事項をつかさどらせるため，厚生労働省に診療放射線技師試験委員（以下「試験委員」という。）を置く。

2　試験委員は，診療放射線技師の業務に関し学識経験のある者のうちから，厚生労働大臣が任命する。

3　前2項に定めるもののほか，試験委員に関し必要な事項は，政令で定める。

（受験資格）

第20条　試験は，次の各号のいずれかに該当する者でなければ受けることができない。

(1) 学校教育法（昭和22年法律第26号）第90条第1項の規定により大学に入学することができる者（この号の規定により文部科学大臣の指定した学校が大学である場合において，当該大学が同条第2項の規定により当該大学に入学させた者を含む。）で，文部科学大臣が指定した学校又は都道府県知事が指定した診療放射線技師養成所において，3年以上診療放射線技師として必要な知識及び技能の修習を終えたもの

(2) 外国の診療放射線技師に関する学校若しくは養成所を卒業し，又は外国で第3条の規定による免許に相当する免許を受けた者で，厚生労働大臣が前号に掲げる者と同等以上の学力及び技能を有するものと認めたもの

（不正行為の禁止）

第21条　試験委員その他試験に関する事務をつかさどる者は，その事務の施行に当たって厳正を保持し，不正の行為がないようにしなければならない。

2　試験に関して不正の行為があった場合には，その不正行為に関係のある者についてその受験を停止させ，又はその試験を無効とすることができる。この場合においては，なお，その者について期間を定めて試験を受けることを許さないことができる。

（試験手数料）

第22条　試験を受けようとする者は，厚生労働省令の定めるところにより，試験手数料を納めなければならない。

（政令及び厚生労働省令への委任）

第23条　この章に規定するもののほか，第20条第1号の学校又は診療放射線技師養成所の指定に関し必要な事項は政令で，試験の科目，受験手続その他試験に関し必要な事項は厚生労働省令で定める。

第4章　業　務　等

（禁止行為）

第24条　医師，歯科医師又は診療放射線技師でなければ，第2条第2項に規定する業をしてはならない。

（画像診断装置を用いた検査等の業務）

第24条の2　診療放射線技師は，第2条第2項に規定する業務のほか，保健師助産師看護師法（昭和23年法律第203号）第31条第1項及び第32条の規定にかかわらず，診療の補助として，次に掲げる行為を行うことを業とすることができる。

(1) 磁気共鳴画像診断装置，超音波診断装置その他の画像による診断を行うための装置であって政令で定めるものを用いた検査（医師又は歯科医師の指示の下に行うものに限る。）を行うこと。→［施行令第17条］

(2) 第2条第2項に規定する業務又は前号に規定する検査に関連する行為として厚生労働省令で定めるもの（医師又は歯科医師の具体的な指示を受けて行うものに限る。）を行うこと。→［施行規則第15条の2］

（名称の禁止）

第25条　診療放射線技師でなければ，診療放射線技師という名称又はこれに紛らわしい名称を用いてはならない。

第5章　診療放射線技師法

（業務上の制限）

第26条　診療放射線技師は，医師又は歯科医師の具体的な指示を受けなければ，放射線の人体に対する照射をしてはならない。

2　診療放射線技師は，病院又は診療所以外の場所においてその業務を行ってはならない。ただし，次に掲げる場合は，この限りではない。

(1) 医師又は歯科医師が診察した患者について，その医師又は歯科医師の指示を受け，出張して100万電子ボルト未満のエネルギーを有するエックス線を照射するとき

(2) 多数の者の健康診断を一時に行う場合において，胸部エックス線検査（コンピュータ断層撮影装置を用いた検査を除く。）その他の厚生労働省令で定める検査のため100万電子ボルト未満のエネルギーを有するエックス線を照射するとき。→［施行規則第15条の3］

(3) 多数の者の健康診断を一時に行う場合において，医師又は歯科医師の立会いの下に100万電子ボルト未満のエネルギーを有するエックス線を照射するとき（前号に掲げる場合を除く。）。

(4) 医師又は歯科医師が診察した患者について，その医師又は歯科医師の指示を受け，出張して超音波診断装置その他の画像による診断を行うための装置であって厚生労働省令で定めるものを用いた検査を行うとき→［施行規則第15条の4］

（他の医療関係者との連携）

第27条　診療放射線技師は，その業務を行うに当たっては，医師その他の医療関係者との緊密な連携を図り，適正な医療の確保に努めなければならない。

（照射録）

第28条　診療放射線技師は，放射線の人体に対する照射をしたときは，遅滞なく厚生労働省令で定める事項を記載した照射録を作成し，その照射について指示をした医師又は歯科医師の署名を受けなければならない。→［施行規則第16条］

2　厚生労働大臣又は都道府県知事は，必要があると認めるときは，前項の照射録を提出させ，又は当該職員に照射録を検査させることができる。

3　前項の規定によって検査に従事する職員は，その身分を証明する証票を携帯し，かつ，関係人の請求があるときは，これを呈示しなければならない。

（秘密を守る義務）

第29条　診療放射線技師は，正当な理由がなく，その業務上知り得た人の秘密を漏らしてはならない。診療放射線技師でなくなった後においても，同様とする。

（権限の委任）

第29条の2　この法律に規定する厚生労働大臣の権限は，厚生労働省令で定めるところにより，地方厚生局長に委任することができる。

2　前項の規定により地方厚生局長に委任された権限は，厚生労働省令で定めるところにより，地方厚生支局長に委任することができる。

（経過措置）

第30条　この法律の規定に基づき命令を制定し，又は改廃する場合においては，その命令で，その制定又は改廃に伴い合理的に必要と判断される範囲内において，所要の経過措置（罰則に関する経過措置を含む。）を定めることができる。

第5章　罰　則

第31条　次の名号のいずれかに該当する者は，

1年以下の懲役若しくは50万円以下の罰金に処し，又はこれを併科する。
(1) 第24条の規定に違反した者
(2) 虚偽又は不正の事実に基づいて免許を受けた者

第32条　第21条第1項の規定に違反して，故意若しくは重大な過失により事前に試験問題を漏らし，又は故意に不正の採点をした者は，1年以下の懲役又は50万円以下の罰金に処する。

第33条　第9条第1項の規定により業務の停止を命ぜられた者で，当該停止を命ぜられた期間中に，業務を行ったものは，6月以下の懲役若しくは30万円以下の罰金に処し，又はこれを併科する。

第34条　第26条第1項又は第2項の規定に違反した者は，6月以下の懲役若しくは30万円以下の罰金に処し，又はこれを併科する。

第35条　第29条の規定に違反して，業務上知り得た人の秘密を漏らした者は，50万円以下の罰金に処する。
2　前項の罪は，告訴がなければ公訴を提起することができない。

第36条　第25条の規定に違反した者は，30万円以下の罰金に処する。

第37条　次の名号のいずれかに該当する者は，20万円以下の過料に処する。
(1) 第11条の規定に違反した者
(2) 第28条第1項の規定に違反した者

5.2.2　診療放射線技師法施行令

以下に，診療放射線技師法施行令の一部を示す。

診療放射線技師法施行令（抄）

（昭和28年12月8日政令第385号）

最終改正：平成27年3月31日　政令第138号

（電磁波又は粒子線）

第1条　診療放射線技師法（以下「法」という。）第2条第1項第5号の政令で定める電磁波又は粒子線は，次のとおりとする。

(1) 陽子線及び重イオン線

(2) 中性子線

（免許の申請）

第1条の2　診療放射線技師の免許を受けようとする者は，申請書に厚生労働省令で定める書類を添え，住所地の都道府県知事を経由して，これを厚生労働大臣に提出しなければならない。

（籍の登録事項）

第1条の3　診療放射線技師籍には，次に掲げる事項を登録する。

(1) 登録番号及び登録年月日

(2) 本籍地都道府県名（日本の国籍を有しない者については，その国籍），氏名，生年月日及び性別

(3) 診療放射線技師国家試験合格の年月

(4) 免許の取消し又は業務の停止の処分に関する事項

(5) 前各号に掲げるもののほか，厚生労働大臣の定める事項

（登録事項の変更）

第1条の4　診療放射線技師は，前条第2号の登録事項に変更を生じたときは，30日以内に，診療放射線技師籍の訂正を申請しなければならない。

2　前項の申請をするには，申請書に申請の原因たる事実を証する書類を添え，住所地の都道府県知事を経由して，これを厚生労働大臣に提出しなければならない。

（登録の消除）

第2条　診療放射線技師籍の登録の消除を申請するには，申請書に診療放射線技師免許証（以下「免許証」という。）を添え，住所地の都道府県知事を経由して，これを厚生労働大臣に提出しなければならない。

2　診療放射線技師が死亡し，又は失そうの宣告を受けたときは，戸籍法（昭和22年法律第224号）による死亡又は失そうの届出義務者は，30日以内に，診療放射線技師籍の登録の消除を申請しなければならない。

（免許証の書換え交付）

第3条　診療放射線技師は，免許証の記載事項に変更を生じたときは，免許証の書換え交付を申請することができる。

2　前項の申請をするには，申請書に免許証を添え，住所地の都道府県知事を経由して，これを厚生労働大臣に提出しなければならない。

（免許証の再交付の申請）

第4条　免許証の再交付を受けようとする者は，住所地の都道府県知事を経由して，申請書を厚生労働大臣に提出しなければならない。

2　前項の申請をする場合には，厚生労働大臣の定める額の手数料を納めなければならない。

3　免許証を破り，又は汚した診療放射線技師が第1項の申請をする場合には，申請書にその免許証を添えなければならない。

（省令への委任）

第5条　前各条に定めるもののほか，申請書及び免許証の様式その他診療放射線技師の免許に関して必要な事項は，厚生労働省令で定める。

（診療放射線技師試験委員）

第6条　診療放射線技師試験委員（以下「委員」という。）の数は，24人以内とする。

2　委員の任期は，2年とする。ただし，補欠の委員の任期は，前任者の残任期間とする。

3　委員は，非常勤とする。

（学校又は養成所の指定）

第7条　行政庁は，法第20条第1号に規定する学校又は診療放射線技師養成所（以下「学校養成所」という。）の指定を行う場合には，入学又は入所の資格，修業年限，教育の内容その他の事項に関し主務省令で定める基準に従い，行うものとする。

2　都道府県知事は，前項の規定により診療放射線技師養成所の指定をしたときは，遅滞なく，当該診療放射線技師養成所の名称及び位置，指定をした年月日その他の主務省令で定める事項を厚生労働大臣に報告するものとする。

（指定の申請）

第8条　前条第1項の学校養成所の指定を受けようとするときは，その設置者は，申請書を，行政庁に提出しなければならない。この場合において，当該設置者が学校の設置者であるときは，その所在地の都道府県知事（大学以外の公立の学校にあっては，その所在地の都道府県教育委員会。次条第1項及び第2項，第10条第1項並びに第13条において同じ。）を経由して行わなければならない。

（変更の承認又は届出）

第9条　第7条第1項の指定を受けた学校養成所（以下「指定学校養成所」という。）の設置者は，主務省令で定める事項を変更しようとするときは，行政庁に申請し，その承認を受けなければならない。この場合において，当該設置者が学校の設置者であるときは，その所在地の都道府県知事を経由して行わなければならない。

2　指定学校養成所の設置者は，主務省令で定める事項に変更があったときは，その日から1月以内に，行政庁に届け出なければならない。この場合において，当該設置者が学校の設置者であるときは，その所在地の都道府県知事を経由して行わなければならない。

3　都道府県知事は，第1項の規定により，第7条第1項の指定を受けた診療放射線技師養成所(以下この項及び第12条第2項において「指定養成所」という。）の変更の承認をしたとき，又は前項の規定により指定養成所の変更の届出を受理したときは，主務省令で定めるところにより，当該変更の承認又は届出に係る事項を厚生労働大臣に報告するものとする。

（報告）

第10条　指定学校養成所の設置者は，毎学年度開始後2月以内に，主務省令で定める事項を，行政庁に報告しなければならない。この場合において，当該設置者が学校の設置者であるときは，その所在地の都道府県知事を経由して行わなければならない。

2　都道府県知事は，前項の規定により報告を受けたときは，毎学年度開始後４月以内に，当該報告に係る事項（主務省令で定めるものを除く。）を厚生労働大臣に報告するものとする。

（報告の徴収及び指示）

第 11 条　行政庁は，指定学校養成所につき必要があると認めるときは，その設置者又は長に対して報告を求めることができる。

２　行政庁は，第７条第１項に規定する主務省令で定める基準に照らして，指定学校養成所の教育の内容，施設若しくは設備又は運営が適当でないと認めるときは，その設置者又は長に対して必要な指示をすることができる。

（指定の取消し）

第 12 条　行政庁は，指定学校養成所が第７条第１項に規定する主務省令で定める基準に適合しなくなったと認めるとき，若しくはその設置者若しくは長が前条第２項の規定による指示に従わないとき，又は次条の規定による申請があったときは，その指定を取り消すことができる。

２　都道府県知事は，前項の規定により指定養成所の指定を取り消したときは，遅滞なく，当該指定養成所の名称及び位置，指定を取り消した年月日その他の主務省令で定める事項を厚生労働大臣に報告するものとする。

（指定取消しの申請）

第 13 条　指定学校養成所について，行政庁の指定の取消しを受けようとするときは，その設置者は，申請書を，行政庁に提出しなければならない。この場合において，当該設置者が学校の設置者であるときは，その所在地の都道府県知事を経由して行わなければならない。

（国の設置する学校養成所の特例）

第 14 条　国の設置する学校養成所に係る第７条から前条までの規定の適用については，次の表の左欄に掲げる規定中同表の中欄に掲げる字句は，それぞれ同表の右欄に掲げる字句と読み替えるものとする。

第７条第２項	ものとする	ものとする。ただし，当該診療放射線技師養成所の所管大臣が厚生労働大臣である場合は，この限りでない
第８条	設置者	所管大臣
	申請書を，行政庁に提出しなければならない。この場合において，当該設置者が学校の設置者であるときは，その所在地の都道府県知事（大学以外の公立の学校にあっては，その所在地の都道府県教育委員会。次条第１項及び第２項，第 10 条第１項並びに第 13 条において同じ。）を経由して行わなければならない	書面により，行政庁に申し出るものとする
第９条第１項	設置者	所管大臣
	行政庁に申請し，その承認を受けなければならない。この場合において，当該設置者が学校の設置者であるときは，その所在地の都道府県知事を経由して行わなければならない	行政庁に協議し，その承認を受けるものとする
第９条第２項	設置者	所管大臣
	行政庁に届け出なければならない。この場合において，当該設置者が学校の設置者であるときは，その所在地の都道府県知事を経由して行わなければならない	行政庁に通知するものとする

第9条第3項	この項	この項，次条第2項
	届出	通知
	ものとする	ものとする。ただし，当該指定養成所の所管大臣が厚生労働大臣である場合は，この限りでない
第10条第1項	設置者	所管大臣
	行政庁に報告しなければならない。この場合において，当該設置者が学校の設置者であるときは，その所在地の都道府県知事を経由して行わなければならない	行政庁に通知するものとする
第10条第2項	報告を	通知を
	当該報告	当該通知
	ものとする	ものとする。ただし，当該通知に係る指定養成所の所管大臣が厚生労働大臣である場合は，この限りでない
第11条第1項	設置者又は長	所管大臣
第11条第2項	設置者又は長	所管大臣
	指示	勧告
第12条第1項	第7条第1項に規定する主務省令で定める基準に適合しなくなったと認めるとき，若しくはその設置者若しくは長が前条第2項の規定による指示に従わないとき	第7条第1項に規定する主務省令で定める基準に適合しなくなったと認めるとき
	申請	申出
第12条第2項	ものとする	ものとする。ただし，当該指定養成所の所管大臣が厚生労働大臣である場合は，この限りでない
前条	設置者	所管大臣
	申請書を，行政庁に提出しなければならない。この場合において，当該設置者が学校の設置者であるときは，その所在地の都道府県知事を経由して行わなければならない	書面により，行政庁に申し出るものとする

（主務省令への委任）

第15条　第7条から前条までに定めるもののほか，申請書の記載事項その他学校養成所の指定に関して必要な事項は，主務省令で定める。

（行政庁等）

第16条　この政令における行政庁は，法第20条第1号の規定による学校の指定に関する事項については文部科学大臣とし，同号の規定による診療放射線技師養成所の指定に関する事項については都道府県知事とする。

2　この政令における主務省令は，文部科学省令・厚生労働省令とする。

（画像診断装置）

第17条　法第24条の2の政令で定める装置は，次に掲げる装置とする。

(1)　磁気共鳴画像診断装置

(2)　超音波診断装置

(3)　眼底写真撮影装置（散瞳薬を投与した者の眼底を撮影するためのものを除く。）

(4)　核医学診断装置

（事務の区分）

第18条　第1条の2，第1条の4第2項，第2条第1項，第3条第2項，第4条第1項，第8条後段，第9条第1項後段及び第2項後段，第10条第1項後段並びに第13条後段の規定により都道府県が処理することとされている事務は，地方自治法（昭和22年法律第67号）第2条第9項第1号に規定する第1号法定受託事務とする。

（権限の委任）

第19条　この政令に規定する厚生労働大臣の権限は，厚生労働省令で定めるところにより，地方厚生局長に委任することができる。

2　前項の規定により地方厚生局長に委任された権限は，厚生労働省令で定めるところにより，地方厚生支局長に委任することができる。

5.2.3　診療放射線技師法施行規則

診療放射線技師法施行規則を以下に示す。第3章の業務等は，特に重要である。

診療放射線技師法施行規則（抄）

（昭和26年8月9日厚生省令第33号）

最終改正：令和3年7月9日　厚生労働省令第119号

第1章　免　許

（法第4条第1号の厚生労働省令で定める者）

第1条　診療放射線技師法（昭和26年法律第226号。以下「法」という。）第4条第1号の厚生労働省令で定める者は，視覚，聴覚，音声機能若しくは言語機能又は精神の機能の障害により診療放射線技師の業務を適正に行うに当たって必要な認知，判断及び意思疎通を適切に行うことができない者とする。

（障害を補う手段等の考慮）

第1条の2　厚生労働大臣は，診療放射線技師の免許の申請を行った者が前条に規定する者に該当すると認める場合において，当該者に免許を与えるかどうかを決定するときは，当該者が現に利用している障害を補う手段又は当該者が現に受けている治療等により障害が補われ，又は障害の程度が軽減している状況を考慮しなければならない。

（免許の申請手続）

第1条の3　診療放射線技師法施行令（昭和28年政令第385号。以下「令」という。）第1条の2の診療放射線技師の免許の申請書は，第1号書式によるものとする。

2　令第1条の2の規定により，前項の申請書に添えなければならない書類は，次のとおりとする。

(1)　戸籍の謄本若しくは抄本又は住民票の写し（住民基本台帳法（昭和42年法律第81号）第7条第5号に掲げる事項（出入国管理及び難民認定法（昭和26年政令第319号）第19条の3に規定する中長期在留者(以下「中長期在留者」という。）及び日本国との平和条約に基づき日本の国籍を離脱した者等の出入国管理に関する特例法（平成3年法律第71号）に定める特別永住者（以下「特別永住者」という。）にあっては住民基本台帳法第30条の45に規定する国籍等）を記載したものに限る。第5条第2項において同じ。）（出入国管理及び難民認定法第19条の3各号に掲げる者にあっては旅券その他の身分を証する書類の写し。第5条第2項において同じ。）

(2)　視覚，聴覚，音声機能若しくは言語機能若しくは精神の機能の障害に関する医師の診断書

（籍の登録事項）

第2条　令第1条の3第5号の規定により，同条第1号から第4号までに掲げる事項以外で診療放射線技師籍に登録する事項は，次のとおりとする。

(1)　再免許の場合には，その旨

(2)　免許証を書換え交付し又は再交付した場合には，その旨並びにその理由及び年月日

(3)　登録の消除をした場合には，その旨並びにその理由及び年月日

（診療放射線技師籍の訂正の申請手続）

第3条　令第1条の4第2項の診療放射線技師籍の訂正の申請書は，第1号書式の2によるものとする。

2　前項の申請書には，戸籍の謄本又は抄本（中長期在留者及び特別永住者については住民票の写し（住民基本台帳法第30条の45に規定する国籍等を記載したものに限る。第4条の2第2項において同じ。）及び令第1条の4第1項の申請の事由を証する書類とし，出入国管理及び難民認定法第19条の3各号に掲げる者については旅券その他の身分を証する書類の写し及び同項の申請の事由を証する書類とする。）を添えなければならない。

（免許証の書式）

第4条　法第8条第1項の免許証は，第2号書式によるものとする。

（免許証の書換え交付の申請）

第4条の2　令第3条第2項の免許証の書換え交付の申請書は，第1号書式の2によるものとする。

2　前項の申請書には，戸籍の謄本又は抄本（中長期在留者及び特別永住者については住民票の写し及び令第3条第1項の申請の事由を証する書類とし，出入国管理及び難民認定法第19条の3各号に掲げる者については旅券その他の身分を証する書類の写し及び同項の申請の事由を証する書類とする。）を添えなければならない。

（免許証の再交付の申請）

第5条　令第4条第1項の免許証の再交付の申請書は，第2号書式の2によるものとする。

2　前項の申請書には，戸籍の謄本若しくは抄本又は住民票の写しを添えなければならない。

3　令第4条第2項の手数料の額は，3,100円とする。

（登録免許税及び手数料の納付）

第6条　第1条の3第1項又は第3条第1項の申請書には，登録免許税の領収証書又は登録免許税の額に相当する収入印紙をはらなければならない。

2　前条第1項の申請書には，手数料の額に相当する収入印紙をはらなければならない。

第7条　削除

第8条　削除

第2章　試　験

（試験の公告）

第9条　診療放射線技師国家試験（以下「試験」という。）を施行する期日及び場所並びに受験願書の提出期限は，あらかじめ官報で公告する。

（試験科目）

第10条　試験の科目は，次のとおりとする。

（1）基礎医学大要
（2）放射線生物学（放射線衛生学を含む。）
（3）放射線物理学
（4）放射化学
（5）医用工学
（6）診療画像機器学
（7）エックス線撮影技術学
（8）診療画像検査学
（9）画像工学
（10）医用画像情報学
（11）放射線計測学
（12）核医学検査技術学
（13）放射線治療技術学
（14）放射線安全管理学

（受験の手続）

第11条　試験を受けようとする者は，受験願書（第3号書式）に次の書類を添えて，これを厚生労働大臣に提出しなければならない。

(1) 法第20条第1号に該当する者であるときは，修業証明書又は卒業証明書
(2) 法第20条第2号に該当する者であるときは，外国の診療放射線技術に関する学校若しくは養成所を卒業し，又は外国で診療放射線技師免許に相当する免許を受けたことを証する書面
(3) 写真（出願前6箇月以内に脱帽して正面から撮影した縦6センチメートル横4センチメートルのもので，その裏面には撮影年月日及び氏名を記載すること。）

（試験手数料）
第12条　法第22条の規定による試験手数料は，11,400円とする。

（合格証書）
第13条　試験に合格した者には，合格証書を交付する。

（合格証明書の交付及び手数料）
第14条　試験に合格した者は，合格証明書の交付を申請することができる。
2　前項の規定によって合格証明書の交付を申請する者は，手数料として2,950円を納めなければならない。

（手数料の納入方法）
第15条　第12条の規定による試験手数料又は前条第2項の規定による手数料を納めるには，その金額に相当する収入印紙を願書又は申請書にはらなければならない。

第3章　業務等

（法第24条の2第2号の厚生労働省令で定める行為）
第15条の2　法第24条の2第2号の厚生労働省令で定める行為は，次に掲げるものとする。
(1) 静脈路に造影剤注入装置を接続する行為，造影剤を投与するために当該造影剤注入装置を操作する行為並びに当該造影剤の投与が終了した後に抜針及び止血を行う行為
(2) 動脈路に造影剤注入装置を接続する行為（動脈路確保のためのものを除く。）及び造影剤を投与するために当該造影剤注入装置を操作する行為
(3) 核医学検査のために静脈路に放射性医薬品を投与するための装置を接続する行為，当該放射性医薬品を投与するために当該装置を操作する行為並びに当該放射性医薬品の投与が終了した後に抜針及び止血を行う行為
(4) 下部消化管検査のために肛門にカテーテルを挿入する行為，当該カテーテルから造影剤及び空気を注入する行為並びに当該カテーテルから造影剤及び空気を吸引する行為
(5) 画像誘導放射線治療のために肛門にカテーテルを挿入する行為及び当該カテーテルから空気を吸引する行為
(6) 上部消化管検査のために鼻腔に挿入されたカテーテルから造影剤を注入する行為及び当該造影剤の注入が終了した後に当該カテーテルを抜去する行為

（法第26条第2項第2号の厚生労働省令で定める検査）
第15条の3　法第26条第2項第2号の厚生労働省令で定める検査は，胸部エックス線検査（コンピュータ断層撮影装置を用いたものを除く。）及びマンモグラフィー検査とする。

（法第26条第2項第4号の厚生労働省令で定める装置）
第15条の4　法第26条第2項第4号の厚生労働省令で定める装置は，超音波診断装置とする。

（照射録）

第16条　法第28条第1項に規定する厚生労働省令で定める事項は，次のとおりとする。

(1)　照射を受けた者の氏名，性別及び年齢

(2)　照射の年月日

(3)　照射の方法（具体的にかつ精細に記載すること。）

(4)　指示を受けた医師又は歯科医師の氏名及びその指示の内容

（証票）

第17条　法第28条第3項の規定による証票は，第4号書式による。

索　　引

索引中，ページ番号の後の［　］内に以下に示す内容の区別を付した。

[法]・・・・・・法令の構成（第１章）
[規]・・・・・・放射性同位元素等規制法（第２章）
[医]・・・・・・医療法（第３章）
[労]・・・・・・労働関係法令（第４章）
[比]・・・・・・関係法令の比較（第４章）
[技]・・・・・・診療放射線技師法（第５章）

〔あ行〕

〔か行〕

索　引

〔さ行〕

索　引

索　　引

〔た行〕

〔な行〕

〔は行〕

〔ま行〕

〔や行〕

〔ら行〕

〔わ行〕

索　　引

〔欧　文〕

〔執筆者紹介〕
川　井　恵　一　（かわい・けいいち）

1959 年　東京都に生まれる
1983 年　京都大学薬学部製薬化学科卒業
1988 年　東京理科大学薬学部助手
1996 年　宮崎医科大学医学部助教授
2001 年　金沢大学医学部教授
2001 年～福井医科大学（現福井大学）高エネルギー医学研究センター客員教授併任
2005 年　金沢大学大学院医学系研究科教授，医学部教授併任
2008 年～金沢大学医薬保健研究域保健学系教授
1988 年　第 1 種放射線取扱主任者免許
1990 年　薬学博士（京都大学）

放射線関係法規概説　－医療分野も含めて－

平成 18 年 1 月 31 日　第 1 版第 1 刷発行
平成 19 年 3 月 30 日　第 2 版第 1 刷発行
平成 21 年 2 月 20 日　第 3 版第 1 刷発行
平成 23 年 1 月 31 日　第 4 版第 1 刷発行
平成 25 年 2 月 20 日　第 5 版第 1 刷発行
平成 27 年 3 月 10 日　第 6 版第 1 刷発行
平成 29 年 2 月 20 日　第 7 版第 1 刷発行
平成 30 年 9 月 10 日　第 8 版第 1 刷発行
令和 2 年 2 月 20 日　第 9 版第 1 刷発行
令和 4 年 1 月 20 日　第10版第 1 刷発行　

定　価　3,630 円
（本体 3300 円＋税）

著　者　川　井　恵　一

発行所　株式会社　通　商　産　業　研　究　社
東京都港区北青山 2 丁目 12 番 4 号（坂本ビル）
〒107-0061 TEL03(3401)6370 FAX03(3401)6320
（落丁・乱丁等はおとりかえいたします）
ISBN978-4-86045-142-4　C3040　¥3300E